Schnittpunkt Plus **7**

Mathematik – Differenzierende Ausgabe

Nordrhein-Westfalen

Martina Backhaus
Heidi Cordes
Hauke Fölsch
Berthold Grimm
Hans-Georg Hunger
Nicole Kersten
Rainer Pongs
Peter Rausche
Christel Schienagel-Delb
Ingrid Wald-Schillings
Heiko Wontroba

Ernst Klett Verlag
Stuttgart · Leipzig

Liebe Schülerin, lieber Schüler!

- Alles Wichtige ist orange hinterlegt.
- Auf besonders wichtigen Seiten findest du Verweise auf die Lösung hinten im Buch.
- An vielen Stellen helfen dir **Lerntipps!**

Vor jedem neuen Kapitel kannst du mit dem **Standpunkt** überprüfen, wie fit du bist.

1. Schätze dich mit **„Wo stehe ich?"** selbst ein.
2. Bearbeite die Aufgaben auf dieser Seite und kontrolliere, ob deine Lösungen und deine Einschätzung richtig sind. Jeder Einschätzung entspricht eine Aufgabe.
3. Die **Lerntipps!** verweisen dich auf die Seite im Basiswissen, auf der du Erklärungen und Beispiele sowie weitere Aufgaben zum Üben findest.

Der **Kasten „Das lerne ich:"** auf der rechten Seite zeigt dir, was dich im folgenden Kapitel erwartet.

Du kannst die Standpunktseite sowie andere Materialien mithilfe des Online-Links ausdrucken. Gib auf der Klett-Homepage **www.klett.de** im Suchfeld diese Nummer ein und du gelangst zu einer entsprechenden Datei oder zu einem Arbeitsblatt.

In jeder Lerneinheit findest du Merkwissen, Beispiele und Aufgaben. Das Wichtigste steht im orangen **Merkkasten**.

Bestimmte Aufgaben sind gekennzeichnet, damit du gleich weißt, was dich erwartet:

5 Aufgabe für alle

6 Schwierigere Aufgabe

👥 Partner- oder Gruppenarbeit

💻 Computerarbeit

In den blauen Kästen und auf den blauen Seiten findest du besondere und zusätzliche Angebote. Diese Inhalte sind zum Teil verbindlicher Lernstoff der Folgejahre. Das sind zum Beispiel Knobeleien, Bastelaufgaben, Spiele, Methoden oder Anwendungsaufgaben.

Alle Aufgabenkennzeichnungen findest du auch in den blauen Kästen und auf den blauen Seiten.

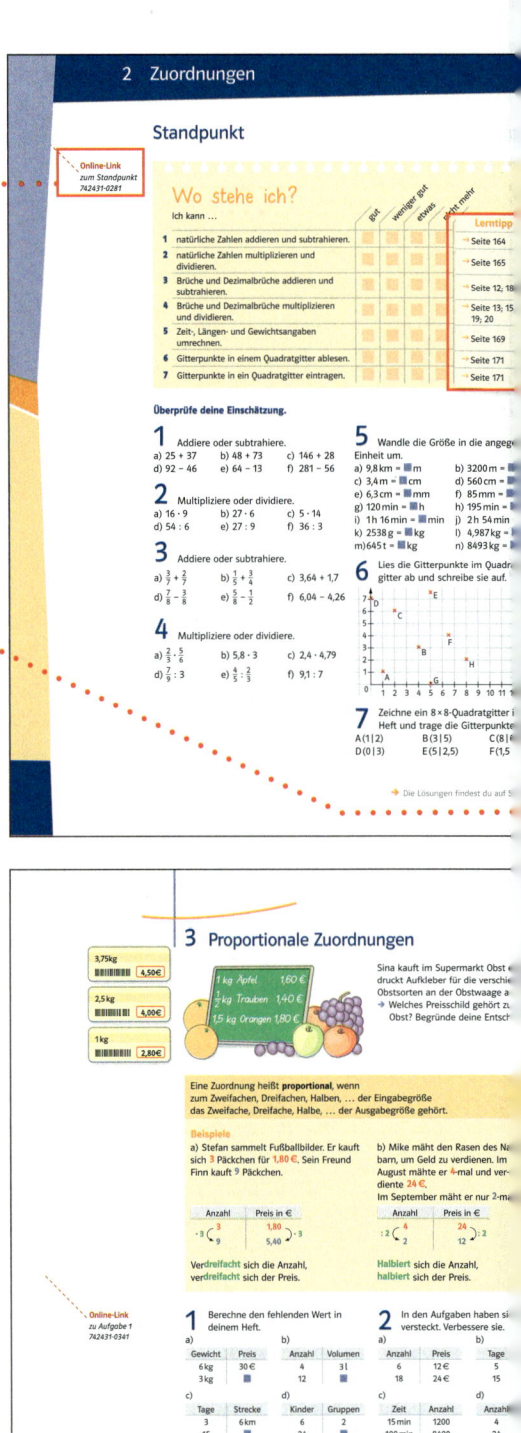

Wer, wie, was und zu wem?

Fingerrennen

Mit dem Mittelfinger und dem Zeigefinger kannst du auf der Tischplatte vom Start zum Ziel durchlaufen.

Aus dem Schaubild kannst du ablesen, wie David, Miriam, Lena und Fabian eine Strecke mit ihren Fingern zurückgelegt haben.

- Beschreibe, wie die Schülerinnen und Schüler gegangen sind. Worin bestehen Gemeinsamkeiten und Unterschiede?
- Wandere mit deinen Fingern wie David, dann wie Miriam und schließlich wie Fabian.
- Führt den Fingerversuch in Partnerarbeit aus. Einer wandert mit den Fingern über den Tisch, der andere beobachtet. Fertigt ein Schaubild der Bewegung an.

Das lerne ich:
- Was Zuordnungen sind und wie man sie darstellen kann,
- was proportionale Zuordnungen sind und wie man sie darstellt,
- wie man proportionale Zuordnungen mit dem Dreisatz berechnet,
- was antiproportionale Zuordnungen sind,
- wie man antiproportionale Zuordnungen mit dem Dreisatz berechnet.

29

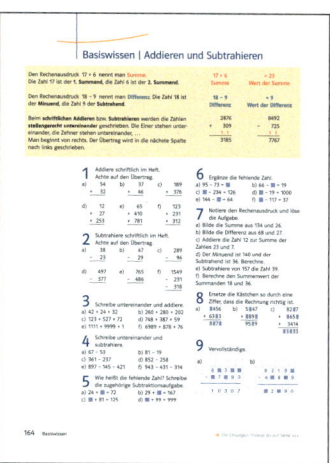

Im **Basiswissen** am Ende des Buches findest du weitere Erklärungen, Beispiele und Aufgaben zu mathematischem Wissen aus den Vorjahren.

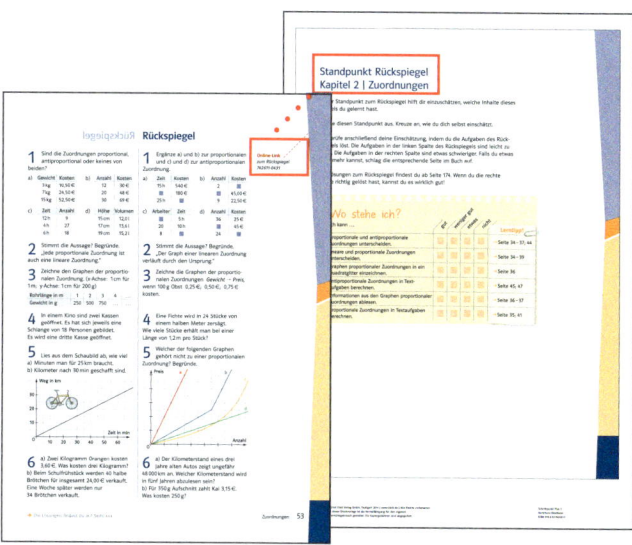

Mit dem **Rückspiegel** kannst du deine Kenntnisse testen. Die Aufgaben in der linken Spalte sind leicht zu lösen. In der rechten Spalte findest du etwas schwierigere Aufgaben.
Passend zum Rückspiegel gibt es auf www.klett.de einen weiteren Standpunkt. Gib dazu den Online-Link ins Suchfeld ein.

Mit dem **Jahresrückblick** ab Seite 158 kannst du am Ende des Schuljahres dein mathematisches Wissen überprüfen.

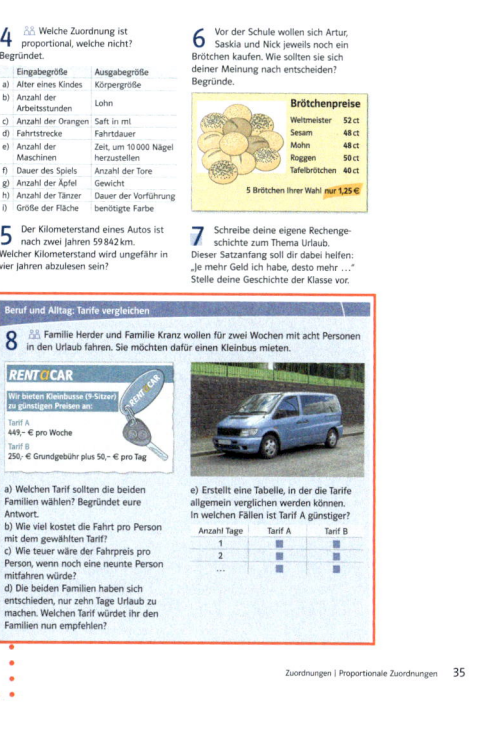

Mathematische Symbole

=	gleich
<	kleiner als
>	größer als
$\mathbb{N}$	Menge der natürlichen Zahlen
$\mathbb{Z}$	Menge der ganzen Zahlen
$\mathbb{Q}$	Menge der rationalen Zahlen
$g \perp h$	die Geraden g und h sind zueinander senkrecht
⊾	rechter Winkel
$g \parallel h$	die Geraden g und h sind zueinander parallel
g, h, …	Buchstaben für Geraden
A, B, … , P, Q, …	Buchstaben für Punkte
$\overline{AB}$	Strecke mit den Endpunkten A und B
A(2|4)	Punkt im Quadratgitter mit dem x-Wert 2 und y-Wert 4
α, β, γ, δ, …	griechische Buchstaben für Winkel

Maßeinheiten und Umrechnungen

Zeiteinheiten

Jahr		Tag		Stunde		Minute		Sekunde
1a	=	365d						
		1d	=	24h				
				1h	=	60min		
						1min	=	60s

Gewichtseinheiten

Tonne		Kilogramm		Gramm		Milligramm
1t	=	1000kg				
		1kg	=	1000g		
				1g	=	1000mg

Längeneinheiten

Kilometer		Meter		Dezimeter		Zentimeter		Millimeter
1km	=	1000m						
		1m	=	10dm				
				1dm	=	10cm		
						1cm	=	10mm

Flächeneinheiten

Quadrat-kilometer		Hektar		Ar		Quadrat-meter		Quadrat-dezimeter		Quadrat-zentimeter		Quadrat-millimeter
$1km^2$	=	100ha										
		1ha	=	100a								
				1a	=	$100m^2$						
						$1m^2$	=	$100dm^2$				
								$1dm^2$	=	$100cm^2$		
										$1cm^2$	=	$100mm^2$

Raumeinheiten

Kubikmeter		Kubikdezimeter		Kubikzentimeter		Milligramm
$1m^3$	=	$1000dm^3$				
		$1dm^3$	=	$1000cm^3$		
		1l	=	1000ml		
				$1cm^3$	=	$1000mm^3$

Inhalt

Standpunkt   Was kannst du schon zu Beginn des Kapitels?
Rückspiegel   Was hast du im Kapitel dazugelernt?

4 Dreiecke und Vierecke

5 Terme und Gleichungen

6 Prozente

7 Zufall und Wahrscheinlichkeit

Jahresrückblick

Basiswissen

Beruf und Alltag

Standpunkt

Online-Link
zum Standpunkt
742431-0081

Wo stehe ich?

Ich kann …	gut	weniger gut	etwas	nicht mehr	Lerntipp!
1 natürliche Zahlen addieren.	☐	☐	☐	☐	→ Seite 164
2 natürliche Zahlen subtrahieren.	☐	☐	☐	☐	→ Seite 164
3 natürliche Zahlen multiplizieren.	☐	☐	☐	☐	→ Seite 165
4 natürliche Zahlen dividieren.	☐	☐	☐	☐	→ Seite 165
5 die Teilermenge einer Zahl bestimmen.	☐	☐	☐	☐	→ Seite 166
6 die Vielfachenmenge einer Zahl bestimmen.	☐	☐	☐	☐	→ Seite 166
7 einen gemeinsamen Teiler bestimmen.	☐	☐	☐	☐	→ Seite 166
8 ein gemeinsames Vielfaches bestimmen.	☐	☐	☐	☐	→ Seite 166
9 Längenangaben umrechnen.	☐	☐	☐	☐	→ Seite 169
10 Gewichtsangaben umrechnen.	☐	☐	☐	☐	→ Seite 169

Überprüfe deine Einschätzung.

1 Addiere.
a) 25 + 46   b) 123 + 67
c) 18 + 34   d) 289 + 11

2 Subtrahiere.
a) 45 − 13   b) 87 − 19
c) 156 − 32   d) 273 − 16

3 Multipliziere.
a) 3 · 2 · 9   b) 8 · 7
c) 10 · 14   d) 12 · 12

4 Dividiere.
a) 63 : 7   b) 108 : 9
c) 120 : 10   d) 169 : 13

5 Bestimme die Teilermenge.
a) T_6 b) T_{18} c) T_{36} d) T_{49}

6 Bestimme die Vielfachenmenge. Gib die ersten vier Vielfachen an.
a) V_3 b) V_{10} c) V_7 d) V_{25}

7 Bestimme zwei gemeinsame Teiler.
a) 6 und 36   b) 15 und 25
c) 24 und 56   d) 14 und 16

8 Bestimme zwei gemeinsame Vielfache.
a) 4 und 7   b) 8 und 12
c) 9 und 27   d) 11 und 44

9 Rechne in die in der Klammer angegebene Einheit um.
a) 25 m (dm)   b) 700 cm (m)
c) 1200 m (km)   d) 500 mm (cm)

10 Rechne in die in der Klammer angegebene Einheit um.
a) 7000 g (kg)   b) 9 kg (g)
c) 2 t (kg)   d) 4500 kg (t)

→ Die Lösungen findest du auf Seite 173.

Mit Kreisen rechnen

Bruchkreise herstellen

→ Schneide aus farbigem Papier vier gleich
große Kreise aus und falte sie wie folgt:
  • den ersten Kreis einmal durch den
  Mittelpunkt,
  • den zweiten Kreis einmal durch den
  Mittelpunkt und noch einmal halbieren,
  • den dritten Kreis einmal durch den
  Mittelpunkt und noch zweimal halbieren,
  • den vierten Kreis einmal durch den
  Mittelpunkt und noch dreimal halbieren.
→ Welche Bruchteile der Kreise hast du
hergestellt?
→ Beschrifte die Kreisausschnitte und
zerschneide sie entlang der Faltlinien.
Wie viele Halbe, Viertel, Achtel und
Sechzehntel sind jeweils ein Ganzes?

Mit Kreisausschnitten rechnen

→ Bestimme die Lösungen durch Auslegen.
Lege dazu die passenden Kreisteile zusammen und bestimme, wie groß der
entstandene Kreisausschnitt ist.

$\frac{1}{4} + \frac{1}{4}$ $\frac{1}{2} + \frac{1}{4}$

$\frac{1}{2} - \frac{1}{4}$ $\frac{1}{4} - \frac{1}{8}$

$\frac{1}{8} \cdot 4$ $\frac{1}{16} \cdot 4$

$\frac{1}{2} : 4$ $\frac{1}{4} : 2$

→ Überlege dir vier weitere Aufgaben, die
man mit den Kreisteilen legen kann,
und stelle sie deiner Nachbarin oder
deinem Nachbarn.

Das lerne ich:

• Wie man mit Brüchen rechnet,
• wie man Brüche in Dezimalbrüche
umwandelt,
• wie man mit Dezimalbrüchen
rechnet.

1 Erweitern und Kürzen

→ Aus wie vielen kleinen Stücken bestand die ganze Tafel Schokolade? Wie viele Stücke davon sind noch vorhanden?
→ Welcher Bruchteil der Tafel Schokolade ist noch vorhanden?
→ Gib den Anteil der noch vorhandenen Schokolade mit verschiedenen Brüchen an. Vergleiche diese Brüche. Was stellst du fest?

Beim **Erweitern** eines Bruches wird die Einteilung verfeinert. Zähler und Nenner werden mit derselben Zahl multipliziert. Dadurch ändert sich der Wert des Bruches nicht.

$$\frac{2}{3} = \frac{2 \cdot 4}{3 \cdot 4} = \frac{8}{12}$$

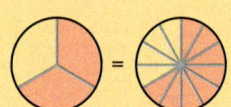

Beim **Kürzen** eines Bruches wird die Einteilung vergröbert. Zähler und Nenner werden durch dieselbe Zahl dividiert. Dadurch ändert sich der Wert des Bruches nicht.

$$\frac{6}{8} = \frac{6 : 2}{8 : 2} = \frac{3}{4}$$

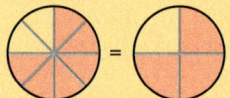

Beispiele

a) Erweitern auf einen vorgegebenen Nenner:

$$\frac{1}{3} = \frac{\blacksquare}{12}$$

$3 \cdot 4 = 12$ also Erweitern mit 4:

$$\frac{1}{3} = \frac{1 \cdot 4}{3 \cdot 4} = \frac{4}{12}$$

b) Kürzen, so weit es geht:

$$\frac{3}{9} = \frac{\blacksquare}{\blacksquare}$$

Finde einen gemeinsamen Teiler von 3 und 9 und kürze.
$T_3 = \{1, 3\}$; $T_9 = \{1, 3, 9\}$

Kürzen mit 3: $\frac{3}{9} = \frac{3 : 3}{9 : 3} = \frac{1}{3}$

---

1 Erweitere im Kopf.

Beispiel: $\frac{1}{7}$ mit 2; 3; 5 $\frac{1}{7} = \frac{2}{14} = \frac{3}{21} = \frac{5}{35}$

a) $\frac{1}{3}$ mit 2; 4; 7   b) $\frac{3}{8}$ mit 2; 5; 9

c) $\frac{4}{10}$ mit 5; 10; 12   d) $\frac{6}{11}$ mit 1; 5; 8

e) $\frac{7}{15}$ mit 3; 6; 8   f) $\frac{12}{25}$ mit 2; 5; 12

3 Kürze im Kopf.

Beispiel: $\frac{6}{24}$ mit 2; 3; 6 $\frac{6}{24} = \frac{3}{12} = \frac{2}{8} = \frac{1}{4}$

a) $\frac{10}{30}$ mit 2; 5; 10   b) $\frac{12}{48}$ mit 3; 4; 6

c) $\frac{36}{72}$ mit 3; 9; 12   d) $\frac{40}{80}$ mit 1; 5; 8

e) $\frac{280}{840}$ mit 5; 7; 8   f) $\frac{300}{1200}$ mit 5; 6; 10

2 Mit welcher Zahl wurde erweitert?

a) $\frac{1}{5} = \frac{3}{15}$ b) $\frac{2}{7} = \frac{12}{42}$ c) $\frac{3}{8} = \frac{30}{80}$

d) $\frac{9}{15} = \frac{45}{75}$ e) $\frac{11}{20} = \frac{77}{140}$ f) $\frac{23}{25} = \frac{184}{200}$

g) $\frac{4}{9} = \frac{24}{54}$ h) $\frac{100}{250} = \frac{400}{1000}$ i) $\frac{88}{225} = \frac{264}{675}$

4 Mit welcher Zahl wurde gekürzt?

a) $\frac{16}{20} = \frac{4}{5}$ b) $\frac{21}{30} = \frac{7}{10}$ c) $\frac{14}{35} = \frac{2}{5}$

d) $\frac{60}{84} = \frac{5}{7}$ e) $\frac{45}{60} = \frac{3}{4}$ f) $\frac{60}{220} = \frac{3}{11}$

g) $\frac{55}{121} = \frac{5}{11}$ h) $\frac{125}{625} = \frac{1}{5}$ i) $\frac{104}{128} = \frac{13}{16}$

5 Mit welcher Zahl wurde hier

a) erweitert?

b) erweitert?

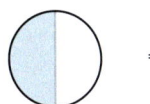

c) gekürzt?

d) gekürzt?

6
a) Wie viele Viertel, Achtel sind $\frac{1}{2}$?
b) Wie viele Sechstel, Neuntel sind $\frac{1}{3}$?
c) Wie viele Achtel, Zwölftel sind $\frac{1}{4}$?

7 Erweitere auf den angegebenen Nenner.

a) 12: $\frac{1}{2}$; $\frac{2}{3}$; $\frac{1}{4}$; $\frac{3}{4}$; $\frac{1}{6}$; $\frac{4}{6}$

b) 36: $\frac{2}{3}$; $\frac{1}{4}$; $\frac{5}{6}$; $\frac{5}{9}$; $\frac{7}{12}$; $\frac{13}{18}$

c) 100: $\frac{1}{50}$; $\frac{3}{10}$; $\frac{7}{20}$; $\frac{9}{25}$; $\frac{4}{5}$; $\frac{3}{4}$

8 Bestimme die fehlenden Zahlen. Du erhältst ein Lösungswort.

a) $\frac{\blacksquare}{18} = \frac{1}{2}$

b) $\frac{\blacksquare}{36} = \frac{5}{6}$

c) $\frac{8}{15} = \frac{\blacksquare}{45}$

d) $\frac{\blacksquare}{3} = \frac{4}{12}$

e) $\frac{16}{64} = \frac{\blacksquare}{8}$

f) $\frac{3}{8} = \frac{27}{\blacksquare}$

g) $\frac{30}{\blacksquare} = \frac{6}{5}$

h) $\frac{9}{\blacksquare} = \frac{27}{45}$

i) $\frac{12}{52} = \frac{3}{\blacksquare}$

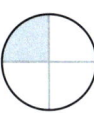

30 L 2 K 25 R 13 D 24 Ü 15 A 9 G 72 S 1 C

9 Mit welcher Zahl wurde gekürzt?

Beispiel: $\frac{9}{12} = \frac{9:3}{12:3} = \frac{3}{4}$

Es wurde mit 3 gekürzt.

a) $\frac{10}{22} = \frac{5}{11}$

$\frac{9}{12} = \frac{3}{4}$

$\frac{10}{25} = \frac{2}{5}$

b) $\frac{18}{20} = \frac{9}{10}$

$\frac{15}{33} = \frac{5}{11}$

$\frac{30}{55} = \frac{6}{11}$

c) $\frac{16}{28} = \frac{4}{7}$

$\frac{18}{42} = \frac{3}{7}$

$\frac{30}{45} = \frac{2}{3}$

10 Wo kannst du das Gleichheitszeichen setzen?

a) $\frac{4}{12}$ ▪ $\frac{8}{24}$

b) $\frac{4}{5}$ ▪ $\frac{24}{30}$

c) $\frac{3}{8}$ ▪ $\frac{6}{24}$

d) $\frac{3}{4}$ ▪ $\frac{12}{18}$

e) $\frac{1}{3}$ ▪ $\frac{6}{24}$

f) $\frac{4}{7}$ ▪ $\frac{16}{49}$

g) $\frac{3}{5}$ ▪ $\frac{9}{25}$

h) $\frac{3}{2}$ ▪ $\frac{9}{4}$

i) $\frac{6}{13}$ ▪ $\frac{36}{169}$

11 Kürze so weit wie möglich.

a) $\frac{4}{16}$

b) $\frac{9}{27}$

c) $\frac{18}{21}$

d) $\frac{10}{30}$

e) $\frac{25}{55}$

f) $\frac{9}{36}$

g) $\frac{90}{120}$

h) $\frac{25}{125}$

i) $\frac{42}{72}$

j) $\frac{80}{96}$

k) $\frac{150}{650}$

l) $\frac{280}{1420}$

Kürzen bis zum Schluss

Oft lassen sich Brüche mehrmals kürzen: $\frac{24}{36} = \frac{12}{18} = \frac{6}{9} = \frac{2}{3}$

Die Kürzungszahlen 2 und 3 gehören zu den Teilermengen von Zähler und Nenner. Mithilfe der Teilermengen kannst du gleich den **größten gemeinsamen Teiler** finden.

$T_{24} = \{1; 2; 3; 4; 6; 8; 12; 24\}$
$T_{36} = \{1; 2; 3; 4; 6; 9; 12; 18; 36\}$

Da **12** der größte gemeinsame Teiler ist, kannst du direkt mit **12** kürzen:

$$\frac{24}{36} = \frac{24 : 12}{36 : 12} = \frac{2}{3}$$

Damit ist der Bruch **vollständig gekürzt**.

12 Suche den größten gemeinsamen Teiler von Zähler und Nenner und kürze.

$\frac{42}{48}$; $\frac{90}{120}$; $\frac{54}{90}$; $\frac{40}{56}$; $\frac{72}{108}$; $\frac{60}{135}$; $\frac{48}{144}$; $\frac{54}{243}$

13 Wer hat recht? Begründe deine Antwort mit drei Beispielen.
a) Heidi: „Wenn im Zähler und im Nenner eines Bruches gerade Zahlen stehen, dann kann man den Bruch auf jeden Fall kürzen."
b) Doris: „Man kann einen Bruch schon dann nicht mehr kürzen, wenn im Zähler und im Nenner verschiedene ungerade Zahlen stehen."

2 Brüche addieren und subtrahieren

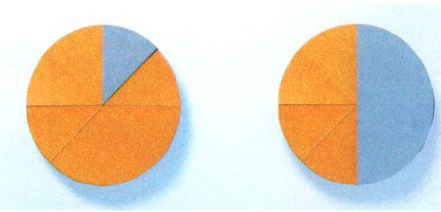

Die Kreisausschnitte stellen eine Rechenaufgabe dar.
→ Schreibe für die blauen Kreisausschnitte eine passende Aufgabe auf.
→ Mit welchen gleich großen Kreisausschnitten kann man die Aufgabe auch legen?

Gleichnamige Brüche werden **addiert** oder **subtrahiert**, indem man

1. die Zähler addiert oder subtrahiert,

2. den gemeinsamen Nenner beibehält.

Ungleichnamige Brüche werden **addiert** oder **subtrahiert**, indem man

1. einen gemeinsamen Nenner bestimmt,

2. beide Brüche auf diesen gemeinsamen Nenner erweitert oder kürzt,

3. die Zähler addiert oder subtrahiert und den gemeinsamen Nenner beibehält.

Beispiele

a) **gleichnamige Brüche**: $\frac{4}{5} - \frac{3}{5} = \frac{1}{5}$

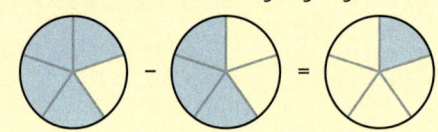

b) **ungleichnamige Brüche**: $\frac{2}{3} - \frac{2}{5}$

1. ein gemeinsamer Nenner ist 15,
2. die erweiterten Brüche heißen:

$\frac{2}{3} = \frac{10}{15}$ und $\frac{2}{5} = \frac{6}{15}$

3. die Zähler werden subtrahiert:

$\frac{10}{15} - \frac{6}{15} = \frac{4}{15}$

---

1 Berechne.

a) $\frac{2}{5} + \frac{1}{5}$ b) $\frac{1}{4} + \frac{2}{4}$ c) $\frac{4}{7} - \frac{2}{7}$ d) $\frac{7}{10} - \frac{4}{10}$

Lerntipp!
Es hilft, wenn du dabei an eine Uhr denkst.
$\frac{1}{4}h + \frac{1}{2}h = $ ■
Du kannst auch die Kreisteile zu Hilfe nehmen.

2 Lies und löse.

a) 1 Viertel + 1 Viertel
b) 1 Halbes – 1 Viertel
c) 1 Viertel + 3 Viertel
d) 3 Viertel – 1 Halbes

3 Jannek isst $\frac{1}{3}$ einer Schokolade und Laura die Hälfte. Welcher Bruchteil der Schokolade bleibt übrig?

4 Erweitere zunächst auf den gemeinsamen Nenner und berechne.

a) $\frac{1}{3} + \frac{1}{4} = \frac{■}{12} + \frac{■}{12}$ b) $\frac{1}{3} - \frac{1}{5} = \frac{■}{15} - \frac{■}{15}$

c) $\frac{1}{2} + \frac{1}{8} = \frac{■}{8} + \frac{■}{8}$ d) $\frac{2}{9} - \frac{1}{6} = \frac{■}{18} - \frac{■}{18}$

e) $\frac{3}{4} + \frac{4}{5} = \frac{■}{20} + \frac{■}{20}$ f) $\frac{3}{7} - \frac{1}{3} = \frac{■}{■} - \frac{■}{■}$

5 Findest du den **Fehler**? Erkläre.

a) $\frac{1}{6} + \frac{3}{5} = \frac{4}{11}$ b) $\frac{6}{8} - \frac{2}{3} = \frac{4}{5}$

c) $\frac{3}{4} - \frac{2}{5} = \frac{1}{20}$ d) $\frac{7}{8} + \frac{2}{3} = \frac{9}{24}$

3 Brüche multiplizieren

→ Zeichne vier Quadrate in dein Heft, teile sie in 16 gleiche Teile und färbe $\frac{1}{4}$ in einer hellen Farbe.

→ Schraffiere nun in einer dunkleren Farbe
- das Doppelte von $\frac{1}{4}$,
- das Einfache von $\frac{1}{4}$,
- die Hälfte von $\frac{1}{4}$,
- den vierten Teil von $\frac{1}{4}$.

→ Welchen Bruchteil vom Ganzen hast du jeweils schraffiert?

Brüche werden **multipliziert**, indem man Zähler mit Zähler und Nenner mit Nenner multipliziert.

$$\frac{2}{3} \cdot \frac{4}{5} = \frac{2 \cdot 4}{3 \cdot 5} = \frac{8}{15}$$

Lerntipp!

Brüche multiplizieren:

$$\frac{\text{Zähler} \cdot \text{Zähler}}{\text{Nenner} \cdot \text{Nenner}}$$

Beispiele

a) $\frac{3}{4} \cdot \frac{5}{7} = \frac{3 \cdot 5}{4 \cdot 7} = \frac{15}{28}$

b) $\frac{3}{5} \cdot \frac{7}{4} = \frac{3 \cdot 7}{5 \cdot 4} = \frac{21}{20} = 1\frac{1}{20}$

1 Rechne im Kopf.

a) $\frac{1}{2} \cdot \frac{1}{8}$
$\frac{1}{2} \cdot \frac{1}{3}$
$\frac{1}{2} \cdot \frac{1}{5}$
$\frac{1}{2} \cdot \frac{8}{17}$

b) $\frac{1}{7} \cdot \frac{3}{7}$
$\frac{1}{6} \cdot 49$
$\frac{5}{8} \cdot \frac{1}{4}$
$\frac{2}{7} \cdot \frac{1}{7}$

c) $\frac{2}{3} \cdot \frac{2}{5}$
$\frac{4}{7} \cdot \frac{3}{8}$
$\frac{2}{11} \cdot \frac{3}{10}$
$\frac{4}{5} \cdot \frac{9}{13}$

2 Berechne. Kürze, wenn möglich.

a) $\frac{1}{2} \cdot \frac{4}{5}$
$\frac{5}{6} \cdot \frac{3}{5}$
$\frac{7}{9} \cdot \frac{3}{10}$
$\frac{6}{7} \cdot \frac{9}{8}$
$\frac{15}{12} \cdot \frac{16}{25}$

b) $\frac{6}{7} \cdot \frac{5}{8}$
$\frac{8}{3} \cdot \frac{3}{4}$
$\frac{2}{7} \cdot \frac{5}{12}$
$\frac{10}{7} \cdot \frac{7}{10}$
$\frac{7}{25} \cdot \frac{15}{28}$

c) $\frac{3}{4} \cdot \frac{4}{5}$
$\frac{5}{6} \cdot \frac{3}{8}$
$\frac{2}{9} \cdot \frac{1}{4}$
$\frac{3}{14} \cdot \frac{7}{9}$
$\frac{42}{45} \cdot \frac{18}{28}$

3 Multipliziere den Bruch mit der natürlichen Zahl.

a) $\frac{4}{5} \cdot 7$
$\frac{5}{7} \cdot 4$
$\frac{4}{7} \cdot 5$

b) $\frac{6}{13} \cdot 8$
$\frac{7}{11} \cdot 6$
$4 \cdot \frac{8}{15}$

c) $\frac{11}{14} \cdot 10$
$12 \cdot \frac{17}{18}$
$14 \cdot \frac{16}{21}$

4 Kürze geschickt, bevor du rechnest.

Beispiel: $\frac{24}{49} \cdot \frac{35}{32} = \frac{24 \cdot 35}{49 \cdot 32} = \frac{3 \cdot 5}{7 \cdot 4} = \frac{15}{28}$

a) $\frac{12}{5} \cdot \frac{15}{8}$
$\frac{7}{8} \cdot \frac{16}{21}$
$\frac{8}{25} \cdot \frac{15}{4}$

b) $\frac{7}{11} \cdot \frac{22}{14}$
$\frac{16}{17} \cdot \frac{3}{4}$
$\frac{36}{15} \cdot \frac{10}{24}$

c) $\frac{21}{52} \cdot \frac{4}{35}$
$\frac{34}{21} \cdot \frac{14}{51}$
$\frac{12}{44} \cdot \frac{55}{60}$

5 Ersetze den Platzhalter. Probiere, ob es mehrere Möglichkeiten gibt.

a) $\frac{4}{7} \cdot \frac{5}{9} = \frac{\blacksquare}{63}$

b) $\frac{8}{15} = \frac{4}{5} \cdot \frac{\blacksquare}{\blacksquare}$

c) $\frac{3}{14} = \frac{\blacksquare}{\blacksquare} \cdot \frac{3}{7}$

d) $\frac{2}{5} \cdot \frac{8}{\blacksquare} = \frac{8}{25}$

e) $\frac{8}{5} \cdot \frac{\blacksquare}{12} = \frac{16}{15}$

f) $\frac{\blacksquare}{10} \cdot \frac{3}{4} = \frac{21}{\blacksquare}$

6 Findest du den **Fehler**? Erkläre.

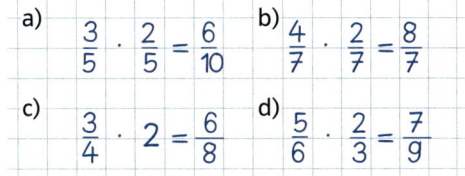

a) $\frac{3}{5} \cdot \frac{2}{5} = \frac{6}{10}$

b) $\frac{4}{7} \cdot \frac{2}{7} = \frac{8}{7}$

c) $\frac{3}{4} \cdot 2 = \frac{6}{8}$

d) $\frac{5}{6} \cdot \frac{2}{3} = \frac{7}{9}$

Bruchteile von Brüchen

Bruchteile von Brüchen kann man durch Aufteilen und Vervielfachen bestimmen. Im folgenden Beispiel wird das deutlich.

Beispiel:
Wie viel sind $\frac{2}{3}$ von $\frac{4}{5}$?

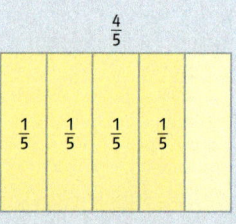

durch 3 teilen

$\frac{4}{5} : 3 = \frac{4}{15}$

und mal 2 nehmen

$2 \cdot \frac{4}{15} = \frac{8}{15}$

Man erkennt, dass $\frac{8}{15}$ das $\frac{2}{3}$-Fache von $\frac{4}{5}$ ist. Dieses Ergebnis ist entstanden durch die Multiplikation der beiden Zähler und der beiden Nenner.

$$\frac{2}{3} \cdot \frac{4}{5} = \frac{2 \cdot 4}{3 \cdot 5} = \frac{8}{15}$$

7 Rechne mit einem Rechteck wie im Beispiel.

Beispiel:

$\frac{2}{3} \cdot \frac{3}{5} = \frac{6}{15} = \frac{2}{5}$

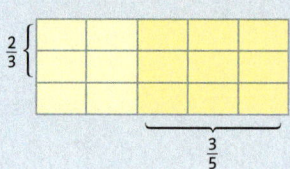

a) $\frac{2}{3} \cdot \frac{1}{4}$ b) $\frac{3}{4} \cdot \frac{2}{3}$

c) $\frac{1}{4} \cdot \frac{1}{10}$ d) $\frac{1}{2} \cdot \frac{2}{5}$

8 Notiere die Aufgabe und löse sie.

a) die Hälfte von $\frac{3}{4}$

b) ein Drittel von $\frac{2}{9}$

c) ein Viertel von $\frac{5}{8}$

d) ein Zehntel von $\frac{1}{5}$

e) ein Achtel von $\frac{1}{4}$

f) ein Hundertstel von $\frac{7}{10}$

9 Wie viel sind

a) $\frac{2}{3}$ von $\frac{1}{2}$ kg   b) $\frac{2}{5}$ von $\frac{7}{8}$ t

c) $\frac{3}{5}$ von $\frac{3}{4}$ km   d) $\frac{3}{10}$ von $\frac{5}{6}$ h

e) $\frac{5}{6}$ von 9 €   f) $\frac{3}{4}$ von $1\frac{1}{2}$ l?

10 Multipliziere die gemischten Zahlen.

Beispiel:
$$2\frac{1}{2} \cdot 3\frac{1}{3} = \frac{5}{2} \cdot \frac{10}{3} = \frac{5 \cdot 10}{2 \cdot 3} = \frac{50}{6} = 8\frac{2}{6} = 8\frac{1}{3}$$

a) $2\frac{1}{7} \cdot 7\frac{1}{2}$ b) $4\frac{4}{5} \cdot 2\frac{2}{9}$

c) $7\frac{1}{5} \cdot 4\frac{1}{5}$ d) $11\frac{1}{9} \cdot 9\frac{1}{11}$

11 Hier wird multipliziert. Der Produktwert steht jeweils in dem Kästchen darüber.

a)   b)

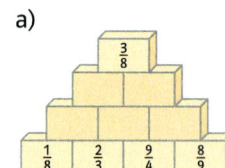

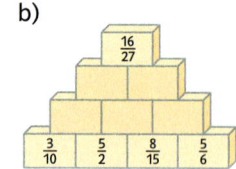

Online-Link
zu Aufgabe 11
742431-0141

4 Brüche dividieren

Faltet zwei Blätter in 16 gleiche Anteile.
Schneidet jeweils $\frac{1}{16}$ ab.
Löst durch Schneiden oder Zeichnen:
→ Wie oft passen $\frac{3}{16}$ in $\frac{15}{16}$?
→ Wie oft passen $\frac{2}{16}$ in $\frac{14}{16}$?
→ Erfindet weitere Aufgaben.

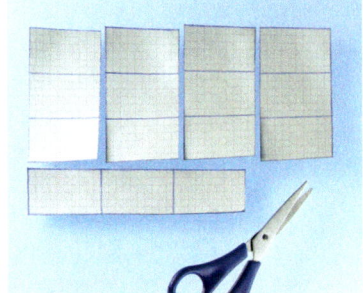
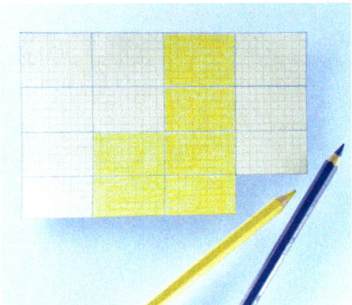

Brüche werden **dividiert**, indem man den ersten Bruch mit dem Kehrwert des zweiten Bruchs multipliziert.
Der **Kehrbruch** ergibt sich durch Vertauschen des Zählers und des Nenners.

Beispiele

a) $\frac{1}{2} : \frac{3}{5} = \frac{1 \cdot 5}{2 \cdot 3} = \frac{5}{6}$

b) $\frac{3}{4} : \frac{3}{10} = \frac{3 \cdot 10}{4 \cdot 3} = \frac{30}{12} = \frac{5}{2} = 2\frac{1}{2}$

Lerntipp!

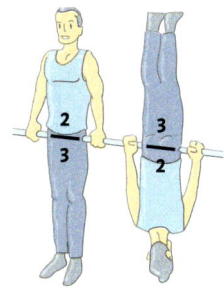

Kehrwert

1 Löse im Kopf.

a) $\frac{1}{2} : \frac{1}{4}$ b) $\frac{3}{6} : \frac{1}{3}$ c) $\frac{5}{8} : \frac{1}{4}$

d) $\frac{5}{12} : \frac{1}{2}$ e) $\frac{2}{5} : \frac{1}{3}$ f) $\frac{4}{7} : \frac{2}{5}$

2 Löse die Aufgabe.

a) Teile $\frac{3}{4}$ durch $\frac{1}{2}$.   b) Teile $\frac{5}{6}$ durch $\frac{1}{3}$.

c) Wie oft passt $\frac{1}{4}$ in $1\frac{1}{2}$?

d) Wie oft passt $\frac{2}{5}$ in $\frac{8}{20}$?

3 Dividiere die Brüche.

a) $\frac{2}{3} : \frac{1}{2}$ b) $\frac{4}{5} : \frac{3}{2}$ c) $\frac{5}{8} : \frac{2}{3}$

$\frac{1}{7} : \frac{2}{3}$ $\frac{3}{4} : \frac{4}{3}$ $\frac{1}{10} : \frac{1}{20}$

$\frac{5}{4} : \frac{7}{3}$ $\frac{3}{4} : \frac{2}{3}$ $\frac{3}{5} : \frac{2}{7}$

$\frac{4}{5} : \frac{3}{4}$ $\frac{5}{6} : \frac{1}{5}$ $\frac{8}{5} : \frac{9}{7}$

4 Findest du den **Fehler**? Erkläre.

a) $\frac{3}{4} : \frac{2}{5} = \frac{6}{20} = \frac{3}{10}$

b) $\frac{6}{7} : \frac{3}{7} = \frac{2}{7}$

c) $\frac{4}{5} : 2 = \frac{8}{5} = 1\frac{3}{5}$

d) $\frac{4}{3} : 3 = \frac{12}{9}$

5 Kürze, bevor du dividierst.

a) $\frac{3}{4} : \frac{9}{8}$ b) $\frac{3}{5} : \frac{18}{15}$

$\frac{17}{4} : \frac{17}{2}$ $\frac{13}{6} : \frac{26}{6}$

$\frac{5}{3} : \frac{7}{3}$ $\frac{29}{3} : \frac{29}{9}$

$\frac{9}{2} : \frac{27}{4}$ $\frac{4}{13} : \frac{15}{39}$

6 Die Koch-AG kocht Marmelade. Für 1kg Johannisbeeren benötigt man $\frac{1}{2}$ kg Gelierzucker. Insgesamt sollen $2\frac{1}{2}$ kg Johannisbeeren verarbeitet werden. Die Marmelade soll dann in 200-g-Gläser abgefüllt werden.

7 Gib das Ergebnis der Rechnung als gemischte Zahl an.

a) $\frac{7}{2} : \frac{7}{3}$ b) $\frac{48}{7} : \frac{16}{3}$ c) $\frac{76}{9} : \frac{19}{4}$

$\frac{17}{5} : \frac{8}{5}$ $\frac{35}{4} : \frac{25}{8}$ $\frac{35}{3} : \frac{50}{9}$

$\frac{5}{4} : \frac{15}{28}$ $\frac{19}{22} : \frac{38}{55}$ $\frac{28}{3} : \frac{56}{16}$

$\frac{70}{36} : \frac{35}{27}$ $\frac{22}{21} : \frac{11}{28}$ $\frac{39}{5} : \frac{13}{11}$

8 Rechne mit gemischten Zahlen. Gib auch das Ergebnis, wenn möglich, als gemischte Zahl an.

a) $2\frac{1}{3} : \frac{3}{5}$ b) $\frac{2}{7} : 3\frac{1}{4}$ c) $2\frac{4}{5} : 1\frac{3}{8}$

$8\frac{2}{7} : \frac{2}{3}$ $\frac{4}{5} : 1\frac{3}{7}$ $4\frac{1}{7} : 3\frac{2}{7}$

$1\frac{3}{10} : \frac{4}{9}$ $\frac{5}{12} : 2\frac{4}{9}$ $1\frac{5}{8} : 2\frac{15}{24}$

9 Wie alt ist der Lokführer? Rechne vom letzten Wagen bis zur Lok.

a)

b)

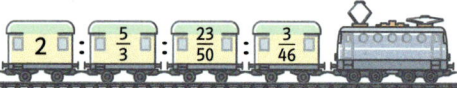

10 Bruch geteilt durch Bruch – der Trick mit dem Kehrbruch.

a) Berechne die Aufgaben spaltenweise.

$8 : 8 = \blacksquare$ $8 : 8 = \blacksquare$ $8 : \frac{1}{2} = \blacksquare$ $\frac{1}{2} : 8 = \blacksquare$

$8 : 4 = \blacksquare$ $4 : 8 = \blacksquare$ $4 : \frac{1}{2} = \blacksquare$ $\frac{1}{2} : 4 = \blacksquare$

$8 : 2 = \blacksquare$ $2 : 8 = \blacksquare$ $2 : \frac{1}{2} = \blacksquare$ $\frac{1}{2} : 2 = \blacksquare$

$8 : 1 = \blacksquare$ $1 : 8 = \blacksquare$ $1 : \frac{1}{2} = \blacksquare$ $\frac{1}{2} : 1 = \blacksquare$

$8 : \frac{1}{2} = \blacksquare$ $\frac{1}{2} : 8 = \blacksquare$ $\frac{1}{2} : \frac{1}{2} = \blacksquare$ $\frac{1}{2} : \frac{1}{2} = \blacksquare$

$8 : \frac{1}{4} = \blacksquare$ $\frac{1}{4} : 8 = \blacksquare$ $\frac{1}{4} : \frac{1}{2} = \blacksquare$ $\frac{1}{2} : \frac{1}{4} = \blacksquare$

b) Gib für jede Spalte die Ergebnisse der beiden nächsten Aufgaben an, die folgen würden.

c) Begründe mit den Ergebnissen der ersten Spalte die Kehrwertregel beim Dividieren mit einem Bruch.

d) 👥 Erfindet selbst eine ähnliche Aufgabenreihe. Stimmt die Kehrwertregel immer noch?

11 Was fällt dir auf?

a) $1 : \frac{3}{2}$; $1 : \frac{4}{5}$; $1 : \frac{7}{8}$; $1 : \frac{8}{9}$

b) $3 : \frac{1}{2}$; $8 : \frac{1}{7}$; $4 : \frac{1}{3}$; $9 : \frac{1}{6}$

c) $\frac{11}{5} : \frac{11}{2}$; $\frac{7}{4} : \frac{7}{6}$; $\frac{12}{7} : \frac{12}{3}$; $\frac{13}{2} : \frac{13}{9}$

12 Ersetze die Leerstellen.

a) $\frac{2}{3} : \blacksquare = \frac{4}{3}$ b) $\frac{1}{3} : \blacksquare = \frac{7}{6}$

$\frac{3}{5} : \blacksquare = \frac{9}{10}$ $\frac{5}{4} : \blacksquare = \frac{7}{8}$

c) $\blacksquare : \frac{1}{6} = 12$ d) $\blacksquare : \frac{2}{5} = \frac{11}{5}$

$\blacksquare : 5 = \frac{1}{2}$ $\blacksquare : \frac{5}{4} = \frac{3}{4}$

13 👥 Würfle mit deinem Partner, bilde zwei Brüche und dividiere.

Beispiel:

$$\frac{2}{6} : \frac{3}{5} = \blacksquare \qquad \frac{2}{6} : \frac{3}{5} = \frac{2 \cdot 5}{6 \cdot 3} = \frac{5}{9}$$

a) Wer schafft das größte Ergebnis?

b) Wer schafft das kleinste Ergebnis?

14 Pia und Max sollen Obst auspressen und 21 Liter Saft in $\frac{7}{10}$-l-Flaschen abfüllen. Wie viele Flaschen sind das?

15 Wenn man für eine Kinderbowle zwei $\frac{3}{4}$-l-Flaschen in das Bowlengefäß gießt, ist es zu $\frac{1}{3}$ gefüllt. Wie viele Liter passen in das Bowlengefäß? Wie viele $\frac{3}{4}$-l-Flaschen kann man noch hineingießen?

16 Auf Pauls Geburtstag wird mit einem leckeren Mixgetränk angestoßen. Dazu mischt Paul zwei Flaschen Traubensaft mit einer Flasche Apfelsaft.

Er hat drei Glasgrößen zur Verfügung. Welche Glasgröße sollte er wählen, wenn er 11 Gäste erwartet?

5 Brüche in Dezimalbrüche umwandeln

Beim Sportfest notieren die Lehrer
folgende Ergebnisse:

Name	Weitsprung	Weitwurf
Jana	$3\frac{3}{4}$ m	$42\frac{1}{2}$ m
Max	3,78 m	42,34 m

→ Erkläre die unterschiedlichen Schreib-
weisen.
→ Wer ist besser in welcher Disziplin?
→ Wie hättest du die Ergebnisse aufgeschrieben? Begründe.

Brüche lassen sich auf unterschiedliche Weisen in Dezimalbrüche **umwandeln**.
- Brüche mit dem Nenner 10; 100; 1000; … kann man als Dezimalbruch darstellen.
- Manche Brüche kann man so erweitern oder kürzen, dass sie den Nenner
10; 100; 1000; … erhalten.

Beispiele

a) $\frac{7}{10} = 0,7$

$\frac{49}{100} = 0,49$

$\frac{218}{100} = 2,18$

b) $\frac{3}{20} = \frac{15}{100} = 0,15$

$\frac{18}{30} = \frac{6}{10} = 0,6$

$\frac{27}{15} = \frac{9}{5} = \frac{18}{10} = 1,8$

1 Wandle in Dezimalbrüche um.

a) $\frac{9}{10}$; $\frac{9}{100}$; $\frac{9}{1000}$; $1\frac{9}{10}$

b) $\frac{15}{10}$; $\frac{150}{100}$; $\frac{1500}{1000}$

c) $\frac{23}{10}$; $\frac{23}{1000}$; $2\frac{3}{1000}$; $2\frac{3}{10}$

2 Erweitere oder kürze geschickt.
Schreibe als Dezimalbruch.

a) $\frac{1}{5}$; $\frac{3}{20}$; $\frac{3}{25}$; $\frac{3}{4}$; $\frac{4}{50}$; $\frac{3}{5}$; $\frac{9}{25}$

b) $\frac{28}{40}$; $\frac{6}{30}$; $\frac{14}{70}$; $\frac{55}{500}$; $\frac{120}{800}$; $\frac{81}{90}$

3 Schreibe in Dezimalschreibweise und
wandle in Gramm bzw. Meter um.

a) $\frac{1}{2}$ kg; $\frac{3}{8}$ kg; $\frac{1}{4}$ kg; $\frac{11}{4}$ kg

b) $\frac{1}{2}$ km; $\frac{3}{5}$ km; $1\frac{3}{4}$ km; $\frac{4}{20}$ km

c) $\frac{1}{2}$ dm; $\frac{3}{4}$ dm; $\frac{1}{4}$ cm; $5\frac{3}{4}$ cm

4 Was ist mehr?

a) $\frac{1}{4}$ oder 0,26

b) 1,5 oder $\frac{12}{8}$

c) 0,80 oder $\frac{80}{1000}$

d) 2,75 oder $2\frac{8}{16}$

5 Schreibe als Bruch. Rechne dazu wie
im Beispiel.

$0,04 = \frac{4}{100} = \frac{1}{25}$; $0,025 = \frac{25}{1000} = \frac{1}{40}$

a) 0,1; 0,08; 0,005; 0,002; 0,5; 0,2

b) 0,25; 0,55; 0,725; 0,042; 0,325

c) 1,3; 1,75; 2,05; 1,008; 1,065

6 Schreibe die benötigten Zutaten
für einen Erdbeerquark in Dezimalschreibweise.

$1\frac{1}{2}$ kg Erdbeeren; $\frac{1}{4}$ kg Quark;

$\frac{1}{8}$ l Sahne; $\frac{1}{10}$ kg Zucker

Lerntipp!

$\frac{1}{2} = 0,5$

$\frac{1}{4} = 0,25$

$\frac{3}{4} = 0,75$

$\frac{1}{8} = 0,125$

$\frac{1}{5} = 0,2$

$\frac{1}{20} = 0,05$

6 Rechnen mit Dezimalbrüchen

1 Kiste Cola	8,49 €
1 kg Äpfel	1,99 €
1 Packung Salzstangen	0,99 €
1 Kiste Limonade	4,99 €
1 Packung Chips	1,49 €

Für einen Partyabend auf der Klassenfahrt werden im Sonderangebot folgende Dinge gekauft:

4 kg Äpfel
10 Packungen Salzstangen
10 Packungen Chips
1 Kiste Limonade
1 Kiste Cola

→ Überschlage, wie teuer die einzelnen Posten waren.
→ Haben die von der Klassenlehrerin vorgestreckten 40 € gereicht?

Beim **Addieren** und **Subtrahieren** von Dezimalbrüchen schreibt man die Zahlen so untereinander, dass Komma unter Komma steht.
Die Rechnung beginnt rechts. Manchmal muss man Nullen ergänzen.

Beispiele

a) 3,94 + 14,37 + 8,05

```
    3,94
+  14,37
+   8,05
   1 1 1
─────────
   26,36
```

b) 0,032 + 4,38 + 0,0009

```
   0,0320
+  4,3800
+  0,0009
      1
─────────
   4,4129
```

c) 13,678 − 6,03 − 5,271

```
   13,678
−   6,030
−   5,271
   1   1
─────────
    2,377
```

---

1 Addiere.
a) 0,2 + 0,3
b) 0,5 + 0,7
c) 0,8 + 3,4
d) 0,29 + 0,31

2 Subtrahiere.
a) 0,8 − 0,5
b) 1,2 − 0,4
c) 7,6 − 4,2
d) 37,8 − 9,5

3 Berechne.
a) 0,5 − 0,3
b) 9,8 + 1,2
c) 0,05 + 0,20
d) 1,40 − 0,28

4 Addiere im Heft.
a) 22,45 + 34,87
b) 0,862 + 5,893
c) 3,8 + 7,44
d) 155,66 + 6,799

5 Subtrahiere im Heft.
a) 44,35 − 12,22
b) 85,43 − 54,70
c) 8,7 − 5,43
d) 0,907 − 0,59

6 Achte auf die fehlenden Nullen.

a)
```
   1,34
+  2,7
```

b)
```
    0,67
−   0,608
```

c)
```
   50,683
−   9,49
```

d)
```
   5
+  0,99765
```

7 a) Carina hat 6,75 € mit ins Schwimmbad genommen. Der Eintritt kostet 3,25 €. Sie kauft sich noch ein Eis für 0,90 €.
b) Robin gibt von seinen 11,75 € zweimal 85 ct und einmal 8,20 € aus.

Beim **Multiplizieren** von Dezimalbrüchen mit den Zahlen 10; 100; 1000 usw. wird das Komma um so viele Stellen nach rechts verschoben, wie die Zahl Nullen hat. Manchmal müssen eine oder mehrere Nullen ergänzt werden.

Beispiele
a) 3,7248 · 10 = 37,248
   3,7248 · 100 = 372,48
   3,7248 · 1000 = 3724,8
   3,7248 · 10 000 = 37248

b) 0,085 · 10 = 0,85
   0,085 · 100 = 8,5
   0,085 · 1000 = 85
   0,085 · 10 000 = 850

8 Multipliziere im Kopf.
a) 3,9 · 10   b) 4,73 · 10   c) 7,4 · 100
d) 12,8 · 10   e) 14,07 · 10   f) 0,5 · 100
g) 0,05 · 100 h) 0,04 · 1000 i) 5,2 · 100

9 a) Ein Teebeutel enthält 1,2 g Tee. Wie viel Gramm Tee enthält ein Karton mit 10 000 Teebeuteln?
b) 10 g Chili kosten 85 Cent. Wie hoch ist der Kilopreis?

Beim **Multiplizieren** von Dezimalbrüchen rechnet man zunächst ohne Komma. Erst im Ergebnis setzt man das Komma. Das Ergebnis hat gleich viele Nachkommastellen (Dezimalen) wie die beiden Faktoren zusammen.

2,**3**	·	4,**05**	=	9,**315**
1 Dezimale		**2** Dezimalen		**3** Dezimalen

Beispiele
a) 4,5 · 13
   45
   135
   58,5

b) 0,436 · 0,35
   1308
   2180
   0,15260

Wenn nötig, müssen im Ergebnis eine oder mehrere Nullen ergänzt werden.

c) 0,038 · 1,4
   38
   152
   0,0532

10 Multipliziere.
a) 8 · 0,5   b) 6 · 1,2   c) 5 · 0,4
d) 7 · 1,5   e) 0,7 · 3   f) 0,2 · 5
g) 4,25 · 5   h) 7 · 3,45   i) 6,22 · 3

11 Berechne. Achte auf die Nullen.
a) 0,04 · 5   b) 0,05 · 8   c) 2,08 · 5
d) 7,75 · 4   e) 9,05 · 6   f) 0,02 · 0,5

12 Führe zuerst eine Überschlagsrechnung durch.
Beispiel: 7,2 · 29 = ▩
Überschlag: 7 · 30 = 210
7,2 · 29 = 208,8
a) 3,8 · 12   b) 9,9 · 31   c) 8,2 · 69
d) 24 · 6,1   e) 84 · 1,8   f) 154 · 0,95
g) 3,4 · 0,2 h) 7,2 · 3,7 i) 12,9 · 5,16

13 Die Maße eines Tennisfeldes sind in Yard festgelegt worden:
1 Yard = 0,9144 m. Das Spielfeld für das Einzelspiel ist 26 Yards lang und 9 Yards breit. Gib die Maße in Meter auf zwei Dezimalen genau an.

14 Die Leistung von Automotoren wurde früher in PS (Pferdestärke) angegeben. Heute verwendet man die Maßeinheit kW (Kilowatt).
1 kW = 1,36 PS   1 PS = 0,736 kW
a) Wie viel PS hat ein Auto mit 70 kW Leistung?
b) Welche Leistung in Kilowatt hat ein Motor mit 75 PS?
c) Ein Autohändler bietet zwei Pkws an. Ein Auto hat 120 kW, das andere 160 PS. Welches Auto hat die größere Leistung?

Beim **Dividieren** von Dezimalbrüchen durch die Zahlen 10; 100; 1000 usw. wird das Komma um so viele Stellen nach links verschoben, wie die Zahl Nullen hat. Manchmal müssen Nullen ergänzt werden.

Beispiele

a) 327 : 10 = 32,7
327 : 100 = 3,27
327 : 1000 = 0,327

b) 402,9 : 10 = 40,29
402,9 : 100 = 4,029
402,9 : 1000 = 0,4029

c) 5,8 : 10 = 0,58
5,8 : 100 = 0,058
5,8 : 1000 = 0,0058

15 Dividiere im Kopf.

a) 23,4 : 10
507,3 : 100
22,6 : 1000
70,8 : 10
9 : 1000

b) 4,2 : 10
87 : 100
1,08 : 10
0,2 : 100
0,09 : 10

16 Ein Stapel Papier mit 1000 Blatt ist 10,8 cm dick und wiegt 5,650 kg.

a) Wie dick ist ein Blatt?
Gib die Dicke in cm und in mm an.
b) Wie schwer ist ein Blatt?
Gib das Gewicht in kg und g an.

Wenn beim **Dividieren** eines Dezimalbruchs **durch eine natürliche Zahl** das Komma überschritten wird, muss man auch im Ergebnis das Komma setzen. Ansonsten rechnet man wie bei den natürlichen Zahlen.

Beispiele

a) 21,5 : 5 = 4,3
− 20
15   Komma
− 15   setzen
0

b) 27,90 : 6 = 4,65
− 24
39   Komma
− 36   setzen
30
− 30
0

17 Rechne im Kopf.

a) 2,1 : 7
3,6 : 6
4,8 : 6

b) 14,2 : 2
25,5 : 5
18,6 : 3

c) 9,9 : 11
8,4 : 12
3,9 : 13

18 Berechne schriftlich.

a) 40,3 : 8
6,05 : 5

b) 127,5 : 4
322,8 : 5

c) 4,32 : 16
54,3 : 12

d) 623,9 : 17
1016,6 : 13

19 Manchmal hat Peer **Fehler** gemacht. Gib dann die richtige Lösung an.

a) 0,5 : 5 = 0,1
c) 6,06 : 6 = 1,1
e) 0,99 : 9 = 0,11

b) 0,21 : 7 = 0,3
d) 5,6 : 8 = 0,7
f) 0,144 : 12 = 12

20 Setze für die Platzhalter natürliche Zahlen ein, damit die Aufgabe richtig wird. Finde die Zahlen durch Schätzen und überprüfe dann durch Rechnung.

a) 8,28 : ■ = 1,38
19,32 : ■ = 2,76
12,84 : ■ = 3,21
42,64 : ■ = 5,33

b) 2,97 : ■ = 0,27
8,46 : ■ = 0,94
2,34 : ■ = 0,18
25,74 : ■ = 2,34

21 Das Gruppenticket in Köln kostet 15,40 €. Es können 5 Personen damit fahren. Sven, Bo und Mali wollen preiswert durch die Stadt kommen. Eine Tageskarte für eine Person kostet 4,20 €.

Endliche und periodische Dezimalbrüche

Jeden Bruch kann man als Dezimalbruch darstellen, indem man den Zähler durch den Nenner dividiert.

Beispiele

a) $\frac{19}{5} = \blacksquare$

$$19 : 5 = 3,8$$
$$\underline{-15}$$
$$40$$
$$\underline{-40}$$
$$0$$

b) $\frac{3}{4} = \blacksquare$

$$3 : 4 = 0,75$$
$$30$$
$$\underline{-28}$$
$$20$$
$$\underline{-20}$$
$$0$$

1 Schreibe als Dezimalbruch. Rechne wie im Beispiel oben.

a) $\frac{7}{28}; \frac{12}{15}; \frac{19}{8}; \frac{31}{20}; \frac{13}{16}$

b) $\frac{4}{64}; \frac{147}{15}; \frac{24}{300}; \frac{11}{8}; \frac{258}{400}$

2 Schreibe in Dezimalschreibweise und in Gramm oder Milliliter.

a) $\frac{55}{40}$ kg; $\frac{120}{25}$ kg; $5\frac{80}{250}$ kg; $\frac{1}{80}$ kg

b) $\frac{121}{250}$ l; $\frac{78}{125}$ l; $6\frac{24}{250}$ l; $\frac{850}{40}$ l

3 Welche Regelmäßigkeit findest du beim Umwandeln der Brüche in Dezimalbrüche?

a) $\frac{1}{20}; \frac{2}{20}; \frac{3}{20}; \frac{4}{20}; \frac{5}{20}; \ldots$

b) $\frac{1}{16}; \frac{2}{16}; \frac{3}{16}; \frac{4}{16}; \frac{5}{16}; \ldots$

4 Vervollständige den Bruch.

a) $\frac{\blacksquare}{5} = 0,8$

b) $\frac{12}{\blacksquare} = 0,24$

c) $\frac{3}{\blacksquare} = 0,15$

d) $\frac{\blacksquare}{25} = 5,16$

Wenn sich bei der Division von Zähler und Nenner eines Bruchs die Reste wiederholen, entsteht ein **periodischer Dezimalbruch**. Die sich wiederholende Ziffer oder Zifferngruppe heißt Periode. Sie wird mit einem Überstrich gekenzeichnet.

Beispiele

a) $\frac{1}{3} = 1 : 3 = 0,333\ldots = 0,\overline{3}$; Sprechweise: null Komma Periode drei

b) $\frac{2}{15} = 2 : 15 = 0,1333\ldots = 0,1\overline{3}$; Sprechweise: null Komma eins Periode drei

c) $\frac{23}{22} = 23 : 22 = 1,04545\ldots = 1,0\overline{45}$; Sprechweise: eins Komma null Periode vier fünf

5 Wandle in Dezimalbrüche um.

a) $\frac{2}{3}; \frac{4}{9}; \frac{3}{11}; \frac{4}{33}; \frac{7}{6}; \frac{1}{15}; \frac{7}{36}; \frac{1}{24}; \frac{5}{12}$

b) $\frac{4}{3}; \frac{13}{6}; \frac{22}{15}; \frac{23}{22}; \frac{37}{30}; \frac{11}{9}; \frac{15}{11}; \frac{50}{33}; \frac{47}{18}$

6 Wandle in Dezimalbrüche um. Durch Nachdenken kannst du dir Arbeit sparen.

a) $\frac{1}{9}; \frac{2}{9}; \frac{3}{9}; \frac{4}{9}; \frac{5}{9}; \ldots$

b) $\frac{1}{11}; \frac{2}{11}; \frac{3}{11}; \frac{4}{11}; \frac{5}{11}; \ldots$

7 Runde folgende periodischen Dezimalbrüche:
$0,1\overline{6}; 0,2\overline{3}; 3,4\overline{78}; 2,0\overline{6}; 8,37\overline{45}$
a) auf eine Nachkommaziffer.
b) auf zwei Nachkommaziffern.

8 Welche Partner gehören zusammen?

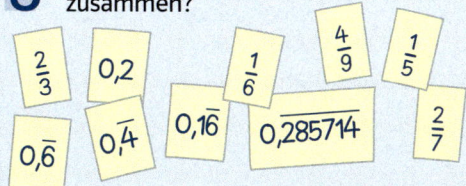

Erweitern und Kürzen

Beim **Erweitern** werden Zähler und Nenner mit der gleichen Zahl multipliziert.
Beim **Kürzen** werden Zähler und Nenner durch die gleiche Zahl dividiert.

Erweitern

$$\frac{4}{7} = \frac{4 \cdot 3}{7 \cdot 3} = \frac{12}{21}$$

Kürzen

Kürzen

$$\frac{18}{24} = \frac{18 : 6}{24 : 6} = \frac{3}{4}$$

Erweitern

Addieren und Subtrahieren von Brüchen

Zwei Brüche werden **addiert** oder **subtrahiert**, indem man sie auf den gleichen Nenner bringt und die Zähler addiert oder subtrahiert.

$$\frac{2}{3} - \frac{2}{5} = \blacksquare$$

1. Der gemeinsame Nenner ist 15.
2. $\frac{2}{3} = \frac{10}{15}$ und $\frac{2}{5} = \frac{6}{15}$
3. $\frac{10}{15} - \frac{6}{15} = \frac{4}{15}$

Multiplikation von Brüchen

Brüche werden **multipliziert**, indem man Zähler mit Zähler und Nenner mit Nenner multipliziert.

$$\frac{5}{7} \cdot \frac{3}{4} = \frac{5 \cdot 3}{7 \cdot 4} = \frac{15}{28}$$

Dividieren von Brüchen

Brüche werden **dividiert**, indem man den ersten Bruch mit dem Kehrbruch des zweiten Bruchs multipliziert.

$$\frac{2}{3} : \frac{5}{7} = \frac{2}{3} \cdot \frac{7}{5} = \frac{2 \cdot 7}{3 \cdot 5} = \frac{14}{15}$$

Brüche in Dezimalbrüche umwandeln

Es gibt verschiedene Möglichkeiten, Brüche in Dezimalbrüche **umzuwandeln**.

Durch Erweitern oder Kürzen auf einen Nenner von 10; 100; …

$$\frac{38}{16} = \frac{19}{8} = \frac{2375}{1000} = 2{,}375$$

Durch Division von Zähler durch Nenner:

$$\frac{19}{8} = 19{,}000 : 8 = 2{,}375$$

Addieren und Subtrahieren von Dezimalbrüchen

Beim **Addieren** und **Subtrahieren** von Dezimalbrüchen stehen die Zahlen so untereinander, dass Komma unter Komma steht.

```
    3,94
+  14,37
    1 1
   18,31
```

```
   13,678
 -  6,030
    1
    7,648
```

Multiplizieren von Dezimalbrüchen

Dezimalbrüche werden zunächst ohne Berücksichtigung des Kommas **multipliziert**. Das Ergebnis hat gleich viele Nachkommastellen wie die beiden Faktoren zusammen.

```
4,5 · 13
   45
  135
 58,5
```

```
0,4 · 0,35
   12
   20
0,140
```

Dividieren von Dezimalbrüchen

Wenn beim **Dividieren** eines Dezimalbruches durch eine natürliche Zahl das Komma überschritten wird, muss man auch im Ergebnis ein Komma setzen.

```
2,70 : 6 = 0,45
-24
  30
 -30
   0
```

Üben · Anwenden · Nachdenken

1 Schreibe als Bruch.
a) Das Ganze ist ein Meter:
20 cm; 25 cm; 75 cm; 90 cm
b) Das Ganze ist eine Stunde:
30 min; 45 min; 10 min; 13 min
c) Das Ganze ist ein Tag:
1 h; 12 h; 4 h; 13 h
d) Das Ganze ist ein Jahr:
ein Tag; eine Woche; ein Monat;
26 Wochen

2 Kürze oder erweitere auf den angegebenen Nenner.

a) $\frac{1}{2} = \frac{\blacksquare}{8}$ b) $\frac{1}{3} = \frac{\blacksquare}{9}$

c) $\frac{2}{10} = \frac{\blacksquare}{5}$ d) $\frac{2}{3} = \frac{\blacksquare}{15}$

e) $\frac{2}{5} = \frac{\blacksquare}{25}$ f) $\frac{10}{20} = \frac{\blacksquare}{2}$

g) $\frac{10}{24} = \frac{\blacksquare}{12}$ h) $\frac{4}{7} = \frac{\blacksquare}{35}$

3 Berechne.

a) $\frac{2}{7} + \frac{4}{7}$ b) $\frac{3}{5} - \frac{1}{5}$ c) $\frac{1}{4} + \frac{3}{4}$

d) $\frac{1}{4} + \frac{3}{8}$ e) $\frac{2}{3} - \frac{2}{9}$ f) $\frac{5}{15} + \frac{4}{30}$

g) $8\frac{1}{2} + \frac{3}{4}$ h) $2\frac{4}{5} - \frac{2}{5}$ i) $3\frac{5}{9} - 2\frac{1}{3}$

4 Berechne. Kürze das Ergebnis so weit wie möglich.

a) $\frac{2}{7} \cdot \frac{2}{5}$ b) $\frac{5}{9} \cdot \frac{2}{9}$ c) $\frac{4}{5} \cdot \frac{7}{9}$

d) $\frac{8}{15} \cdot \frac{5}{6}$ e) $\frac{21}{100} \cdot \frac{20}{49}$ f) $\frac{1}{20} \cdot \frac{37}{10}$

g) $3\frac{2}{3} \cdot 2\frac{5}{6}$ h) $4\frac{1}{7} \cdot 1\frac{3}{8}$ i) $\frac{17}{25} \cdot 3\frac{2}{5}$

5 Berechne. Kürze so weit wie möglich.

a) $\frac{8}{11} : \frac{4}{11}$ b) $\frac{9}{20} : \frac{5}{9}$ c) $\frac{1}{5} : \frac{3}{7}$

d) $\frac{14}{25} : \frac{7}{10}$ e) $\frac{33}{100} : \frac{4}{10}$ f) $\frac{8}{15} : \frac{24}{75}$

g) $4\frac{2}{7} : \frac{8}{21}$ h) $\frac{124}{81} : 3\frac{5}{9}$ i) $2\frac{3}{4} : 1\frac{5}{8}$

6 Achtung, jetzt wird es bunt gemischt.

a) $\frac{1}{3} + \frac{5}{6}$ b) $3 \cdot \frac{5}{9}$ c) $\frac{7}{8} - \frac{1}{4}$

d) $\frac{5}{7} \cdot \frac{2}{3}$ e) $\frac{5}{6} : 10$ f) $\frac{3}{4} + \frac{2}{5}$

g) $\frac{8}{11} : \frac{3}{5}$ h) $\frac{2}{5} : 8$ i) $5 - \frac{4}{7}$

7 Löse die Bruchmauern für die Addition und die Subtraktion.
a)

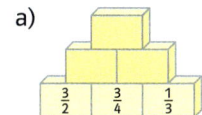

b)

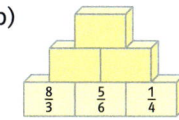

8 Finde Kärtchen mit gleichen Werten. Erkläre.

9 Ergänze.

a) $\frac{2}{3} : \blacksquare = \frac{2}{9}$ b) $\frac{8}{9} : \blacksquare = \frac{2}{9}$

c) $\frac{\blacksquare}{7} : 4 = \frac{5}{28}$ d) $\frac{\blacksquare}{13} : 6 = \frac{2}{13}$

e) $\frac{6}{\blacksquare} : 5 = \frac{6}{35}$ f) $\frac{10}{\blacksquare} : 5 = \frac{2}{15}$

g) $\frac{6}{\blacksquare} : 5 = \frac{3}{35}$ h) $\frac{10}{\blacksquare} : 5 = \frac{1}{4}$

10 Bei der Klassensprecherwahl in der Klasse 7b wurden 27 Stimmen abgegeben. Tamara erhielt $\frac{2}{3}$ der Stimmen.

11 Finde alle Nenner, die durch Erweitern auf die vorteilhaften Nenner 10, 100, 1000 oder 10 000 gebracht werden können.

Blickpunkt: Millionenstädte

12 Runde die Einwohnerzahlen der Großstadtregionen auf Millionen mit einer Nachkommaziffer und ordne sie.

Beispiel: 7 773 000 = 7,8 Millionen

Kolkata	15 185 670
São Paulo	19 226 426
Shanghai	18 403 769
Mexiko-Stadt	19 231 829
Mumbai	20 870 764
New York	19 006 789
Tokio	34 471 652

Erstelle ein geeignetes Diagramm.

13 Addiere oder subtrahiere.

a) 7,5 + 4,2 + 12,3   b) 4,3 + 7,5 + 1,2

c) 12,9 − 2,5   d) 15,7 − 8,9

e) 4,58 + 0,051   f) 0,569 − 0,0871

14 Multipliziere oder dividiere.

a) 7,5 · 5   b) 0,2 · 4,5   c) 32,6 · 5,7

d) 18,3 : 3   e) 4,25 : 17   f) 0,54 : 6

15 Notiere die vollständigen Rechnungen in deinem Heft.

a)
```
   2,45
 + █,3█
 ──────
   6,█2
```

b)
```
  12,█5
 − 1█,3█
 ──────
   1,09
```

c)
```
   █,327
 − 5,8█9
 ──────
   0,█7█
```

16 Setze das Komma im Ergebnis an der richtigen Stelle. Überschlage.

a) 4,26 · 30,6 = 130356

b) 17,4 · 0,35 = 609

c) 142,8 · 0,75 = 1071

d) 555,5 · 0,024 = 13332

17 Setze das Komma im Ergebnis an der richtigen Stelle.

a) 958,72 : 22,4 = 428

b) 553,7268 : 6,49 = 8532

c) 30,6 : 0,068 = 450 000

d) 0,011745 : 0,015 = 783

18 Bilde aus den Kärtchen

a) eine möglichst große Zahl,

b) eine möglichst kleine Zahl,

c) eine Zahl möglichst nahe an 5.

19

Die Klasse 7 kauft für das Klassenfest ein: sieben Flaschen Orangensaft zu je 0,89 €, acht Tüten Chips zu 0,99 € sowie Girlanden und Luftballons für insgesamt 4,98 €. Der Klassensprecher zahlt an der Kasse des Supermarktes mit einem 20-Euro-Schein.

20

Für ein Klassenfest mischen die Schülerinnen und Schüler der Klasse 7 ein Erfrischungsgetränk aus $3\frac{1}{2}$ l Orangensaft, $\frac{3}{4}$ l Limonade und zwei Flaschen Grapefruitsaft zu je $\frac{7}{10}$ l zusammen. Welche Gesamtmenge an Saft erhalten sie dabei?

21 Die Laufgruppe „Laufrausch" trainiert dreimal pro Woche.

a) Natalia läuft jedes Mal eine Dreiviertelstunde.
Berechne ihre wöchentliche Trainingsdauer.

b) Julian muss in der Woche 17 km laufen. Er läuft jedes Mal die gleiche Strecke.

c) Im Wettkampf über 10 km braucht Julian 1,2 Stunden. Natalia braucht eine Viertelstunde länger.
Gib beide Laufzeiten in Minuten an.

22 Der Aufzug in einem Hochhaus steigt 2,6 m pro Sekunde.

a) Wie viele Meter steigt er in einer Minute?

b) Wie lange dauert die Fahrt vom 12. Stock in den 25. Stock, wenn die Stockwerkshöhe 4,2 m beträgt?

23

Aus einem vollen Tank werden nacheinander erst $\frac{1}{4}$, dann $\frac{1}{5}$, dann $\frac{1}{8}$ und schließlich $\frac{1}{10}$ des ursprünglichen Tankinhalts abgepumpt.

a) Welcher Anteil bleibt übrig?

b) Wie viele Liter wurden insgesamt abgepumpt, wenn der Tank anfangs 3400 l enthielt?

Beruf und Alltag: Ernährung

Die Energie, die der Körper mit dem Essen aufnimmt wird in Joule (J) oder Kilojoule (kJ) angegeben. Im Alltag ist auch noch die ältere Einheit Kalorie (cal) bzw. Kilokalorie (kcal) geläufig.

Die Einheiten werden wie folgt umgerechnet: 1 kcal ≈ 4,2 kJ   1 kJ ≈ 0,24 kcal

1 👥 In zwei Zeitschriften stehen die Nährwerte verschiedener Lebensmittel. Die Angaben beziehen sich jeweils auf 100 g.

Chips: 2205 kJ
Brot: 945 kJ
Ananas: 252 kJ

Cornflakes 340 kcal
Salat 40 kcal
Banane 90 kcal
Milch 60 kcal
Käse 350 kcal

a) Erstellt eine Tabelle. Rechnet alle Angaben in kJ bzw. kcal um. Tragt die Werte in die Tabelle ein.
b) Sarah isst zum Frühstück Cornflakes (50 g) mit Milch (250 g) und eine Banane (150 g). Rechnet aus, wie viele Kalorien sie zu sich nimmt.
c) Tom isst in der Schule Chips (100 g) und sein Pausenbrot (50 g) mit Käse (25 g). Gebt an, wie viele Kilojoule er zu sich nimmt.

2 Alle Nährstoffe liefern dem Körper Energie.
1 g Kohlenhydrate liefert 16,7 kJ.
1 g Fett liefert 37,8 kJ.
1 g Eiweiß liefert 16,7 kJ.
Ein 13- bis 15-jähriger Jugendlicher braucht etwa 10 000 kJ pro Tag.

Lebensmittel 100 g	Nährstoffzusammensetzung		
	Eiweiß in g	Fett in g	Kohlen-hydrate
Brötchen	9	2	51
Butter	1	83	1
Quark 40 %	12	12	4
Honig	–	–	81
Nussaufstrich	8	29	59
O-Saft	2	1	57

Judit isst zum Frühstück ein Brötchen (50 g) mit 10 g Butter. Auf eine Brötchenhälfte schmiert sie 30 g Quark, auf die andere 20 g Nussaufstrich. Dazu trinkt sie 150 g Orangensaft.
Wie viel Energie hat sie ihrem Körper zugeführt? Welchem Bruchteil des Tagesbedarfs entspricht dies?

Ernährungspyramiden sollen zu einer gesunden Ernährung anregen. Es werden immer wieder etwas veränderte Ernährungspyramiden veröffentlicht. Die abgebildete Ernährungspyramide besteht aus sechs Lebensmittelgruppen. Je breiter ein Streifen ist, desto höher ist der tägliche Bedarf an der betreffenden Lebensmittelgruppe.

3 Die Deutsche Gesellschaft für Ernährung (DGE) gibt folgende Ernährungsempfehlung:
$\frac{30}{100}$ Getreideprodukte / Kartoffeln / Reis;
$\frac{26}{100}$ Gemüse; $\frac{17}{100}$ Obst; $\frac{18}{100}$ Milchprodukte;
$\frac{7}{100}$ tierische Produkte und $\frac{2}{100}$ Öle / Fette.
Bildet die Ernährungspyramide die Empfehlung der DGE ab? Begründe deine Antwort.

Annika macht eine 3-jährige Ausbildung zur Kauffrau im Einzelhandel. Kaufleute arbeiten in verschiedenen Bereichen, vom Modehaus bis hin zum Gemüseladen. Annika arbeitet in einem Lebensmittelgeschäft.

Sie berät Kunden, verkauft Waren, arbeitet im Lager, wirkt bei der Sortimentsauswahl und bei Marketingaktionen mit.

Hinzu kommen viele Aufgaben, bei denen gerechnet werden muss.

1 Morgens liefert ein Lkw Ware an. Annika soll die Rechnung überprüfen.

85 Sack Kartoffeln –	je Sack 2,45 €
50 Kartons Milch –	je Karton 5,74 €
12 Kisten Salat –	je Kiste 3,42 €
$2\frac{1}{2}$ Paletten Möhren –	je Palette 8,50 €
150 Gurken –	je Gurke 0,23 €
35 kg Äpfel –	je kg 0,95 €
Palettenpfand für 3 Paletten:	6,00 €
Rechnungsbetrag: 631,29 €	

Stimmt der Rechnungsbetrag?

2 Annika soll einen Vorschlag für eine Werbeaktion machen. Sie schlägt folgendes Angebot vor.

> Qualitätsschokolade
>
> 100 g – 0,99 Euro
> Nimm 3 – Zahle 2

Die Chefin meint, dass sie dann Verlust machen würden, weil eine Tafel Schokolade im Einkauf 0,68 € kostet.

3 Im Lager befinden sich 1200 Schalen Erdbeeren zu je 500 g. Annika soll mit dem Hubwagen $\frac{1}{4}$ des Vorrats in den Verkaufsraum bringen. Sie hat Zweifel, ob sie das mit einer Fuhre erledigen darf, denn auf dem Hubwagen steht „maximal 150 kg". Die Holzpalette, auf der die Erdbeeren transportiert werden, wiegt schon 18,5 kg.

4 Am Mittwoch werden $1\frac{1}{2}$ Tonnen Zwiebeln angeliefert.

a) Die Azubis sollen die Hälfte davon in 2,5-kg-Netze, ein Viertel in 5-kg-Netze und den Rest in 15-kg-Säcke verpacken. Wie viele Netze jeder Verpackungsgröße ergibt das?

b) Die angelieferten Zwiebeln kosten im Einkauf 165 €. Im Geschäft werden sie für 17 ct pro Kilo verkauft. Leider werden 34 kg der Zwiebeln faul und können nicht mehr verkauft werden. Wie groß ist der Gewinn?

5 In der Käseabteilung wird abgepackter Goudakäse von verschiedenen Firmen angeboten.

a) Damit die Kunden die Preise besser miteinander vergleichen können, soll Annika für jede Käsemarke den Kilopreis auf einen Zettel schreiben und am Regal anbringen.

b) Es ist gesetzlich vorgeschrieben, Vergleichspreise anzugeben. Gehe in ein Lebensmittelgeschäft und schaue nach. Aber Achtung, nicht immer ist Kilogramm die Vergleichsgröße.

Rückspiegel

Online-Link
zum Rückspiegel
742431-0271

1 Löse die Aufgabe.

a) $\frac{1}{2} + \frac{1}{3}$ b) $\frac{1}{3} + \frac{1}{5}$ c) $\frac{1}{3} - \frac{1}{6}$ d) $\frac{4}{5} - \frac{3}{4}$

e) $\frac{1}{4} \cdot 5$ f) $\frac{4}{9} \cdot 3$ g) $\frac{3}{8} : 6$ h) $\frac{2}{7} : 4$

2 Löse die Aufgabe.

a) $\frac{1}{4} \cdot \frac{3}{5}$ b) $\frac{3}{8} \cdot \frac{6}{7}$ c) $\frac{4}{9} \cdot \frac{9}{4}$ d) $\frac{1}{3} \cdot \frac{1}{7}$

e) $\frac{1}{5} : \frac{1}{3}$ f) $\frac{5}{12} : \frac{3}{8}$ g) $\frac{2}{7} : \frac{3}{5}$ h) $\frac{5}{9} : \frac{5}{27}$

3 In der Klasse 7a sind 24 Kinder.
Davon kommen $\frac{5}{8}$ der Kinder mit dem Bus, $\frac{1}{4}$ mit dem Fahrrad und $\frac{1}{12}$ wird gebracht. Der Rest kommt zu Fuß. Wie viele Kinder sind das jeweils?

4 Rechne mit Größen.
a) zwei Fünftel von zwei Metern
b) drei Viertel von einem Liter
c) ein Achtel von einem Kilogramm

5 Wandle in einen Dezimalbruch um.

a) $\frac{2}{5}$ b) $\frac{7}{10}$ c) $\frac{1}{4}$ d) $\frac{3}{8}$ e) $\frac{7}{125}$

6 Berechne.
a) 7,5 + 4,2 + 0,6
b) 90,5 − 47,4 + 5,4
c) 9,506 − 0,521 − 0,073

7 Berechne.
a) 3,75 · 6 b) 0,084 · 8
c) 10,039 · 7 d) 42,7 : 7
e) 0,8199 : 9 f) 0,051 : 5

8 Übertrage die Zahlenmauer in dein Heft und fülle sie aus. Zwei nebeneinander stehende Zahlen werden addiert.

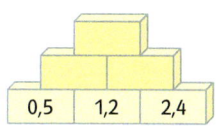

1 Löse die Aufgabe.

a) $\frac{4}{9} + \frac{5}{12}$ b) $2\frac{4}{5} + \frac{1}{2}$ c) $\frac{4}{9} - \frac{4}{11}$ d) $3\frac{1}{3} - \frac{5}{8}$

e) $12 \cdot \frac{17}{6}$ f) $1\frac{5}{13} \cdot 4$ g) $\frac{12}{17} : 3$ h) $2\frac{1}{2} : 5$

2 Löse die Aufgabe.

a) $\frac{16}{21} \cdot \frac{7}{8}$ b) $\frac{31}{100} \cdot \frac{7}{10}$ c) $1\frac{4}{5} \cdot 2\frac{3}{7}$

d) $\frac{4}{11} : \frac{10}{11}$ e) $\frac{18}{25} : \frac{3}{5}$ f) $2\frac{2}{9} : 3\frac{4}{5}$

3 Von 360 Kindern einer Schule kommen $\frac{7}{12}$ mit dem Bus, $\frac{2}{9}$ mit dem Fahrrad, jeder Zehnte mit der Bahn, $\frac{1}{36}$ wird mit dem Auto gebracht. Der Rest kommt zu Fuß. Wie viele Kinder sind das jeweils?

4 Rechne mit Größen.
a) zwei Fünftel von $\frac{1}{2}$ Meter
b) ein Drittel von $\frac{3}{4}$ Liter
c) die Hälfte von $\frac{2}{5}$ Kilogramm

5 Wandle in einen Dezimalbruch um.

a) $\frac{9}{16}$ b) $\frac{39}{250}$ c) $\frac{51}{8}$ d) $\frac{13}{16}$ e) $3\frac{15}{48}$

6 Berechne.
a) 0,57 + 4,09 + 9,87 + 0,08
b) 38,37 + 0,5 − 26,01 − 7
c) 70,4 − 0,704 − 47,04 − 0,004 − 4

7 Berechne.
a) 3 · 6,05 b) 24,07 · 12
c) 0,046 · 103 d) 17,16 : 13
e) 0,275 : 11 f) 100,05 : 15

8 Übertrage die Zahlenmauer in dein Heft und fülle sie aus. Zwei nebeneinander stehende Zahlen werden addiert.

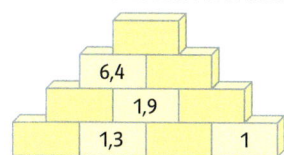

→ Die Lösungen findest du auf Seite 173.

Standpunkt

Online-Link
zum Standpunkt
742431-0281

Wo stehe ich?

Ich kann …

		gut	weniger gut	etwas	nicht mehr	Lerntipp!
1	natürliche Zahlen addieren und subtrahieren.	☐	☐	☐	☐	→ Seite 164
2	natürliche Zahlen multiplizieren und dividieren.	☐	☐	☐	☐	→ Seite 165
3	Brüche und Dezimalbrüche addieren und subtrahieren.	☐	☐	☐	☐	→ Seite 12; 18
4	Brüche und Dezimalbrüche multiplizieren und dividieren.	☐	☐	☐	☐	→ Seite 13; 15; 19; 20
5	Zeit-, Längen- und Gewichtsangaben umrechnen.	☐	☐	☐	☐	→ Seite 169
6	Gitterpunkte in einem Quadratgitter ablesen.	☐	☐	☐	☐	→ Seite 171
7	Gitterpunkte in ein Quadratgitter eintragen.	☐	☐	☐	☐	→ Seite 171

Überprüfe deine Einschätzung.

1 Addiere oder subtrahiere.
a) 25 + 37   b) 48 + 73   c) 146 + 28
d) 92 − 46   e) 64 − 13   f) 281 − 56

2 Multipliziere oder dividiere.
a) 16 · 9   b) 27 · 6   c) 5 · 14
d) 54 : 6   e) 27 : 9   f) 36 : 3

3 Addiere oder subtrahiere.
a) $\frac{3}{7} + \frac{2}{7}$ b) $\frac{1}{5} + \frac{3}{4}$ c) 3,64 + 1,7
d) $\frac{7}{8} - \frac{3}{8}$ e) $\frac{5}{8} - \frac{1}{2}$ f) 6,04 − 4,26

4 Multipliziere oder dividiere.
a) $\frac{2}{3} \cdot \frac{5}{6}$ b) 5,8 · 3   c) 2,4 · 4,79
d) $\frac{7}{9} : 3$ e) $\frac{4}{5} : \frac{2}{3}$ f) 9,1 : 7

5 Wandle die Größe in die angegebene Einheit um.
a) 9,8 km = ☐ m   b) 3200 m = ☐ km
c) 3,4 m = ☐ cm   d) 560 cm = ☐ m
e) 6,3 cm = ☐ mm   f) 85 mm = ☐ cm
g) 120 min = ☐ h   h) 195 min = ☐ h ☐ min
i) 1 h 16 min = ☐ min   j) 2 h 54 min = ☐ min
k) 2538 g = ☐ kg   l) 4,987 kg = ☐ g
m) 645 t = ☐ kg   n) 8493 kg = ☐ t

6 Lies die Gitterpunkte im Quadratgitter ab und schreibe sie auf.

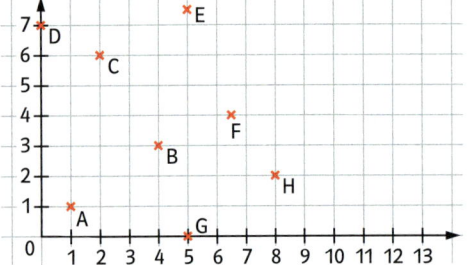

7 Zeichne ein 8 × 8-Quadratgitter in dein Heft und trage die Gitterpunkte ein.
A (1 | 2)   B (3 | 5)   C (8 | 0)
D (0 | 3)   E (5 | 2,5)   F (1,5 | 2)

→ Die Lösungen findest du auf Seite 174.

Wer, wie, was und zu wem?

Fingerrennen

Mit dem Mittelfinger und dem Zeigefinger kannst du auf der Tischplatte vom Start zum Ziel durchlaufen.

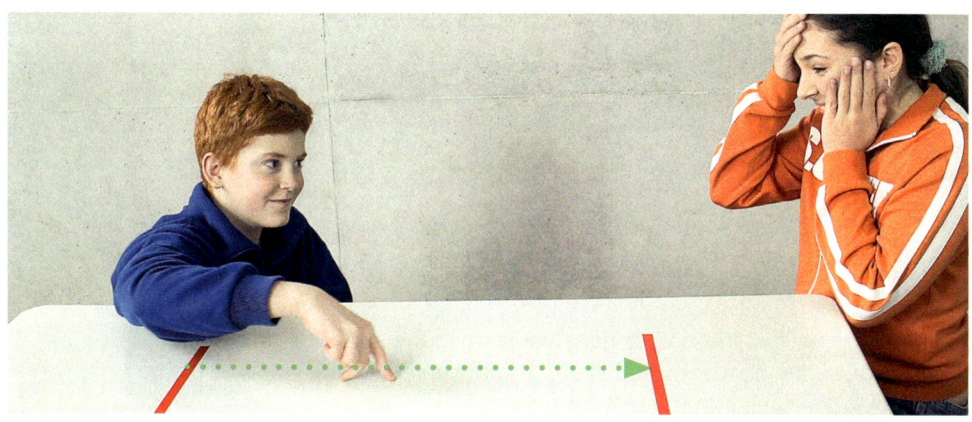

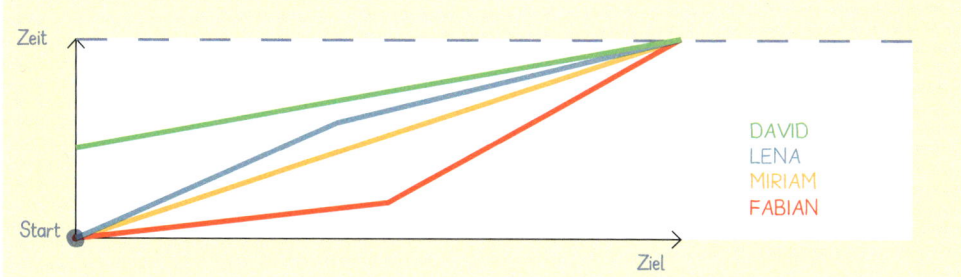

Aus dem Schaubild kannst du ablesen, wie David, Miriam, Lena und Fabian eine Strecke mit ihren Fingern zurückgelegt haben.

→ Beschreibe, wie die Schülerinnen und Schüler gegangen sind. Worin bestehen Gemeinsamkeiten und Unterschiede?
→ Wandere mit deinen Fingern wie David, dann wie Miriam und schließlich wie Fabian.
→ Führt den Fingerversuch in Partnerarbeit aus. Einer wandert mit den Fingern über den Tisch, der andere beobachtet. Fertigt ein Schaubild der Bewegung an.

Das lerne ich:

- Was Zuordnungen sind und wie man sie darstellen kann,
- was proportionale Zuordnungen sind und wie man sie darstellt,
- wie man proportionale Zuordnungen mit dem Dreisatz berechnet,
- was antiproportionale Zuordnungen sind,
- wie man antiproportionale Zuordnungen mit dem Dreisatz berechnet.

1 Zuordnungen und Schaubilder

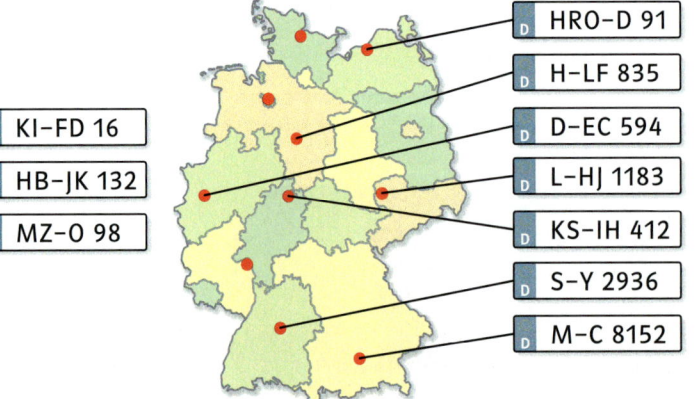

KI–FD 16	

HB–JK 132

MZ–O 98

Zu allen Orten Deutschlands gehören Autokennzeichen.
→ Bestimme mithilfe der angegebenen Autokennzeichen die markierten Städte.
→ Drei Kennzeichen sind noch keinem Ort zugeordnet.
Zu welcher Stadt gehören sie?
→ Notiere die Nummernschilder aus deiner Umgebung.

Zuordnungen findet man in vielen Alltagssituationen. Sie werden durch Tabellen, Schaubilder, Pfeile oder Texte dargestellt. Bei einer **Zuordnung** werden zwei Größen zueinander in Beziehung gesetzt. Jeder **Eingabegröße** wird eine **Ausgabegröße** zugeordnet.

Beispiel

Die 24 Schülerinnen und Schüler der Klasse 7b haben geprüft, wie die Augenfarben in ihrer Klasse verteilt sind.

Zuordnung
Augenfarbe → Anzahl der Kinder
Man spricht: Der Augenfarbe wird die Anzahl der Kinder zugeordnet.

Wertetabelle

Augenfarbe	braun	blau	grün
Anzahl der Kinder	12	8	4

Schaubild

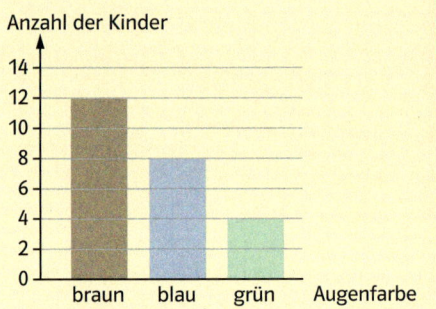

1 Welche Zuordnung wird dargestellt?

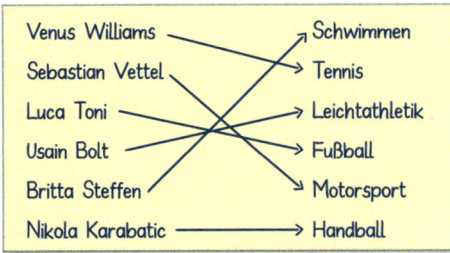

2 Miss die Länge der Finger deiner Hand und lege eine Tabelle für die Zuordnung *Finger → Länge in cm* an.

3 Stelle die folgende Zuordnung in einem geeigneten Schaubild dar.

Lieblingsfach	Anzahl der Kinder
Deutsch	5
Mathe	3
Biologie	7
Kunst	9
Sport	8

4 Stellt auf einem großen Plakat für eure Klasse die Zuordnung *Kind → Lieblingsessen* mit Pfeilen dar. Präsentiert eure Ergebnisse.

5 Welche Größen werden in Beziehung zueinander gesetzt? Nenne die Eingabe- und die Ausgabegröße. Stelle die Beziehung mit einem Pfeil dar.

Beispiel:
In 4 Stunden legt ein Auto 320 km zurück.
4 Stunden → 320 km

a) 3 kg Äpfel kosten 2,70 €.
b) In 5 Stunden fährt ein Auto 450 km.
c) Für 50 € erhält man 52 US-Dollar.
d) Die Wegstrecke von 75 km ist nach 3 Stunden zurückgelegt worden.
e) Zum Pflastern eines Weges benötigten 4 Arbeiter 5 Tage.

6 Beschreibe die Zuordnungen in Worten.

Beispiel:
Alter → Durchschnittsgröße
Dem Alter wird eine Durchschnittsgröße zugeordnet.

a) *Stückzahl → Preis (€)*
b) *Höhe (cm) → Punkte*
c) *Alter (Jahre) → Größe (cm)*
d) *Wochentag → gefahrene Kilometer*
e) *Menge → Preis je Liter*

7 Das Schaubild zeigt den Kontostand einer Klassenkasse.

a) Wie war der Kontostand Ende Mai?
b) An welchem Monatsende war der Kontostand am niedrigsten?
c) In welchem Monat muss Geld vom Konto abgehoben worden sein?
d) 👥 Erfindet und beantwortet weitere Fragen mithilfe des Schaubilds.

8 Stellt als Tabelle und Schaubild die Zuordnung *Alter → Anzahl der Kinder* eurer Klasse dar.

9 👥 Sammelt in eurer Schule Informationen über die Schülerzahlen der einzelnen Klassen und stellt diese in einem Schaubild dar.

10 👥 Erstellt Tabellen und Schaubilder
a) zu euren Schulfächern und Lehrern.
b) zum Alter eurer Mitschüler.
c) zu Währungen und Ländern in Europa.
d) zu Autokennzeichen und Städten.

11 👥 Zuordnungen findet man in vielen Alltagssituationen. Findet Beispiele und schreibt die Zuordnung auf.

12 a) Welche Zuordnung wird in diesem Schaubild dargestellt?

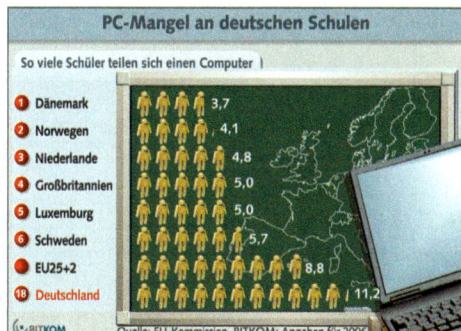

b) Stelle die Zuordnung in einem anderen Schaubild dar.
c) 👥 Erkundigt euch, wie es bei euch an der Schule ist.

13 Laura ist älter als Tim. Tim ist leichter als Laura.

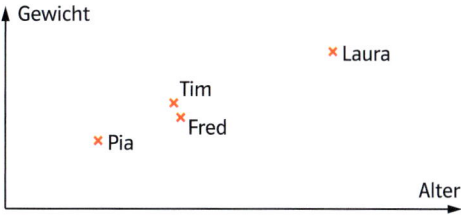

a) Finde anhand des Schaubildes weitere Sätze dieser Art.
b) Zeichne ein eigenes Schaubild und schreibe passende Geschichten dazu.

2 Graphen von Zuordnungen

Aus der Tabelle und dem Schaubild kannst du die monatlichen Durchschnittstemperaturen der Stadt Köln ablesen.

Monat	Jan.	Feb.	März	April	Mai	Juni	Juli	Aug.	Sep.	Okt.	Nov.	Dez.
Temp. in °C	1,8	2,4	5,2	8,7	13,2	16,2	17,8	17,4	14,2	10,3	5,6	2,9

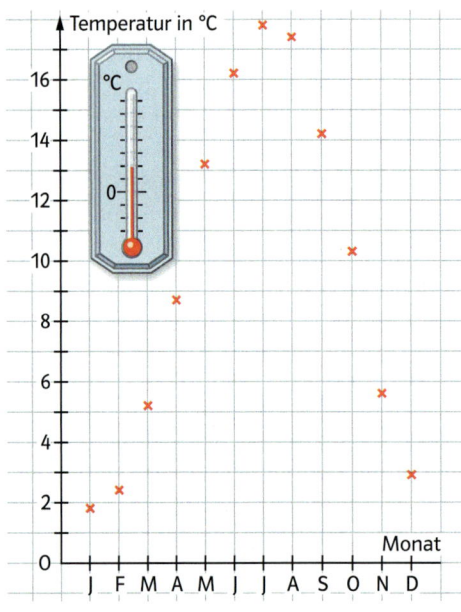

→ Welche Zuordnung wird im Schaubild dargestellt?

→ Bestimme den Monat mit der höchsten Durchschnittstemperatur.

→ Welcher Monat hat die niedrigste Durchschnittstemperatur?

→ Vergleiche die Tabelle mit dem Schaubild. Finde Vor- und Nachteile.

Durch **Graphen** lassen sich Zuordnungen übersichtlich darstellen.
Zu jedem Wertepaar der Zuordnung zeichnet man einen Punkt in ein Quadratgitter, so entsteht der **Graph der Zuordnung**.
Umgekehrt lassen sich aus einem Graphen die Werte der Tabelle ablesen.

Beispiel

Familie Hamann fuhr mit dem Auto von Hannover in den Skiurlaub.

vergangene Zeit in Stunden	1	2	3	4	5	6	7	8	9	10
gefahrene Kilometer	80	200	300	420	420	530	600	680	790	850

Lerntipp!

→ *Wie man Punkte in ein Quadratgitter zeichnet, kannst du auf Seite 171 üben.*

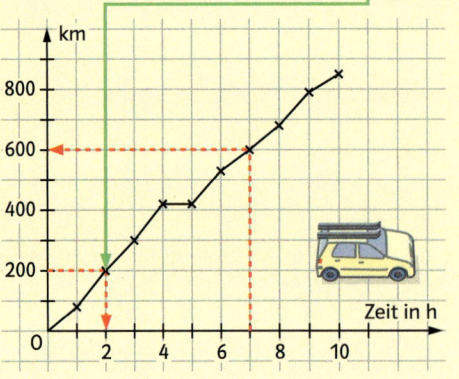

Am Graphen kann man beispielsweise Folgendes ablesen:

• Für die ersten 200 km der Fahrt hat die Familie 2 Stunden benötigt.

• Nach 7 Stunden sind sie bereits 600 km gefahren.

• Nach 4 Stunden haben sie eine Pause gemacht.

1 Timo hat eine Handyflatrate, Lena einen Vertrag mit Grundgebühr und Simone eine Prepaidkarte. Ordne die Graphen richtig zu.

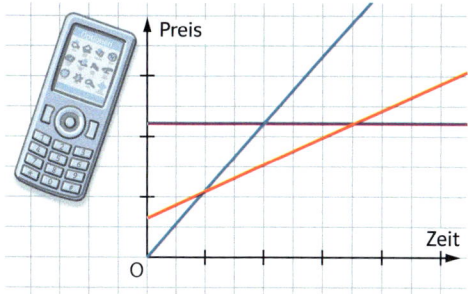

2 Erkläre, wie das Hochziehen der Fahne durchgeführt wurde. Nutze die Begriffe *schnell*, *langsam* und *gleichmäßig*.

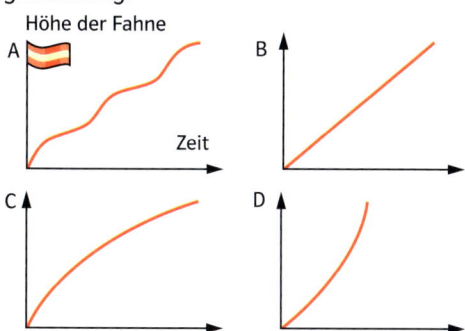

3 An einem Fluss werden stündlich die Wasserstände gemessen. Diese geben an, um wie viele cm die Wasserhöhe von der durchschnittlichen Höhe abweicht.

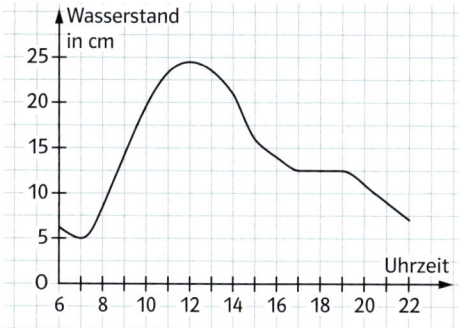

a) Wann war der Wasserstand am höchsten, wann war er am niedrigsten?
b) In welchem Zeitraum blieb der Wasserstand unverändert?
c) In welcher Zeit stieg der Wasserstand und in welcher Zeit fiel er?

4 Auf einem Berg wurden zu verschiedenen Zeiten die Schneehöhen gemessen und in eine Tabelle eingetragen.

Uhrzeit	9	10	11	12	13	14	15	16	17
Schneehöhe in cm	7	7	7	12	17	25	28	27	22

a) Zeichne einen Graphen der Zuordnung *Zeit → Schneehöhe* in ein Quadratgitter.
b) Wie hoch wird der Schnee um 12:30 Uhr vermutlich gelegen haben?
c) Wann hat es vermutlich geschneit?
d) Wann hat es vermutlich nicht geschneit?

5 Lisa geht täglich zu Fuß zur Schule. Die Zuordnung *Zeit → Weg* ist als Graph im Quadratgitter dargestellt.

Online-Link
zu Aufgabe 5
742431-0331

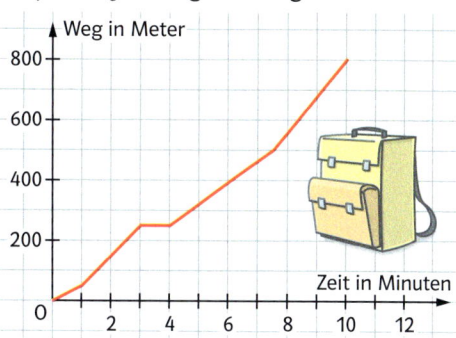

a) Wie viele Meter ist Lisa nach sechs Minuten schon gegangen?
b) Wie lange ist sie morgens unterwegs?
c) Wie viele Minuten braucht Lisa für 450 m?
d) Lege eine Wertetabelle an.
e) Überlege, was nach drei Minuten passiert sein könnte.

6 Stelle deinen Schulweg als Graph in einem Quadratgitter dar. Erstelle für die Zuordnung *Zeit → Weg* eine Wertetabelle.

3 Proportionale Zuordnungen

3,75kg	
‖‖‖‖‖‖‖‖‖‖‖‖‖	4,50€

2,5 kg	
‖‖‖‖‖‖‖‖‖‖‖‖‖	4,00€

1 kg	
‖‖‖‖‖‖‖‖‖‖‖‖‖	2,80€

1 kg Äpfel   1,60 €
½ kg Trauben   1,40 €
1,5 kg Orangen 1,80 €

Sina kauft im Supermarkt Obst ein. Sie druckt Aufkleber für die verschiedenen Obstsorten an der Obstwaage aus.
→ Welches Preisschild gehört zu welchem Obst? Begründe deine Entscheidung.

Eine Zuordnung heißt **proportional**, wenn zum Zweifachen, Dreifachen, Halben, … der Eingabegröße das Zweifache, Dreifache, Halbe, … der Ausgabegröße gehört.

Beispiele

a) Stefan sammelt Fußballbilder. Er kauft sich 3 Päckchen für 1,80 €. Sein Freund Finn kauft 9 Päckchen.

Anzahl	Preis in €
3	1,80
9	5,40

·3 ... ·3

Ver**dreifacht** sich die Anzahl, ver**dreifacht** sich der Preis.

b) Mike mäht den Rasen des Nachbarn, um Geld zu verdienen. Im August mähte er 4-mal und verdiente 24 €. Im September mäht er nur 2-mal.

Anzahl	Preis in €
4	24
2	12

:2 ... :2

Halbiert sich die Anzahl, **halbiert** sich der Preis.

Online-Link
zu Aufgabe 1
742431-0341

1 Berechne den fehlenden Wert in deinem Heft.

a)
Gewicht	Preis
6 kg	30 €
3 kg	■

b)
Anzahl	Volumen
4	3 l
12	■

c)
Tage	Strecke
3	6 km
15	■

d)
Kinder	Gruppen
6	2
24	■

e)
Anzahl	Preis
42	27 €
14	■

f)
Anzahl	Kartons
48	2
288	■

g)
Zeit	Preis
30 min	1,20 €
150 min	■

h)
Menge	Preis
250 ml	3 €
1000 ml	■

2 In den Aufgaben haben sich **Fehler** versteckt. Verbessere sie.

a)
Anzahl	Preis
6	12 €
18	24 €

b)
Tage	Strecke
5	20 km
15	30 km

c)
Zeit	Anzahl
15 min	1200
100 min	8400

d)
Anzahl	Volumen
4	5 l
24	35 l

3 Berechne die fehlenden Werte in deinem Heft.

a)
Anzahl	Preis
2	7 €
4	■
8	■
16	■

b)
Tage	Strecke
1	25 km
3	■
6	■
12	■

4 🎎 Welche Zuordnung ist proportional, welche nicht? Begründet.

	Eingabegröße	Ausgabegröße
a)	Alter eines Kindes	Körpergröße
b)	Anzahl der Arbeitsstunden	Lohn
c)	Anzahl der Orangen	Saft in ml
d)	Fahrtstrecke	Fahrtdauer
e)	Anzahl der Maschinen	Zeit, um 10 000 Nägel herzustellen
f)	Dauer des Spiels	Anzahl der Tore
g)	Anzahl der Äpfel	Gewicht
h)	Anzahl der Tänzer	Dauer der Vorführung
i)	Größe der Fläche	benötigte Farbe

5 Der Kilometerstand eines Autos ist nach zwei Jahren 59 842 km. Welcher Kilometerstand wird ungefähr in vier Jahren abzulesen sein?

6 Vor der Schule wollen sich Artur, Saskia und Nick jeweils noch ein Brötchen kaufen. Wie sollten sie sich deiner Meinung nach entscheiden? Begründe.

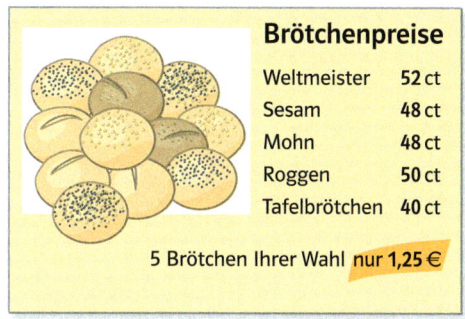

Brötchenpreise

Weltmeister	52 ct
Sesam	48 ct
Mohn	48 ct
Roggen	50 ct
Tafelbrötchen	40 ct

5 Brötchen Ihrer Wahl **nur 1,25 €**

7 Schreibe deine eigene Rechengeschichte zum Thema Urlaub. Dieser Satzanfang soll dir dabei helfen: „Je mehr Geld ich habe, desto mehr …" Stelle deine Geschichte der Klasse vor.

Beruf und Alltag: Tarife vergleichen

8 🎎 Familie Herder und Familie Kranz wollen für zwei Wochen mit acht Personen in den Urlaub fahren. Sie möchten dafür einen Kleinbus mieten.

RENT a CAR

Wir bieten Kleinbusse (9-Sitzer) zu günstigen Preisen an:

Tarif A
449,– € pro Woche

Tarif B
250,– € Grundgebühr plus 50,– € pro Tag

a) Welchen Tarif sollten die beiden Familien wählen? Begründet eure Antwort.
b) Wie viel kostet die Fahrt pro Person mit dem gewählten Tarif?
c) Wie teuer wäre der Fahrpreis pro Person, wenn noch eine neunte Person mitfahren würde?
d) Die beiden Familien haben sich entschieden, nur zehn Tage Urlaub zu machen. Welchen Tarif würdet ihr den Familien nun empfehlen?

e) Erstellt eine Tabelle, in der die Tarife allgemein verglichen werden können. In welchen Fällen ist Tarif A günstiger?

Anzahl Tage	Tarif A	Tarif B
1	■	■
2	■	■
…	■	■

f) Überlegt euch weitere Fragen und beantwortet sie mithilfe der Tarife.

4 Graphen proportionaler Zuordnungen

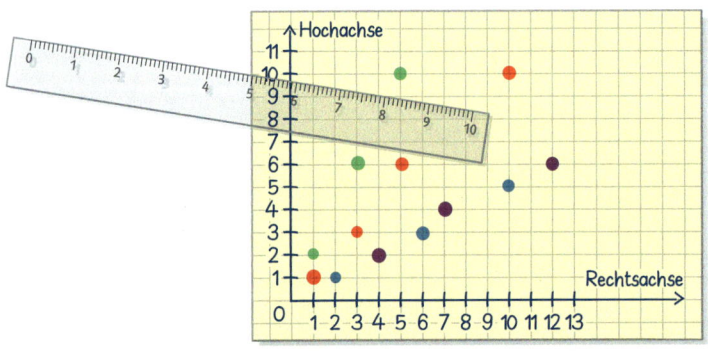

→ Übertrage das Schaubild in dein Heft.

→ Einige dieser Punkte haben etwas gemeinsam. Welche?

→ Bei zwei Farben kannst du mit dem Lineal ganz schnell alle Punkte mit Gemeinsamkeiten finden, bei zwei Farben nicht. Begründe.

→ Stell dir vor, dein Quadratgitter hat 100 Einheiten nach rechts und nach oben. Finde Werte, die die gleichen Gemeinsamkeiten haben.

Alle Punkte einer proportionalen Zuordnung liegen auf einer Geraden durch den Punkt (0|0). Man nennt den **Graphen** einer proportionalen Zuordnung auch **Ursprungsgerade**, da sie durch den Ursprung (0|0) des Quadratgitters verläuft.

Beispiel

Giovanni fährt täglich mit dem Fahrrad zur Schule. Das sind jeden Tag 10 km. Stelle den Graphen der Zuordnung dar.

Wie gehe ich vor?

1. Zeichne ein Quadratgitter und wähle die Einheiten sinnvoll.
2. Trage den bekannten Wert ins Quadratgitter ein; hier (**1 Tag**|**10 km**).
3. Zeichne eine Halbgerade vom Ursprung durch den Punkt (1|10).
4. Nun lassen sich auch andere Wertepaare ablesen, zum Beispiel:

Anzahl der Tage → Strecke in km
3 Tage → 30 km

Graph

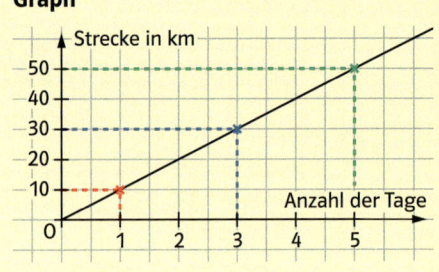

Strecke in km → Anzahl der Tage
50 km → 5 Tage

Lerntipp!

→ *Das Arbeiten mit dem Quadratgitter kannst du auf Seite 171 üben.*

Online-Link
zu Aufgabe 2
742431-0361

1 Welche Punkte liegen auf der gleichen Ursprungsgeraden?
Prüfe mit dem Lineal.

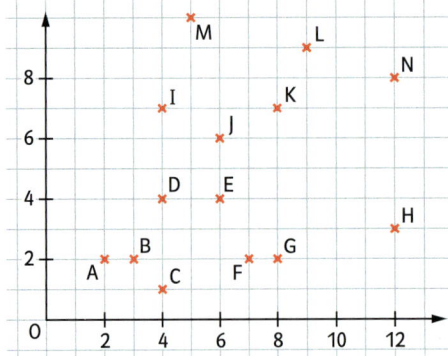

2 Zeichne ein 15 × 15-Quadratgitter in dein Heft.
Welche Punkte liegen nicht auf einer Ursprungsgeraden?
A (2|4); B (6|12); C (7|15); (D 4|8); E (3|6); F (5|10); G (8|14)

3 Zeichne ein Quadratgitter.
a) Eine Ursprungsgerade geht durch den Punkt A (2|1).
Nenne drei weitere Punkte, die auf dieser Geraden liegen.
b) 👥 Stellt euch gegenseitig ähnliche Aufgaben, löst und kontrolliert sie.

4 Überlege, ohne zu zeichnen.
a) Welche Punkte liegen auf der Ursprungsgeraden durch A(3|12)?
B(5|20); C(14|64); D(10|40); E(12|46)
b) Welche Punkte liegen auf der Ursprungsgeraden durch A(5|15)?
B(4|12); C(9|27); D(12|26); E(1|3)
c) Eine Ursprungsgerade verläuft durch den Punkt A(12|72). Finde drei weitere Punkte, die auf dieser Geraden liegen.

5 Welche der folgenden Graphen gehören nicht zu einer proportionalen Zuordnung?
Begründe.

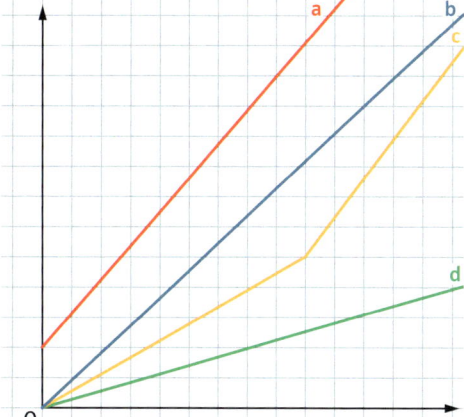

6 Im Funpark werden Süßigkeiten verkauft.

100g kosten 2 Euro

a) Zeichne den Graphen der Zuordnung in ein Quadratgitter. Wähle als Einheiten 50 ct pro Kästchen auf der Hochachse und 20 g pro Kästchen auf der Rechtsachse.
b) Lies ab, wie viel 80 g kosten.
c) Andrea darf 3 Euro ausgeben.

7 Das Schaubild und die Abbildung gehören zusammen.

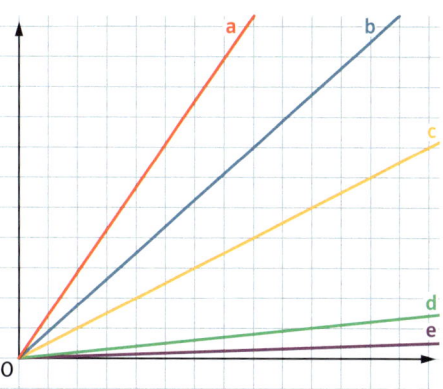

a) Welche Zuordnung wird hier dargestellt? Wie kann man die Achsen beschriften?
b) Ordne die Bilder den Graphen richtig zu. Begründe deine Zuordnung.

8 a) Schreibt eine Geschichte, die zu diesem Schaubild passt.

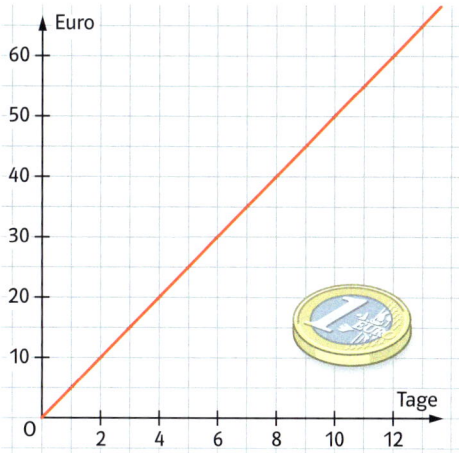

b) Schreibt Fragen zu der Geschichte auf, die dein Partner oder deine Partnerin beantwortet.

9 Schreibe deine eigene Rechengeschichte. Erstelle den Graphen in einem Quadratgitter.
Stelle deine Geschichte der Klasse vor.

5 Lineare Zuordnungen

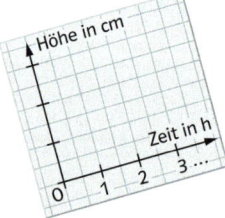

In einem 2 m tiefen Schwimmbecken steht das Wasser bereits 40 cm hoch. Es steigt um 10 cm pro Stunde.
→ Wie hoch steht das Wasser nach 3; 5 und 7,5 Stunden, wenn es gleichmäßig steigt? Erstelle eine Tabelle und zeichne ein Schaubild.
→ Nach wie vielen Stunden ist das Becken voll?

Zuordnungen mit gleichmäßiger Veränderung heißen **linear**.
Der Graph einer linearen Zuordnung ist eine **Gerade** mit gleichbleibender Steigung.

Beispiele

a) Arne lässt seine Haare lang wachsen. Sie sind jetzt 2,5 cm lang und werden jeden Monat 1 cm länger.

Die Zuordnung *Zeit → Haarlänge* ist linear.

Wie lang wird sein Haar nach 6 Monaten sein?
Lösung mithilfe der Tabelle:

Zeit in Monaten	0	1	2	3	4	5	6
Länge in cm	2,5	3,5	4,5	5,5	6,5	7,5	8,5

+1 +1 +1 +1

Lösung mithilfe eines Schaubildes:

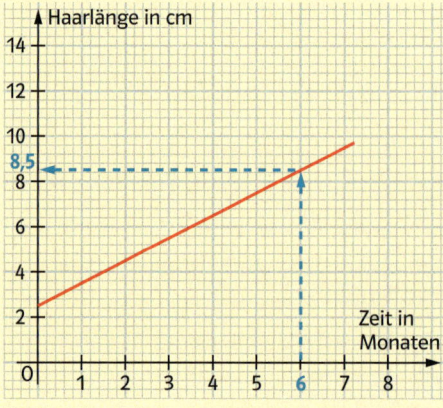

Nach 6 Monaten ist das Haar 8,5 cm lang.

b) Eine 20 cm lange Kerze brennt in 12 Stunden gleichmäßig ab. Die Brenndauer und Kerzenlänge wurden in einer Tabelle notiert.

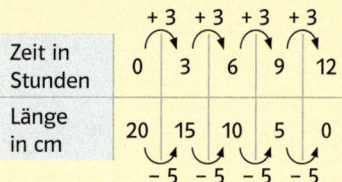

	+3	+3	+3	+3
Zeit in Stunden	0	3	6	9	12
Länge in cm	20	15	10	5	0

− 5 − 5 − 5 − 5

Die Zuordnung *Zeit → Kerzenlänge* ist linear.

In 3 Stunden brennt die Kerze jeweils 5 cm ab. Wann ist die Kerze 12 cm lang?

Lösung mithilfe eines Schaubildes:

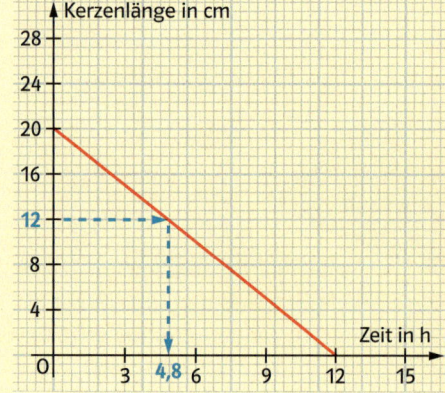

Nach 4 h 48 min ist die Kerze 12 cm lang.

1 Nenne zu jeder Aufgabe die Zuordnung. Erstelle ein Schaubild. Beantworte die Fragen mithilfe des Schaubildes und der Tabelle.

a) Wie lange brennt das Streichholz?

Zeit in Sekunden	0	10
Länge in cm	5	2,5

b) Wie lang ist das Haar am Anfang? Wann ist das Haar 20 cm lang?

Zeit in Monaten	0	1	2
Länge in cm	11	12,2	13,4

2 Nenne zu jeder Aufgabe die Zuordnung. Erstelle eine Tabelle. Beantworte die Fragen mithilfe des Schaubildes und der Tabelle.

a) Wie hoch steht das Wasser am Anfang? Wann steht es 1,50 m bzw. 2,50 m hoch?

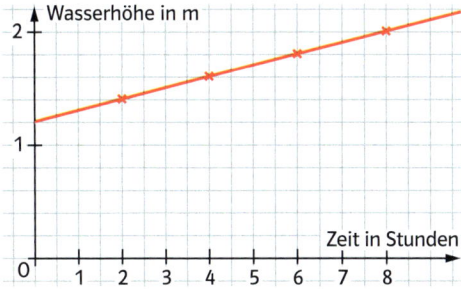

b) Welche Länge hat die Wunderkerze am Anfang? Wie lange brennt sie? Wann ist sie 12 cm lang?

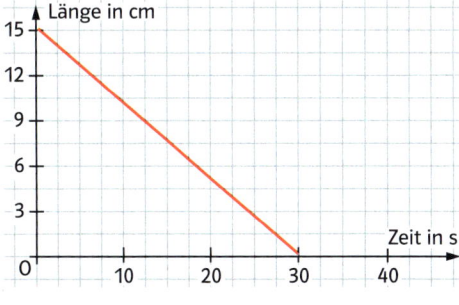

3 Erstelle zu drei Teilaufgaben eine Tabelle und zu zwei Teilaufgaben ein Schaubild.

a) Ein Bleistift ist 17 cm lang. Er wird durch die Benutzung pro Woche 1,2 cm kürzer.

b) Eine Feder ist 11 cm lang. Pro angehängtes Gramm Gewicht wird sie 7 mm länger.

c) Durch eine Kaffeemaschine laufen in 7 Minuten 600 ml Kaffee.

d) Ein Benzintank mit 65 l Fassungsvermögen wird in 40 Sekunden mit 52 l vollgetankt.

e) Das Blumenwasser in einer Vase sinkt jeden Tag um 1,5 cm. Es stand am Anfang 10,5 cm hoch.

4 Eine 15 cm lange Kerze brennt in 10 Stunden, eine 20 cm lange Kerze in 8 Stunden gleichmäßig ab. Die Kerzen werden gleichzeitig angezündet. Nach welcher Zeit sind sie gleich lang? Gib die Kerzenlänge zu diesem Zeitpunkt an.

Linear und proportional

5 Proportionale Zuordnungen sind besondere lineare Zuordnungen. Beide werden durch eine Gerade im Schaubild dargestellt. Welche Schaubilder zeigen eine proportionale Zuordnung? Begründe deine Antwort.

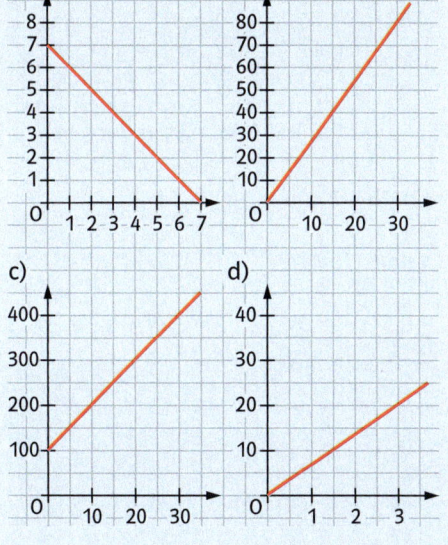

6 Dreisatz bei proportionalen Zuordnungen

Steffi, Meike und ich gehen nächste Woche zum Konzert. Das kostet zusammen 54€.

Super! Dann sehen wir uns ja. Maria und ich sind auch da.

→ Welche Zuordnung wird hier dargestellt?
→ Wie viel kostet es, wenn alle fünf Mädchen zu dem Konzert gehen?
→ Erkläre deinen Rechenweg.
→ Wie viel kostet es, wenn du mit deiner Familie zu dem Konzert gehst?
→ Hast du schon einmal Eintrittskarten für ein Konzert gekauft?
  Was haben sie gekostet?

Bei einer proportionalen Zuordnung kann man die gesuchte Ausgabegröße in drei Schritten berechnen. Dieses Verfahren nennt man **Dreisatz**.

Beispiele

a) Mit dem Dreisatz lässt sich berechnen, wie viel man für **3** kg Kartoffeln bezahlt, wenn **5** kg Kartoffeln 3,00 € kosten.

1. Satz: **5** kg kosten 3,00 €
2. Satz: **1** kg kostet 3,00 € : **5** = **0,60** €
3. Satz: **3** kg kosten **0,60** € · **3** = 1,80 €

Gewicht in kg	Preis in €
5	3,00
1	0,60
3	1,80

: 5 · 3   : 5 · 3

b) Mit dem Dreisatz lässt sich berechnen, wie viel man für **8** Kiwis bezahlt, wenn **3** Kiwis 0,75 € kosten.

1. Satz: **3** Kiwis kosten 0,75 €
2. Satz: **1** Kiwi kostet 0,75 € : **3** = **0,25** €
3. Satz: 8 Kiwis kosten **0,25** € · **8** = 2 €

Anzahl	Preis in €
3	0,75
1	0,25
8	2,00

: 3 · 8   : 3 · 8

Online-Link
zu Aufgabe 1
742431-0401

1 Übertrage die Tabelle in dein Heft. Gib die fehlenden Werte der proportionalen Zuordnung an.

a)
Anzahl	Preis
4	12 €
1	■
9	■

b)
Anzahl	Preis
6	42 €
1	■
5	■

c)
Zeit	Weg
2 h	180 km
■	■
3 h	■

d)
Gewicht	Preis
5 kg	7,50 €
■	■
3 kg	■

2 In einigen der Aufgaben haben sich **Fehler** versteckt. Verbessere sie in deinem Heft.

a)
Anzahl	Preis
9	6,30 €
1	0,70 €
12	84 €

b)
Zeit	Anzahl
20 min	30
1 min	1,5
2 h	180

c)
Zeit	Weg
4 h	240 km
1 h	60 km
2 h	30 km

d)
Gewicht	Pakete
6 kg	12
1 kg	2
8 kg	16

3 Gib die fehlenden Werte der proportionalen Zuordnung an. Erstelle eine Tabelle in deinem Heft.

Online-Link
zu Aufgabe 3
742431-0411

a)
Anzahl der Pferde	1	5	18
tägl. Futtermenge in kg	▪	60	▪

b)
Anzahl der Gurken	1	3	8
Preis in €	▪	▪	4,40

c)
Zeit in h	1	4	7
Weg in km	▪	320	▪

d)
Anzahl der Arbeitsstunden	50	150	200
Lohnkosten in €	▪	▪	3200

e)
Wandfläche in m²	20	70	110
Wandfarbe in l	4	▪	▪

4 Was denkst du? Beschreibe.
a) Um ein weich gekochtes Ei zu bekommen, muss man es 4,5 Minuten kochen. Peter kocht vier Eier 18 Minuten lang.
b) Lea läuft 100 m in 14 Sekunden. Sie rechnet aus, dass sie dann 1000 m in 2 Minuten und 20 Sekunden laufen kann.
c) Das Gemälde „Mona Lisa" wurde für 39,9 Mio. € verkauft.
Wie viel kosten zwei solche Gemälde?

5 Drei Schüler gehen zusammen ins Kino. Sie zahlen insgesamt 24 €. Wie viel zahlen fünf Schüler insgesamt?

6 Ein Elefant trinkt in einer Woche etwa 1050 Liter Wasser.

a) Wie viel trinkt er in vierzehn Tagen?
b) Wie viel trinkt er in drei Tagen?
c) Nach wie vielen Tagen hat er etwa 1800 Liter Wasser getrunken?

7 Dilan fährt täglich mit dem Rad zur Schule. Am Ende einer Schulwoche ist sie 15 km gefahren. Wie viele Kilometer fährt sie in zwei Tagen?

8 Zugvögel können in erstaunlich kurzer Zeit sehr weit fliegen.

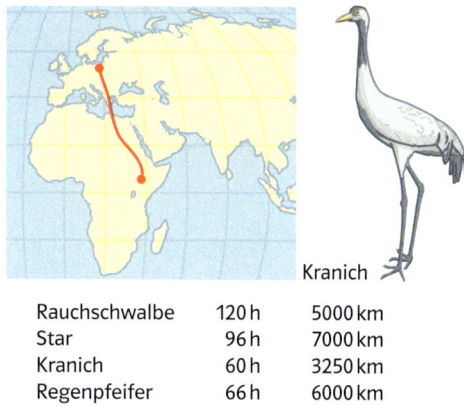

Kranich

Rauchschwalbe	120 h	5000 km
Star	96 h	7000 km
Kranich	60 h	3250 km
Regenpfeifer	66 h	6000 km

Überschlage, wie weit die Tiere ungefähr an einem Tag fliegen.

9 Eine Schraube dringt bei vier Umdrehungen 1 cm in das Holz ein.

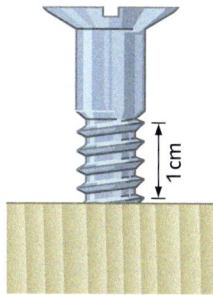

1 cm

a) Wie viele Umdrehungen sind für 6 cm nötig?
b) Die Schraube ist 7,5 cm lang. Wie oft muss mindestens gedreht werden, bis die Schraube ganz im Holz ist?
c) Wie tief ist die Schraube nach drei Umdrehungen eingedrungen?
d) Wie viele Umdrehungen sind für 1,5 cm nötig?

10 Roman macht einen Fahrradausflug. Er fährt in einer halben Stunde 6 Kilometer. Er fährt mit der gleichen Geschwindigkeit noch 45 Minuten weiter.
a) Wie viele Kilometer ist er dann gefahren?
b) Für den Rückweg möchte er nicht länger als eine Stunde brauchen.

11 Auf einem Flohmarkt werden CDs zum Festpreis angeboten. Marie kauft 4 CDs für insgesamt 14 Euro. Steffen kauft sich sogar 7 CDs.

Mithilfe von Programmen zur **Tabellenkalkulation** können mathematische Sachverhalte leicht berechnet oder dargestellt werden.

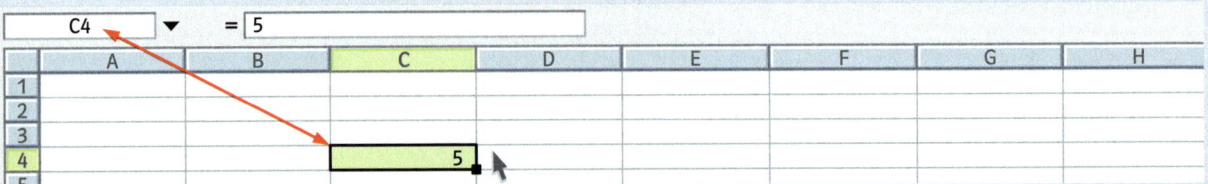

- Der Eingabebereich, also der Bereich, in den du etwas hineinschreibst, heißt **Tabellenblatt**. Es ist in **Spalten** (A; B; C; …) und **Zeilen** (1; 2; 3; …) aufgeteilt. Die Zellen werden entsprechend ihrer Spalte und Zeile benannt, z. B. C4.

- In die **Zellen** können sowohl Texte als auch Zahlen eingetragen werden.

- Die **Spaltenbreite** oder **Zeilenhöhe** änderst du, indem du an den Rand zwischen die Zeilen oder Spalten gehst und bei gedrückter linker Maustaste die Höhe oder Breite veränderst.

- Jede **Formel** beginnt mit „=" und wird in die **Bearbeitungszeile** = ⬚ eingegeben. Die Zellen, die du in der Formel verwendest, werden zur Kontrolle farbig umrahmt. Beende jede Formeleingabe mit der Enter -Taste.

Rechenart	Addition	Subtraktion	Multiplikation	Division
Beipiel	*= E3+D3*	*= A7−F2*	*= G1*H1*	*B4/C3*

- Formeln können auch Zahlen und mehr als zwei Zellen enthalten. Achte auf die Rechenregeln und setze gegebenenfalls Klammern.

Online-Link
742431-0421

Beispiele

a) Bearbeitungszeile: *= (E5+D5)/100*   b) Bearbeitungszeile: *= D5+D6+D7+D8+D9*

- Aus Textverarbeitungsprogrammen kennst du schon eine Vielzahl von Befehlen, die du durch Anklicken eines Icons (Zeichens) ausführen kannst. Einige besondere Icons werden dir nun noch einmal gezeigt.
Markiere zu Beginn immer die Zellen, die du formatieren (bearbeiten) möchtest.

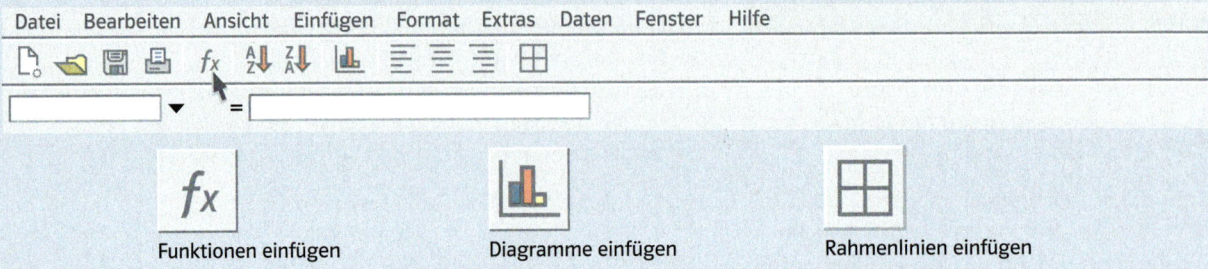

Funktionen einfügen	Diagramme einfügen	Rahmenlinien einfügen

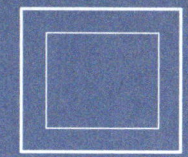

1 Die Nordseeschule veranstaltet zugunsten des örtlichen Kinderkrankenhauses einen Sponsorenlauf. Für jede gelaufene Runde einer Schülerin oder eines Schülers bezahlt der Sponsor 1,50 €. Die Klasse 7b wertet den Lauf aus und berechnet, wie viel Spendengeld erlaufen wurde.

Mithilfe einer Tabellenkalkulation erstellt die Klasse folgendes Rechenblatt.

Sponsorenlauf der Nordseeschule

1,50 € pro Runde

für das Kinderkrankenhaus

| B7 | ▼ | = | =B5+C5+D5+E5+F5+G5 |

	A	B	C	D	E	F	G
1	Geld pro Runde	1,50 €					
2							
3	Klassenstufe	5	6	7	8	9	10
4	gelaufene Runden	308	315	323	295	289	314
5	erlaufenes Geld	462,00 €	472,50 €	484,50 €	442,50 €	433,50 €	471,00 €
6							
7	Gesamter Erlös	2.766,00 €					
8							
9							

a) Welche Formel wurde eingegeben?
Übertrage die Tabelle in dein Heft, vervollständige sie.

Zelle	Eingabe	Warum?	Ergebnis
B7	**= B5+C5+D5+E5+F5+G5**	Die erlaufenen Gelder aller Klassen werden addiert.	gesamter Erlös
B5	**= B4*B1**	Die gelaufenen Runden der Klassenstufe 5 werden mit dem Geld pro Runde multipliziert.	
C5	**= C4*B1**		
D5			
E5			
F5			

b) Überlege: Welche Zahlen aus dem Rechenblatt lassen sich nicht mithilfe einer Formel berechnen?

c) 👥 Erstellt das Rechenblatt der 7b am Computer. Um Zellen mit dem €-Symbol zu versehen, klickt mit der rechten Maustaste auf die Zelle und wählt *Zellen formatieren* aus. Klickt dann auf *Währung*.

d) Im nächsten Jahr sind die zehnten Klassen zum Zeitpunkt des Sponsorenlaufs auf Klassenfahrt. Es soll wieder mindestens genauso viel Geld erlaufen werden.

e) Welchen Betrag hätten die Sponsoren pro Runde zahlen müssen, um 5000 € als Gesamtsumme zu erhalten? Probiere aus.

2 Wähle aus den Aufgaben von Seite 41 zwei Aufgaben aus, die du ebenfalls mit der Tabellenkalkulation lösen möchtest.

7 Antiproportionale Zuordnungen

In der Aula wird ein Musical aufgeführt. 180 Stühle sollen aufgestellt werden.
→ Auf welche Arten kann man die Stühle in gleich lange Reihen stellen? Welche Arten sind zweckmäßig, welche nicht?
→ Messt die Aula eurer Schule aus und überlegt euch eine gute Möglichkeit.
→ Erkundigt euch, wie die Stühle in der Regel gestellt werden.

Eine Zuordnung heißt **antiproportional** oder auch **umgekehrt proportional**, wenn zur Hälfte, einem Drittel, … der einen Größe das Doppelte, das Dreifache, … der anderen Größe gehört.

Beispiele

a) Familie Reimer plant einen Wanderurlaub. Wenn sie jeden Tag **12 km** wandern, benötigen sie **1 Woche** für die gesamte Strecke. Den Kindern ist das zu anstrengend. Sie schlagen vor, **2 Wochen** zu bleiben.

Woche(n)	km pro Tag
1	12
2	6

· 2 ⟶ (1 → 2) ⟶ : 2 (12 → 6)

Bei 2 Wochen würden sie jeden Tag nur 6 km wandern.
Ver**doppelt** sich die Eingabegröße, **halbiert** sich die Ausgabegröße.

b) Der Futtervorrat für **12 Pferde** reicht **15 Tage** lang. Bauer Hansen ist Besitzer von **3 Pferden** und hat die gleiche Futtermenge bestellt.

Pferde	Tage
12	15
3	60

: 4 ⟶ (12 → 3) ⟶ · 4 (15 → 60)

Bei drei Pferden reicht die Futtermenge für 60 Tage.
Viertelt man die Eingabegröße, ver**vierfacht** man die Ausgabegröße.

Online-Link
zu Aufgabe 1
742431-0441

1 Berechne den fehlenden Wert der antiproportionalen Zuordnung.

a)
Stuhlreihen	Stühle
8	14
16	■

b)
Tage	Strecke pro Tag
9	4 km
3	■

c)
Pferde	Tage
10	4
2	■

d)
Arbeiter	Zeit
2	12 h
6	■

e)
Tage	Betrag
7	15 €
21	■

f)
Anzahl	Stücklänge
24	12 cm
8	■

2 Florian hat bei einigen antiproportionalen Zuordnungen **Fehler** gemacht.

a)
Tage	Betrag
7	3 €
14	6 €

b)
Anzahl	Stücklänge
6	2,50 m
3	5 m

c)
Tage	Strecke pro Tag
4	6 km
12	2 km

d)
Stuhlreihen	Stühle
12	26
24	14

e)
Tage	Kosten
12	2,50 €
4	7,50 €

f)
Arbeiter	Zeit
2	9 h
6	3 h

3 Die 7c mit 24 Schülerinnen und Schülern möchte gerne eine neue Sitzordnung. Es werden Gruppentische gefordert.
a) Setze den Satz fort: „Je mehr Gruppentische, desto weniger …"
b) Finde verschiedene Möglichkeiten.

Beispiel: *2 Gruppentische → 12 Schüler*

4 Übertrage die Tabelle ins Heft und gib die fehlenden Werte der antiproportionalen Zuordnung an.
a)

Anzahl der Personen	Gewinn pro Person in €

$$: 2 \begin{cases} 4 \\ 2 \end{cases}$$
$$\cdot \blacksquare \begin{cases} 6 \end{cases}$$
$$: 6 \begin{cases} 1 \end{cases}$$
$$\cdot \blacksquare \begin{cases} \blacksquare \end{cases}$$

$$\begin{cases} 300 \\ \blacksquare \end{cases} \cdot 2$$
$$\begin{cases} \blacksquare \end{cases} : \blacksquare$$
$$\begin{cases} \blacksquare \end{cases} \cdot \blacksquare$$
$$\begin{cases} 150 \end{cases} : \blacksquare$$

b)

Schrittlänge in cm	Anzahl der Schritte

$$: 2 \begin{cases} 80 \\ 40 \end{cases}$$
$$: \blacksquare \begin{cases} 10 \end{cases}$$
$$\cdot \blacksquare \begin{cases} \blacksquare \end{cases}$$
$$: \blacksquare \begin{cases} 50 \end{cases}$$

$$\begin{cases} 120 \\ \blacksquare \end{cases} \cdot 2$$
$$\begin{cases} \blacksquare \end{cases} \cdot \blacksquare$$
$$\begin{cases} 96 \end{cases} : \blacksquare$$
$$\begin{cases} \blacksquare \end{cases} \cdot \blacksquare$$

5 Welche Zuordnungen sind antiproportional? Begründe.
a) *Anzahl der Arbeiter auf einer Baustelle → Zeitdauer der Fertigstellung*
b) *Zeitdauer → Restmenge Wasser in einem Becken, das abgelassen wird*
c) *Anzahl der Schritte für eine bestimmte Strecke → Schrittlänge*
d) *Uhrzeit → verbleibende Stunden des Tages*
e) *Ausgaben → Kontostand*

6 „Wenn ich eine Million im Lotto gewinnen würde, dann würde ich …"
a) Lege eine Tabelle an und notiere, wie viel Geld du bekommst, wenn du zusammen mit 2; 3; …; 10 Personen gewinnst.
b) Wie hoch muss der Jackpot sein, dass du eine Million bekommst, obwohl du zusammen mit drei anderen gewonnen hast?

7 Stell dir vor, jemand ist so groß, dass er mit 1000 Schritten einmal um die Erde gehen könnte.
a) Wie lang wäre ein Schritt?
b) Wie groß wäre ein Mensch ungefähr, der so etwas könnte?

8 Ein 2,40 m langer Baumstamm soll zersägt werden.
Lege folgende Tabelle an:

Anzahl der Stücke	2	3	…	10
Stücklänge in cm	$\blacksquare$	$\blacksquare$	$\blacksquare$	$\blacksquare$

9 Jan stellt einen Sparplan auf. Er möchte sich gern ein Waveboard für 80 € kaufen.
a) Finde verschiedene Möglichkeiten, wie viel er pro Woche sparen kann und wie lange es dann dauert.
b) Was hältst du für die beste Möglichkeit? Begründe deine Meinung.

Beruf und Alltag: Handwerk

10 Familie Arning möchte den Boden ihrer Küche neu fliesen lassen. Der Fliesenleger stellt ihnen quadratische Fliesen in zwei Größen zur Auswahl.

a) Wie viele Fliesen werden jeweils benötigt?
b) Erkläre deinen Rechenweg.
c) Was muss bei der Planung der Küche noch bedacht werden?

Lerntipp!
→ *Größenumrechnungen kannst du auf Seite 169 üben.*

8 Dreisatz bei antiproportionalen Zuordnungen

Die Klasse 7a plant einen Ausflug. Die Kosten für die Busfahrt betragen 450 €. In der 7a sind 25 Schülerinnen und Schüler. Um Kosten zu sparen, planen sie den Ausflug gemeinsam mit der Parallelklasse. Diese hat 20 Schülerinnen und Schüler.

→ Berechne die Kosten pro Person, wenn beide Klassen fahren.
→ Wie viel müsste jeder bezahlen, wenn jeweils nur eine Klasse fährt?

Gesuchte Werte der Ausgabegröße einer **antiproportionalen Zuordnung** kann man ebenfalls mit dem **Dreisatz** berechnen.

Beispiel

3 Pumpen mit gleicher Leistungsfähigkeit benötigen zum Entleeren eines Wasserbeckens **15** Stunden. Wie lange benötigen **5** Pumpen?

Dreisatz

1. Satz: **3** Pumpen benötigen 15 h
2. Satz: **1** Pumpe benötigt   15 h · 3 = 45 h
3. Satz: **5** Pumpen benötigen 45 h : 5 = 9 h

Anzahl der Pumpen	Zeit in h
3	15
1	45
5	9

(: 3, · 5 on left; · 3, : 5 on right)

---

1 Übertrage die Tabelle in dein Heft und gib die fehlenden Werte der antiproportionalen Zuordnung an.

a)

Anzahl	Zeit
4	15 min
1	■
3	■

b)

Arbeiter	Zeit
6	30 min
■	1 min
■	36 min

c)

Zeit	Geschwindigkeit
2 h	75 km/h
1 h	■
3 h	■

d)

Tage	Betrag pro Tag
8	3 €
1	■
6	■

e)

Anzahl	Länge
5	15 cm
■	■
3	■

f)

Anzahl	Gewicht
6	15 t
■	■
4	■

2 In einigen Aufgaben haben sich **Fehler** versteckt. Finde und verbessere sie. Übertrage die Tabellen in dein Heft.

a)

Tage	Betrag pro Tag
8	16 €
1	32 €
4	128 €

b)

Zeit	Geschwindigkeit
4 h	75 km/h
1 h	300 km/h
3 h	100 km/h

c)

Anzahl	Zeit
6	25 min
1	150 min
5	40 min

d)

Anzahl	Länge
12	14 cm
1	168 cm
7	24 cm

e)

Arbeiter	Zeit
5	27 h
1	135 h
9	15 h

f)

Anzahl	Zeit
2	24 min
1	12 min
8	3 min

3 Beim Schulfest verkauft die Klasse 7c Pizza vom Blech.
Lisa und Jan überlegen: Wir können 16 Stücke pro Blech schneiden und 1,50 € nehmen. Wir könnten auch 20 Stücke schneiden, verlangen dann aber entsprechend weniger.

4 Ein Fanclub mietet einen Bus für 50 Personen. Die Kosten von 630 € sollen gleichmäßig verteilt werden. Der Präsident erwartet Absagen und überlegt, wie hoch der Kostenbeitrag ist, wenn nur 45; 40; 35; 30 Personen mitfahren.

5 Ein Sportverein beschließt, dass seine 141 Mitglieder einen Kostenbeitrag für den Bau eines Hartplatzes leisten müssen. Auf jedes Mitglied entfallen 75 €. Durch einen Aufruf in der Zeitung werden 47 neue Mitglieder geworben, die alle bereit sind, sich an den Kosten zu beteiligen.

6 Zwölf Schülerinnen und Schüler geben eine Zeitungsanzeige auf. Alle beteiligen sich mit 1,45 € an den Kosten. Jetzt entschließen sich noch drei andere Schülerinnen mitzumachen.

7 Maik und Mirko helfen ihrem Vater beim Pflastern der Auffahrt. Zwei Paletten mit Steinen müssen verbaut werden.
a) Mirko holt immer zwei Steine von der einen Palette und muss 45-mal laufen.
b) Sein Bruder glaubt, stärker zu sein, und nimmt immer drei Steine.

8 Fünf gleich starke Röhren füllen ein Brunnenbecken in vier Stunden.
a) Gleich zu Beginn fällt eine Röhre aus.
b) Nach einer Stunde fällt eine Röhre aus.
c) Nachdem das Becken halb voll ist, fällt eine Röhre aus.

Beruf und Alltag: Punkte einmal anders

9 Die Schriftgröße wird in der Einheit „Punkt", abgekürzt pt, gemessen. Schreibt man das Wort „Regenbogen" in 8-pt-Schrift mehrfach ohne Abstände hintereinander, passen in eine 12,2 cm lange Zeile 82 Buchstaben. In 12-pt-Schrift sind es 54 Buchstaben. Diese zwei Zeilen sind im Bild in Rot bzw. Orange ausgedruckt.

RegenbogenRegenbogenRegenbogenRegenbogenRegenbogenRegenbogenRegenbogenRegenbogenRe

RegenbogenRegenbogenRegenbogenRegenbogenRegenbogenRege

RegenbogenRegenbogenRegenbogenRegenbogenR

RegenbogenRegenbogenRegenbogenRe

RegenbogenRegenbogenRegenbo

RegenbogenRegenbogenReg

a) Zähle in den folgenden vier Zeilen aus, wie viele Buchstaben in den Schriftgrößen 16 pt; 20 pt; 24 pt und 28 pt in eine Zeile passen.
b) Ist die Zuordnung *Schriftgröße* ⟶ *Buchstabenzahl* antiproportional?
c) Experimentiere mit anderen Schriftgrößen, Buchstaben und Schriftarten.

Zuordnungen

Bei einer **Zuordnung** werden zwei Größen zueinander in Beziehung gesetzt. Jeder **Eingabegröße** wird eine **Ausgabegröße** zugeordnet.

Jeder Augenfarbe wird eine bestimmte Anzahl von Kindern zugeordnet.
Augenfarbe → Anzahl der Kinder

Lineare und proportionale Zuordnungen

Eine Zuordnung heißt **proportional**, wenn zum Zweifachen, Dreifachen, Halben, ... der Eingabegröße das Zweifache, Dreifache, Halbe, ... der Ausgabegröße gehört.

Zeit in h	Strecke in km
·2 ⌒ 3	5 ⌒ ·2
6	10

Verdoppelt sich die Strecke, verdoppelt sich die Zeit.

Alle Punkte einer proportionalen Zuordnung liegen auf einer Geraden durch den Ursprung (0|0). Man nennt den **Graphen** einer proportionalen Zuordnung **Ursprungsgerade**.

Eine Zuordnung mit gleichmäßiger Veränderung heißt **linear**. Der Graph einer linearen Zuordnung ist eine **Gerade** mit gleichbleibender Steigung.
Proportionale Zuordnungen sind besondere lineare Zuordnungen.

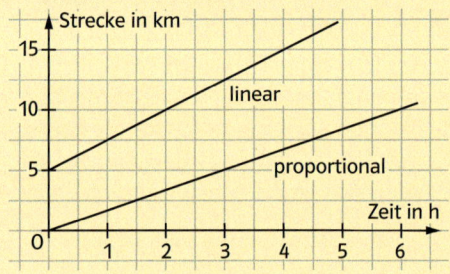

Dreisatz

Bei einer **proportionalen Zuordnung** kann man die gesuchte Ausgabegröße in drei Schritten berechnen.

3 Mangos kosten 1,80 €.
Wie viel kosten 8 Mangos?

Anzahl	Preis in €
:3 ⌒ 3	1,80 ⌒ :3
1	0,60
·8 ⌒ 8	4,80 ⌒ ·8

Antiproportionale Zuordnungen

Eine Zuordnung heißt **antiproportional** oder auch **umgekehrt proportional**, wenn zur Hälfte, einem Drittel, ... der einen Größe das Doppelte, das Dreifache, ... der anderen Größe gehört.

Das Futter für 12 Pferde reicht 15 Tage.
Wie lange reicht es für 3 Pferde?

Pferde	Tage
:4 ⌒ 12	15 ⌒ ·4
3	60

Viertelt man die Eingabegröße, vervierfacht man die Ausgabegröße.

Dreisatz bei antiproportionalen Zuordnungen

Gesuchte Werte der Ausgabegröße einer **antiproportionalen Zuordnung** kann man mit dem Dreisatz berechnen.

Für 12 Pferde reicht das Futter 15 Tage.
Wie lange reicht es für 5 Pferde?

Pferde	Tage
:12 ⌒ 12	15 ⌒ ·12
1	180
·5 ⌒ 5	36 ⌒ :5

Üben · Anwenden · Nachdenken

1 Proportionale oder antiproportionale Zuordnung?

a)
Länge in m	8	12	24	32	36
Kosten in €	32	48	96	128	144

b)
Anzahl Maschinen	2	3	4	6	8
Zeit in h	48	32	24	16	12

c)
Stückzahl	56	64	88	136	168
Gewicht in kg	7	8	11	17	21

2 Ergänze die Tabelle zu einer

a) proportionalen Zuordnung.

Kosten in €	1	3	5	■	14
Nägel in g	■	1200	■	5200	■

b) antiproportionalen Zuordnung.

Zeit in h	■	18	■	6
Anzahl der Arbeiter	1	2	3	6

3 Lineare oder proportionale Zuordnung?

a) Mia lässt ihre Haare wachsen.

Zeit in Monaten	0	1	2	3
Länge in cm	0	2,2	4,4	6,6

b) Eine Feder dehnt sich.

Gewicht in kg	0	3	6	9
Länge in cm	10	12	14	16

c) Die Wasserhöhe steigt.

Zeit in min	0	5	10	15
Höhe in cm	20	22	24	26

4 Um den Müll einer Stadt abzufahren, benötigen acht Müllwagen fünf Tage. Wegen eines Feiertags stehen nur vier Tage zur Verfügung.

5 Ergänze die Tabelle zu einer linearen Zuordnung.

a)
Wasserverbrauch in l	0	1000	2000	3000
Kosten in €	8	■	18	■

b)
Strecke in km	0	50	100	200
Mietpreis in €	25	■	50	■

6 In einer Badewanne sind 105 l Wasser. Nachdem Peter den Stöpsel zieht, fließen 18 l Wasser pro Minute durch den Abfluss ab.
a) Nach wie vielen Minuten sind noch 33 l in der Wanne?
b) Berechne die Zeitdauer, bis die Wanne leer ist.

7 Der Schall legt in der Luft etwa 1000 m in drei Sekunden zurück.
a) Sina hört den Donner des Gewitters nach sieben Sekunden.
b) Wann kann man den Donner hören, wenn das Gewitter noch 4,5 Kilometer entfernt ist?

8 Peter badet.

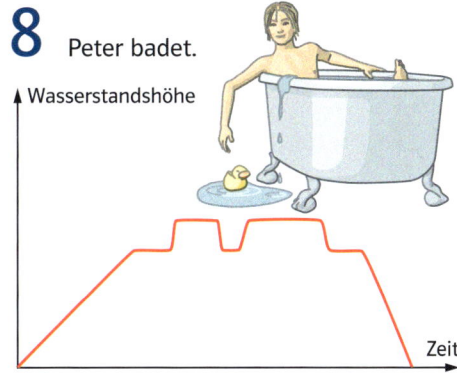

a) Erzähle eine „Badewannengeschichte", die zum Schaubild passt.
b) Überlege, wodurch sich die Wasserstandshöhe verändert.

9 Lucia hat zwei Katzen. Eine Katze braucht in drei Tagen zwei Dosen Katzenfutter.
a) Lucia kauft einen Monatsvorrat.
b) Lucia stellt fest, dass sie noch zwölf Dosen Katzenfutter hat.

10 Die siebte Klasse macht eine Umfrage in ihrer Schule. Zum Auswerten der Umfrage brauchen sechs Schüler 80 Minuten.
a) Wie lange brauchen fünf Schülerinnen und Schüler für diese Aufgabe?
b) Sie müssen die Auswertung wegen einer Veranstaltung in einer Stunde fertig haben.

11 Um die Fenster der Schule zu reinigen, benötigen drei Reinigungskräfte acht Stunden.
In welcher Zeit hätten 6; 12 oder 24 Reinigungskräfte die Fenster geputzt?

12 Proportional, antiproportional, linear oder keines von allen?
Überlegt, welche Bedingungen für die angegebenen Zuordnungen gelten müssen.
a) *Zeit → Weg*
b) *Masse → Preis*
c) *Anzahl der Menschen → Zeit*
d) *Preis → Anzahl*
e) *Zeit → Geschwindigkeit*
f) *Personen → Kosten*

13 a) Der Futtervorrat für 16 Tiere reicht 9 Tage. Es sind nur 12 Tiere im Stall.
b) Aus einem Stamm werden 24 Bretter von 5 cm Dicke gesägt. Ein gleich starker zweiter Stamm wird zu 30 Brettern zersägt.
c) Normalerweise fährt Kajo mit dem Rad $20\,\frac{km}{h}$ und braucht für den Heimweg 10 Minuten. Heute fährt er aber $25\,\frac{km}{h}$.
d) Ein Gewinn soll an 8 Personen verteilt werden. Jeder bekommt 70 €. Eine Person verzichtet nachträglich.
e) Auf Pauls Party sind mit ihm 30 Gäste. Die Kosten von 180 € teilen sie sich. Später am Abend kommen noch 6 Gäste dazu.

14 Die Tabelle zeigt den Verlauf des Abbrennens einer Kerze.

Zeit in Stunden	0	2	4	…
Länge in cm	15	12	…	…

a) Übertrage die Wertetabelle in dein Heft und fülle sie aus.
b) Wie lang muss die Kerze sein, damit sie 16 Stunden brennen kann?

Blickpunkt: Dosenwerfen

15 Dosenwerfen ist dir von Schulfesten oder vom Jahrmarkt bestimmt bekannt. Die Dosen sind dann meist so aufgebaut, wie es hier dargestellt ist.

Dosenberg aus zwei Stockwerken

Dosenberg aus drei Stockwerken

a) Wie viele Dosen benötigst du für einen Dosenberg aus sechs Stockwerken?
b) Aus wie vielen Dosen ist ein Dosenberg gebaut, der im unteren Stock aus zehn Dosen aufgebaut ist?
c) Versuche, eine Regel zu finden, mit der du auch die Anzahl der Dosen bei 100 Stockwerken berechnen kannst.
Tipp: Schau dir den ersten und den letzten Stock, den zweiten und den vorletzten Stock usw. an.
d) Luca hat eine Idee: „Ich baue einen Dosenberg, der 3 m hoch ist. Ich nehme anstatt der Dosen einfach 10-Liter-Eimer."

16 Ein Taxiunternehmen verlangt für jede Fahrt eine Grundgebühr von 3,00 € und für jeden gefahrenen Kilometer einen Betrag von 1,50 €.
a) Herr Koenen fährt 15 km mit dem Taxi, Frau Zimmermann fährt doppelt so weit.
b) Frau Smirnow muss 18,00 € bezahlen, Herr Schramm nur die Hälfte.

17 In dem Schaubild ist der Zeit ein zurückgelegter Weg zugeordnet.

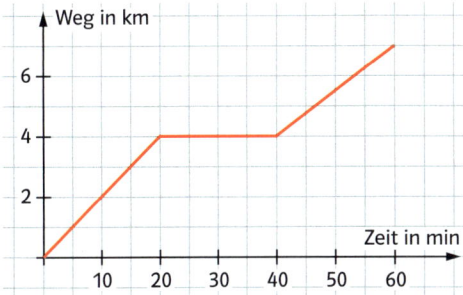

a) Gibt es Abschnitte in dem Schaubild, in dem der zurückgelegte Weg proportional zur Zeit ist?
b) Erfinde eine Geschichte, die zu diesem Schaubild passt.

18 Nils geht mit 30 Euro auf den Jahrmarkt. Welche Möglichkeiten hat er, das Geld auszugeben?

Finde einige Möglichkeiten und schreibe die Rechnungen dazu in dein Heft.

19 Ein Auto hat 44 kW und kostet 12 500 Euro. Wie viel kW hat ein Auto, das 20 000 € kostet?

20 Eine Abfüllanlage für Fruchtsaft füllt mit fünf Maschinen in zwölf Stunden 66 000 Flaschen.
Formuliere eine Aufgabe und löse sie.

21 Beim nächsten Schulfest sollen Hefeteilchen gebacken und verkauft werden. Das Grundrezept hat folgende Zutaten für 16 Gebäckstücke: 500 g Weizenmehl Type 1050; 40 g Hefe; 150 ml lauwarme Milch; 90 g weiche Butter; 70 g Honig und 3 Eigelb.

22 Das leichteste Holz ist das Balsaholz, das schwerste ist das Pockholz. Die einheimischen Holzarten liegen dazwischen.
a) Lies an den Schaubildern ab, wie schwer Würfel von 1 dm³ Volumen aus jeder der fünf Holzarten sind.
b) Lies selbstständig weitere Werte ab.
c) Welches Volumen haben 1 kg schwere Würfel aus den fünf Holzarten?

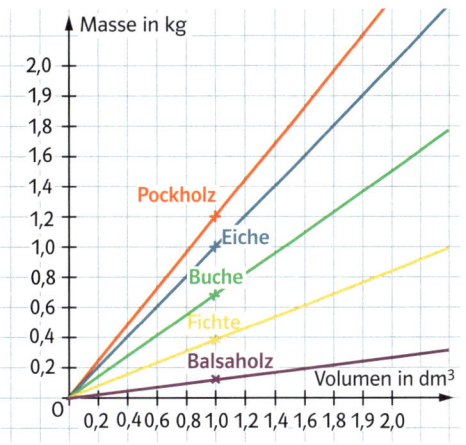

23 👥 Wie spät ist es? Bestimmt jeweils die Uhrzeiten der anderen Städte.

a) Berlin 18:00 Uhr   b) Tokio 14:00 Uhr

Online-Link
zu Aufgabe 23
742431-0511

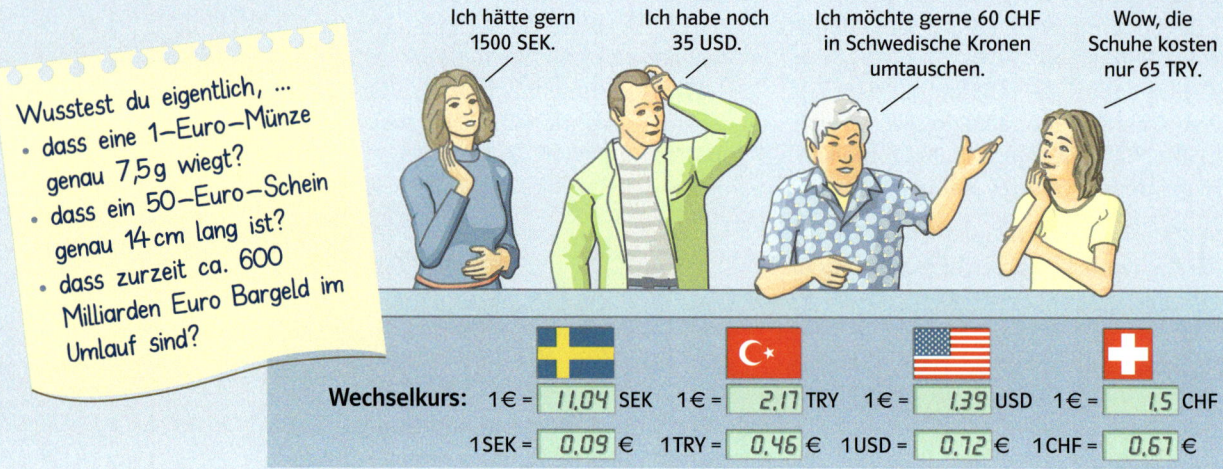

Wusstest du eigentlich, ...
- dass eine 1–Euro–Münze genau 7,5 g wiegt?
- dass ein 50–Euro–Schein genau 14 cm lang ist?
- dass zurzeit ca. 600 Milliarden Euro Bargeld im Umlauf sind?

Ich hätte gern 1500 SEK.

Ich habe noch 35 USD.

Ich möchte gerne 60 CHF in Schwedische Kronen umtauschen.

Wow, die Schuhe kosten nur 65 TRY.

Wechselkurs: 1€ = 11,04 SEK 1€ = 2,17 TRY 1€ = 1,39 USD 1€ = 1,5 CHF

1 SEK = 0,09 € 1 TRY = 0,46 € 1 USD = 0,72 € 1 CHF = 0,67 €

1 Fragen rund um den Euro

a) Wie viel wiegt ein Koffer voller 1-Euro-Münzen?

b) Wie viele 50-Euro-Scheine brauchst du, um eine Kette von dir zuhause zur Schule zu legen? Wie viel Geld ist das?

c) Wie groß müsste ein Tresor sein, um in ihm das gesamte Bargeld aufzubewahren?

2 a) Ordne den Klimadiagrammen die folgenden Aussagen zu.

I „Ich fahre gerne in den Skiurlaub." **II** „Mich interessiert ein Urlaub in der Wüste."

III „Ich möchte einmal nach Australien." **IV** „Ich möchte den Urwald kennenlernen."

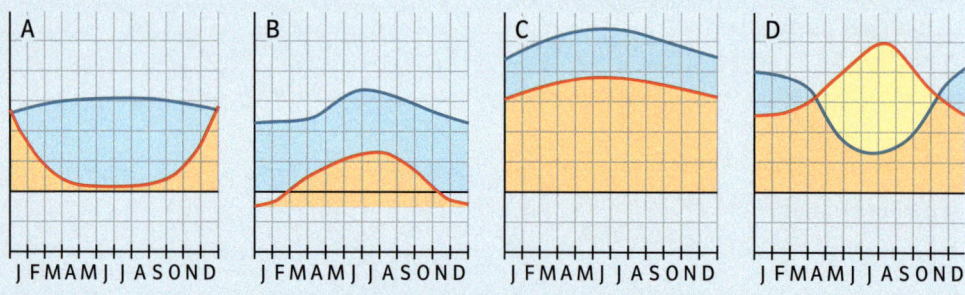

b) Erstelle das Klimadiagramm der Stadt Kiel mithilfe der folgenden Informationen:

Monat	J	F	M	A	M	J	J	A	S	O	N	D
Durchschnittstemp. in °C	0,7	1,0	3,3	6,7	11,5	15,1	16,3	16,3	13,3	9,7	5,3	2,1
Niederschlag in mm	61	37	47	49	53	65	88	70	64	65	83	73

3 Mit dem Flugzeug lässt sich mittlerweile die ganze Welt in kurzer Zeit erreichen. Schätze zuerst und informiere dich dann.

a) Wie lange dauert ein Flug von Frankfurt nach München?

b) Wie lange dauert ein Flug von Frankfurt nach New York?

c) Und wie lange dauert ein Flug von Frankfurt nach Dubai?

d) Wohin kann ein Flugzeug nach sieben Stunden Flugzeit geflogen sein?

4 Informiere dich im Internet über Weltrekorde der Erde, wie beispielsweise heißester und kältester Ort, höchster Berg oder tiefste Meerestiefe.

1 Sind die Zuordnungen proportional, antiproportional oder keines von beiden?

a)
Gewicht	Kosten
3 kg	10,50 €
7 kg	24,50 €
15 kg	52,50 €

b)
Anzahl	Kosten
12	30 €
20	48 €
30	69 €

c)
Zeit	Anzahl
12 h	9
4 h	27
6 h	18

d)
Höhe	Volumen
15 cm	12,0 l
17 cm	13,6 l
19 cm	15,2 l

2 Stimmt die Aussage? Begründe. „Jede proportionale Zuordnung ist auch eine lineare Zuordnung."

3 Zeichne den Graphen der proportionalen Zuordnung. (x-Achse: 1 cm für 1 m; y-Achse: 1 cm für 200 g)

Rohrlänge in m	1	2	3	4	…
Gewicht in g	250	500	750	…	…

4 In einem Kino sind zwei Kassen geöffnet. Es hat sich jeweils eine Schlange von 18 Personen gebildet. Es wird eine dritte Kasse geöffnet.

5 Lies aus dem Schaubild ab, wie viel
a) Minuten man für 25 km braucht.
b) Kilometer nach 30 min geschafft sind.

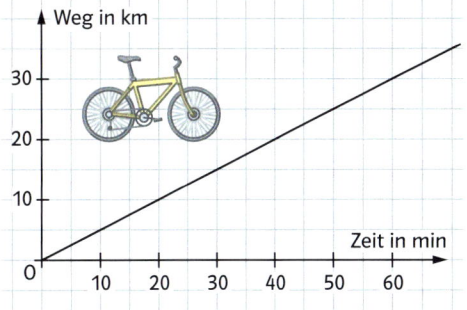

6 a) Zwei Kilogramm Orangen kosten 3,60 €. Was kosten drei Kilogramm?
b) Beim Schulfrühstück werden 40 halbe Brötchen für insgesamt 24,00 € verkauft. Eine Woche später werden nur 34 Brötchen verkauft.

Rückspiegel

Online-Link
zum Rückspiegel
742611-0531

1 Ergänze a) und b) zur proportionalen und c) und d) zur antiproportionalen Zuordnung.

a)
Zeit	Kosten
15 h	540 €
■	180 €
25 h	■

b)
Anzahl	Kosten
2	■
■	45,00 €
9	22,50 €

c)
Arbeiter	Zeit
■	5 h
20	10 h
8	■

d)
Anzahl	Kosten
36	25 €
■	45 €
24	■

2 Stimmt die Aussage? Begründe. „Der Graph einer linearen Zuordnung verläuft durch den Ursprung."

3 Zeichne die Graphen der proportionalen Zuordnungen *Gewicht → Preis*, wenn 100 g Obst 0,25 € bzw. 0,50 € bzw. 0,75 € kosten.

4 Eine Fichte wird in 24 Stücke von einem halben Meter zersägt. Wie viele Stücke erhält man bei einer Länge von 1,2 m pro Stück?

5 Welcher der folgenden Graphen gehört nicht zu einer proportionalen Zuordnung? Begründe.

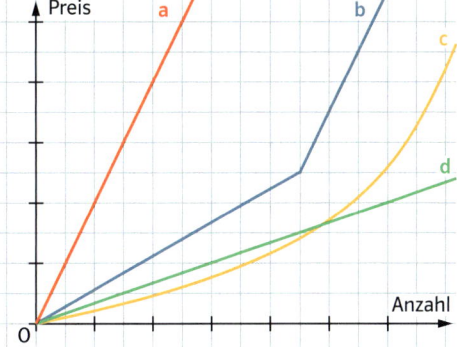

6 a) Der Kilometerstand eines drei Jahre alten Autos zeigt ungefähr 48 000 km an. Welcher Kilometerstand wird in fünf Jahren abzulesen sein?
b) Für 350 g Aufschnitt zahlt Kai 3,15 €. Was kosten 250 g?

→ Die Lösungen findest du auf Seite 174.

Standpunkt

Online-Link
zum Standpunkt
742431-0541

Wo stehe ich?

Ich kann …

	gut	weniger gut	etwas	nicht mehr	**Lerntipp!**
1 Dezimalbrüche nach ihrer Größe ordnen.	☐	☐	☐	☐	→ Seite 168
2 Zahlen am Zahlenstrahl ablesen.	☐	☐	☐	☐	→ Seite 168
3 Zahlen auf dem Zahlenstrahl eintragen.	☐	☐	☐	☐	→ Seite 168
4 natürliche Zahlen addieren und subtrahieren.	☐	☐	☐	☐	→ Seite 164
5 natürliche Zahlen multiplizieren und dividieren.	☐	☐	☐	☐	→ Seite 165
6 Brüche und Dezimalbrüche addieren und subtrahieren.	☐	☐	☐	☐	→ Seite 12; 18
7 Brüche und Dezimalbrüche multiplizieren und dividieren.	☐	☐	☐	☐	→ Seite 13; 15; 19; 20
8 Punkte in ein Quadratgitter eintragen und die Koordinaten von Punkten angeben.	☐	☐	☐	☐	→ Seite 171

Überprüfe deine Einschätzung.

1 Ordne nach der Größe. Beginne mit der kleinsten Dezimalzahl.
a) 2; 1,5; 4; 7; 3,5; 0,5; 6; 9,5
b) 0,7; 4; 1,2; 7,1; 5,8; 0,4; 17; 2,1
c) 0,4; 7; 0,04; 77; 0,77; 4; 4,4; 4,04

2 Notiere die markierten Zahlen im Heft.

a)
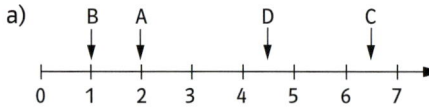

b)
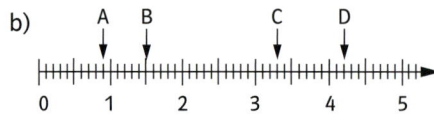

c)
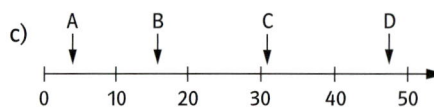

3 Zeichne einen passenden Zahlenstrahl und trage die Zahlen ein.
a) 5; 8; 2; 0; 3; 4
b) 7,5; 2,5; 0; 10; 12
c) 2,2; 4,5; 1,7; 0,2; 6,9

4 Berechne.
a) 89 + 122   b) 253 + 416 + 47
c) 68 − 29   d) 220 − 84

5 Berechne.
a) 14 · 6   b) 7 · 9 · 2
c) 121 : 11   d) 32 : 2 : 8

6 Addiere oder subtrahiere.
a) 2,75 + 4,62   b) 0,89 − 0,68
c) $\frac{1}{2} + \frac{1}{3}$ d) $\frac{4}{5} - \frac{1}{2}$

7 Multipliziere oder dividiere.
a) 3,25 · 5   b) 2,2 · 0,3   c) 4,5 : 3
d) $\frac{2}{5} \cdot \frac{2}{3}$ e) $\frac{1}{2} : 2$ f) $\frac{2}{5} : \frac{3}{7}$

8 Zeichne ein Quadratgitter in dein Heft. Zeichne die Punkte in dein Quadratgitter ein: A(1|1); B(4|1); C(4|4). Zeichne einen Punkt D ein, sodass ein Quadrat entsteht. Gib seine Koordinaten an.

→ Die Lösungen findest du auf Seite 175.

Zahlen nachgehen

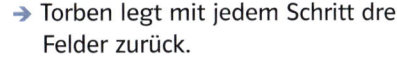

→ Klebt im Klassenzimmer oder im Flur einen großen Papierstreifen auf den Boden.
Zeichnet einen Ausschnitt der Zahlengeraden und markiert die Zahlen von −10 bis +10. Wenn ihr den Schulhof nutzen wollt, nehmt ihr am besten ein Stück Kreide.

→ Hatice steht auf der Null und geht fünf Felder nach rechts in positive Richtung, danach acht Felder nach links in negative Richtung.
• Wo steht Hatice jetzt?
• Wie kommt sie auf das Feld +10?
• Legt eigene Wege zurück.

→ Torben legt mit jedem Schritt drei Felder zurück.
• Wie viele Schritte macht er von −7 bis +8?
• Wie viele Schritte macht er von −4 bis +5?

Das lerne ich:

• Werte, die über oder unter null liegen, mit positiven und negativen Zahlen darzustellen,
• eine Ab- oder Zunahme mit positiven oder negativen Zahlen zu beschreiben,
• wie man mit positiven und negativen Zahlen rechnet.

1 Ganze Zahlen

Wasser gefriert bei Temperaturen unter 0 °C zu Eis.

→ Lies die Temperatur am Thermometer im Bild ab.

→ Was passiert mit dem Schneemann, wenn die Außentemperatur über 0 °C steigt?

Um Zahlen über und unter null unterscheiden zu können, verwendet man positive und negative Zahlen. Die Zeichen + und – heißen **Vorzeichen**.

Die Zahlengerade

Negative Zahlen stehen links der Null. Sie haben das Vorzeichen –.

Positive Zahlen stehen rechts der Null. Sie haben das Vorzeichen +.

Die Zahlen … −3; −2; −1; 0; +1; +2; +3 … nennt man **ganze Zahlen**.

Beispiele

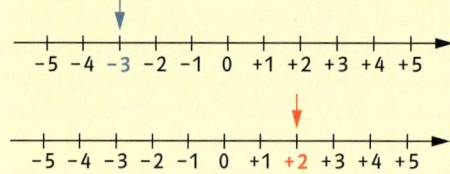

Auf der oberen Zahlengeraden ist die negative Zahl −3 gekennzeichnet.

Auf der unteren Zahlengeraden ist die positive Zahl +2 gekennzeichnet.

---

1 Entscheide, welches Vorzeichen du verwenden musst.

a) 23 °C über null Grad Celsius

b) 4 °C unter null Grad Celsius

c) 315 € Guthaben

d) 32 € Schulden

e) im 2. Kellergeschoss

f) 25 °C warm

g) 10 € von Oma geliehen

2 Welche Zahlen sind rot markiert?

a)

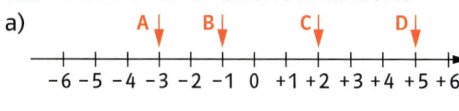

b)

3 Welche Temperatur ist höher?

a) 0 °C oder −2 °C

b) −4 °C oder   5 °C

c) 2 °C oder −2 °C

d) 5 °C oder −15 °C

e) 2 °C oder   0 °C

4 Lies die Temperatur ab.

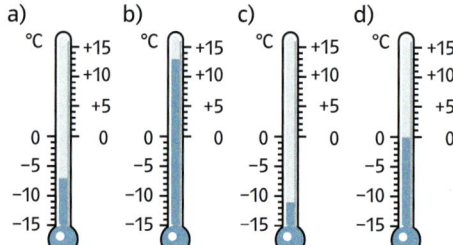

5 Schreibe mit > oder < in dein Heft.
a) 0 °C ■ +5 °C
b) −9 °C ■ +3 °C
c) −3 °C ■ −18 °C
d) +23 °C ■ −32 °C

6 Nenne drei Temperaturen zwischen
a) −10 °C und +10 °C.
b) −7 °C und +3 °C.
c) −2 °C und 4 °C.
d) −9 °C und −2 °C.

7 Ordne die Temperaturen nach der Größe. Beginne mit der kleinsten.

Beispiel: −2 °C; +3 °C; 0 °C; −6 °C
Lösung: −6 °C < −2 °C < 0 °C < +3 °C

a) −7 °C; −10 °C; −15 °C; −8 °C; −11 °C
b) +9 °C; −3 °C; +5 °C; −7 °C; 0 °C
c) 0 °C; +18 °C; −10 °C; −8 °C; +7 °C

8 Ordne die Zahlen nach der Größe. Beginne mit der kleinsten Zahl.

9 Setze die Folge um fünf Zahlen fort.

Beispiel: +15; +9; +3; −3; …

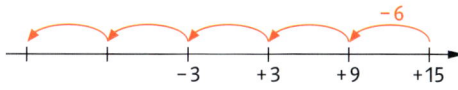

Lösung: −9; −15; −21; −27; −33

a) +10; +5; 0; −5; …
b) +8; +1; −6; …
c) +8; +6; +4; …

10 Berechne den Temperaturunterschied zwischen
a) −8 °C und −4 °C.
b) −5 °C und +2 °C.
c) −3 °C und +10 °C.
d) −20 °C und −2 °C.

Betrag und Gegenzahl
Der Abstand einer Zahl zur Null heißt **Betrag**.

Der Betrag von +3 ist 3.
Der Betrag von −5 ist 5.

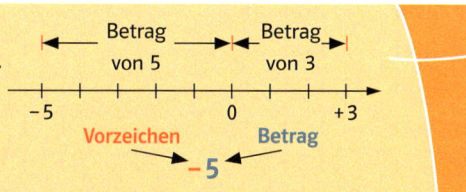

Jede **Zahl** hat eine **Gegenzahl**. Sie hat den gleichen Betrag und liegt auf der anderen Seite der Null.

Beispiel
Die **Gegenzahl** von −3 ist +3, beide haben den **Betrag** 3.

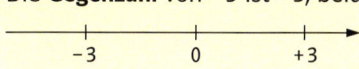

---

11 Welchen Betrag haben die folgenden Zahlen?
a) −3
b) −4
c) +5
d) −13

12 Nenne die Gegenzahl von
a) −27
b) +7
c) +100

13 Zeichne eine Zahlengerade von −7 bis +7. Markiere darauf die folgenden Zahlen und ihre Gegenzahlen.
a) −4; +3; −6; +2
b) −6; +1; −3; 0; +5

14 Zeichne eine Zahlengerade in dein Heft und beschrifte sie so, dass du die folgenden Zahlen markieren kannst.
a) +10; −30; −50; +20; 0; +70; −10
b) −5; +20; 0; −35; −50; +45; −70
c) +100; −200; +400; +200; −500; 0

15 Welche Zahl liegt in der Mitte von
a) +1 und +5?
b) −2 und −4?
c) −6 und 0?
d) −3 und 7?
e) −15 und 15?
f) −50 und 10?

Lerntipp!
*zu Aufgabe 13
Benutze dein Geodreieck zum Zeichnen des Zahlenstrahls. Dort sind alle Zahlen schon aufgedruckt. Du musst nur auf der linken Seite das Minuszeichen ergänzen.*

2 Rationale Zahlen

Frankfurt	5,6 °C
Darmstadt	3,8 °C
Heidelberg	4,2 °C
Heilbronn	3,2 °C
Stuttgart	3,4 °C
Aichberg	0,5 °C
Ulm	−1,2 °C
Kempten	−1,7 °C
Oberstdorf	−2,9 °C

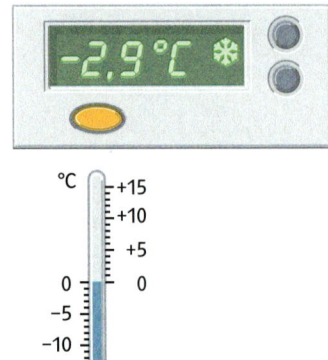

Sebastian fährt mit seinen Eltern in den Urlaub. Während der Fahrt liest er die Temperatur am digitalen Außenthermometer ab.
→ Um wie viel Grad Celsius sinkt die Temperatur auf dem Weg von Ulm nach Kempten?
→ Berechne weitere Temperaturunterschiede zwischen den Städten.

Die **ganzen Zahlen** zusammen mit allen positiven und negativen Bruchzahlen bzw. Dezimalbrüchen heißen **rationale Zahlen**.

negative rationale Zahlen   positive rationale Zahlen

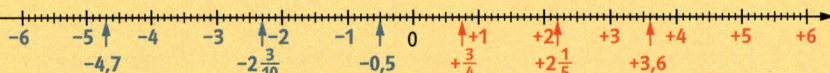

Die kleinere von zwei rationalen Zahlen liegt auf der Zahlengeraden weiter links.

Beispiele

Zwischen −3 und −2 liegen beispielsweise die folgenden rationalen Zahlen:
$-2{,}8; \ -2{,}4; \ -2{,}09; \ -2\frac{1}{4}; \ -2\frac{3}{4}$

−3 liegt links von −2 $-3 < -2$

−2,8 liegt links von −2,4 $-2{,}8 < -2{,}4$

$-2\frac{3}{4}$ liegt links von $-2\frac{1}{4}$ $-2\frac{3}{4} < -2\frac{1}{4}$

---

1 Wie heißen die auf der Zahlengeraden rot markierten Zahlen?

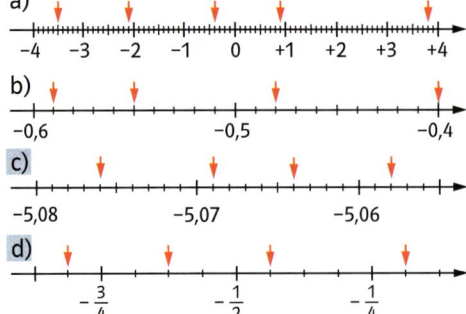

a)

−4 −3 −2 −1 0 +1 +2 +3 +4

b)

−0,6   −0,5   −0,4

c)

−5,08   −5,07   −5,06

d)

$-\frac{3}{4}$ $-\frac{1}{2}$ $-\frac{1}{4}$

2 Zeichne jeweils eine Zahlengerade von −7 bis +7.

Beispiel: Markiere alle Zahlen, die größer sind als +3.

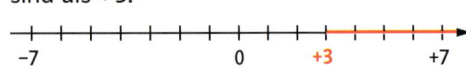

−7   0   +3   +7

Markiere ebenso alle Zahlen,
a) die kleiner sind als +3.
b) die kleiner sind als −5.
c) die größer sind als −5.
d) die zwischen −5 und +5 liegen.

3 Nenne den Betrag und die Gegenzahl von

a) −7,4 b) +9,3 c) +45

d) −100 e) +0,03 f) 0

g) Wie weit sind Zahl und Gegenzahl jeweils voneinander entfernt?

4 Übertrage die Aufgabe ins Heft. Setze das Zeichen < oder > richtig ein.

a) +14 ■ −5 b) +84 ■ +48

 −10 ■ −9   −217 ■ +172

 −1 ■ +1   −801 ■ +108

c) −4,9 ■ −5,3 d) −2,34 ■ −3,24

 +1,7 ■ −7,1   +5,05 ■ −5,50

 −0,6 ■ −0,3   +0,07 ■ +0,70

e) $+\frac{3}{4}$ ■ $-\frac{4}{5}$ f) $-1,3$ ■ $-1\frac{1}{4}$

 $+\frac{6}{7}$ ■ $-\frac{7}{6}$ $+1\frac{1}{2}$ ■ $-2\frac{1}{2}$

 $-\frac{3}{5}$ ■ $+\frac{4}{7}$ $-3,6$ ■ $-3\frac{5}{8}$

5 Ordne die Temperaturen nach der Größe. Beginne mit der kleinsten.

Beispiel: −2 °C; +1,1 °C; −3,5 °C; −0,4 °C

Lösung: −3,5 °C < −2 °C < −0,4 °C < +1,1 °C

a) −10 °C; +3 °C; −5 °C; +8 °C; −2 °C

b) +2 °C; −3 °C; 0 °C; +3 °C; −2 °C

c) +1,5 °C; −1,7 °C; +0,7 °C; −0,3 °C; +2 °C

d) +0,02 °C; −0,2 °C; −2 °C; +0,2 °C; −0,02 °C

6 Welche der folgenden Temperaturen sind

a) größer als −3,7 °C?

−3,8 °C; −1 °C; −4,2 °C

b) kleiner als +4 °C?

−5 °C; −3,9 °C; +4,9 °C

c) größer als −52 °C?

−51 °C; −53 °C; +53 °C

d) kleiner als −173 °C?

−223 °C; −172 °C; −175 °C

7 Wie viele ganze Zahlen liegen zwischen

a) +2 und +5, b) −5 und −2,

c) −5 und +2, d) −2 und +5,

e) +2,5 und +5,5, f) −5,5 und −2,5?

8 Bestimme die nächstkleinere und die nächstgrößere ganze Zahl.

Beispiel: −4 < −3,4 < −3

a) ■ < +2,8 < ■ b) ■ < −281 < ■

 ■ < −2,8 < ■   ■ < −28,2 < ■

 ■ < −0,28 < ■   ■ < −2,08 < ■

9 Trage die Zahlen auf einer Zahlengeraden ein.

a) −5,5; −3; −1,5; +1; +2,5

b) −4,5; −2,5; −1,5; +1,5; +3,5

c) −3,4; −1,6; +0,2; +2,8; +4,6

d) +1,7; −3,4; −2,9; +2,5; −0,7

e) +0,25; −0,5; −0,2; +0,45; −0,35

10 Die Tabelle zeigt die kältesten Orte der Welt.

Ort	Land	Tiefsttemp. (°C)
Aklavik	Kanada	−52,2
Eismitte	Grönland	−64,8
Fairbanks	USA	−54,4
Jakutsk	Russland	−64,3
Ulan Bator	Mongolei	−44,4

a) Ordne die Temperaturen. Beginne mit dem kältesten Ort.

b) Trage die Temperaturen auf einem geeigneten Ausschnitt der Zahlengeraden ein.

11 Vergleiche mit Formulierungen aus dem Alltag. Gib Situationen an, in denen diese Vergleiche vorkommen könnten.

a) −2 °C … +5 °C

b) 3456 m unter NN … 2345 m über NN

c) −2367,45 € … +567,50 €

d) −4 °C … −17 °C

e) 5,32 m … −0,45 m

f) 45,67 € … −45,67 €

g) −12 °C … −8 °C

Suche selbst Situationen zum Vergleichen.

Lerntipp!

Verwende dein Geodreieck. Die Millimetereinteilung hilft dir beim Einzeichnen der Dezimalzahlen.

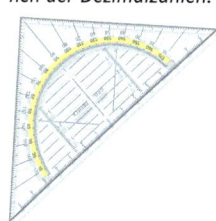

Lerntipp!

NN bedeutet „Normal Null" und bezeichnet die Höhe des Meeresspiegels.

Wenn man das Quadratgitter um die negativen Zahlen erweitert, erhält man das Koordinatensystem.
Die x-Achse (Rechtsachse) und die y-Achse (Hochachse) sind Zahlengeraden.

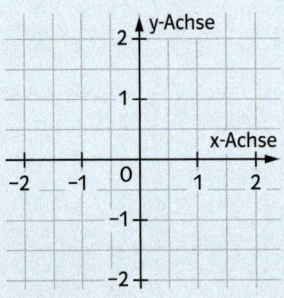

Die **erste Koordinate** des Punktes heißt **x-Wert** und wird auf der **x-Achse** abgetragen. Die **zweite Koordinate** heißt **y-Wert** und wird auf der **y-Achse** abgetragen.

P(**3**|**2**)

x-Wert   y-Wert

Beispiele

a) P(**–4**|3)

x-Koordinate: –4 → 4 Einheiten nach links
y-Koordinate: 3 → 3 Einheiten nach oben

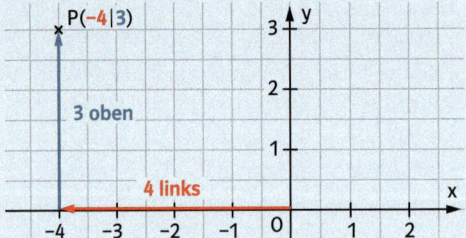

b) Q(**2**|**–3**)

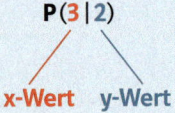

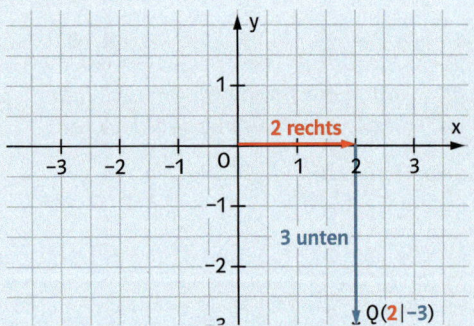

Online-Link
zu Aufgabe 1
742431-0601

1 Bestimme die Koordinaten der Punkte. Beispiel: E(–2|–1,5)

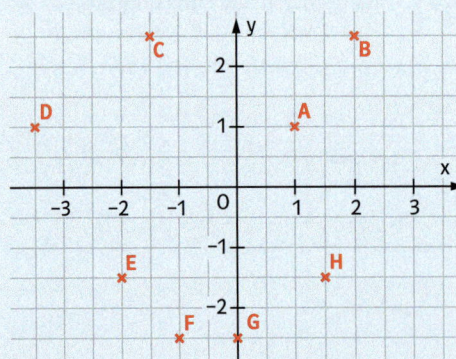

2 Zeichne ein Koordinatensystem in dein Heft.
x-Achse –6 bis +6; y-Achse –5 bis +5
Zeichne die Punkte in dein Heft und verbinde sie jeweils zu einem Viereck.
a) A(–3|–3) B(–1|2) C(4|2) D(2|–3)
b) E(–5|–4) F(5|–4) G(5|4) H(–5|4)

3 👥 Zeichne ein Koordinatensystem. Wählt gemeinsam eine geeignete Größe. Zeichne ein Dreieck in dein Koordinatensystem, sodass alle Eckpunkte gut ablesbare Koordinaten haben. Nenne die Koordinaten deiner Partnerin oder deinem Partner, um das Dreieck zu zeichnen. Vergleicht die beiden Dreiecke miteinander.

4 Gib die Eckpunkte des Gesichts an.

3 Zunahme und Abnahme

Achterbahnen gibt es in vielen Variationen. Bei manchen Bahnen führt die Strecke sogar durch Tunnel.
→ Wie viele Meter geht es beim ersten Anstieg aufwärts?
→ Wie viele Meter geht es bei der ersten Talfahrt abwärts?
→ Beschreibe den Fahrtweg von Punkt zu Punkt.

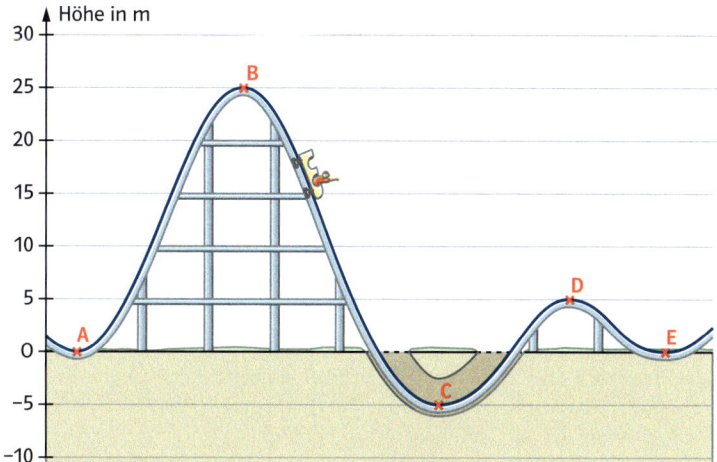

Veränderungen von Größen lassen sich an der Zahlengeraden veranschaulichen.

Eine **Zunahme** um 4 bedeutet: Gehe 4 Schritte nach rechts.

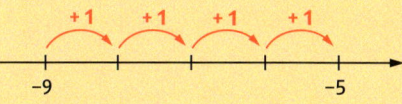

Die Änderung beträgt + 4.

Eine **Abnahme** um 4 bedeutet: Gehe 4 Schritte nach links.

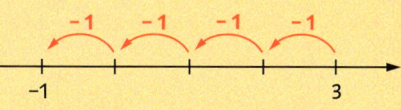

Die Änderung beträgt − 4.

Beispiele

a) $-13\,°C \xrightarrow{+8\,°C} -5\,°C$

$+2,6\,°C \xrightarrow{-4,2\,°C} -1,6\,°C$

$-0,8\,°C \xrightarrow{-3,5\,°C} -4,3\,°C$

b) Der Wasserstand des Sees hat um 25 cm abgenommen. Er fiel von + 14 cm auf − 11 cm.

$+14\,cm \xrightarrow{-25\,cm} -11\,cm$

---

1 Beschreibe die Änderungen mit positiven oder negativen Zahlen.
a) Die Temperatur sinkt um 4 °C.
b) Der Wasserspiegel steigt um 1,25 m.
c) Das Guthaben vermindert sich um 53 €.
d) Die Flughöhe steigt um 4500 Fuß.

2 Die Temperatur nimmt um 5 °C ab. Welche Temperatur herrscht nachher?
a) vorher: + 8 °C   nachher: ▦
b) vorher: + 4 °C   nachher: ▦
c) vorher: + 2 °C   nachher: ▦
d) vorher: − 3 °C   nachher: ▦
e) vorher: + 5 °C   nachher: ▦

3 Bestimme die fehlenden Angaben.

a)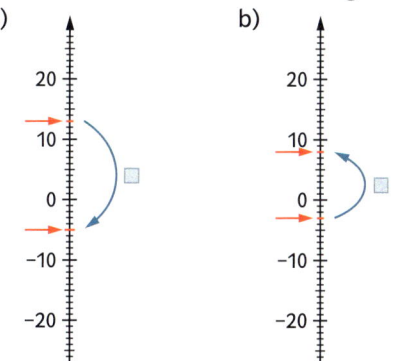

b)

c)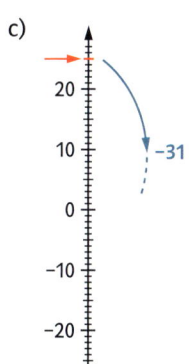

4 Beschreibe die Temperaturänderung mit einer positiven oder einer negativen Zahl.

a) $-1\,°C \longrightarrow -7\,°C$
b) $-3\,°C \longrightarrow +2\,°C$
c) $+4\,°C \longrightarrow -2\,°C$
d) $-0,5\,°C \longrightarrow +0,5\,°C$
e) $+3,5\,°C \longrightarrow -1,5\,°C$

5 Wie viel Geld wird auf das Konto eingezahlt oder abgehoben? Schreibe die Anordnung mit einer positiven oder negativen Zahl.

a) vorher: 100 € Haben
   nacher: 20 € Haben
b) vorher: 50 € Haben
   nachher: 40 € Soll
c) vorher: 50 € Soll
   nachher: 350 € Haben
d) vorher: 120 € Soll
   nachher: 15 € Haben
e) vorher: 125 € Haben
   nacher: 74 € Soll

Lerntipp!

Wenn man bei einer Bank Geld gespart hat, bezeichnet man das als **Haben** *oder* **Guthaben**. *Leiht man sich bei der Bank Geld, bezeichnet man das als* **Soll** *oder* **Schulden**.

Online-Link
zu Aufgabe 9
742431-0621

6 Morgens um 10 Uhr ist es draußen 15 °C warm. Bis 12 Uhr steigt die Temperatur um 11 °C. Um 15 Uhr ist es noch 3 °C wärmer. Um 22 Uhr ist die Temperatur um 9 °C gesunken. Bestimme die höchste und die niedrigste Temperatur des Tages.

7 Die Tabelle zeigt die höchsten und tiefsten Temperaturen auf einigen Himmelskörpern.

Himmelskörper	Erde	Mond	Mars	Merkur
Höchste Temp. °C	+68	+118	+27	+480
Tiefste Temp. °C	-92	-153	-138	-180

Formuliert eigene Aufgaben zu den Temperaturangaben.

8 Frau Schneider fährt in ein Shoppingcenter mit Tiefgarage. Vom Erdgeschoss fährt sie im Aufzug zunächst 8 Stockwerke nach oben. Anschließend fährt sie 11 Stockwerke abwärts und wieder 3 Stockwerke hinauf.

Hin und her – Ein Spiel für 2 bis 4 Personen

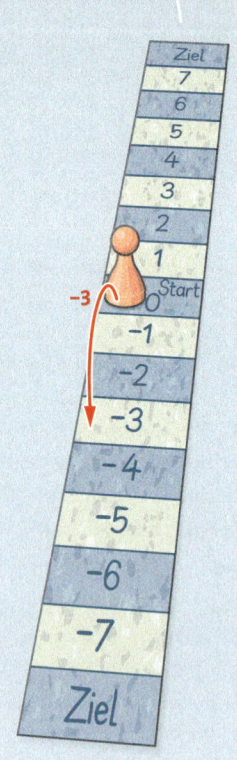

9 Ihr braucht:
4 Spielfiguren, es gehen auch Radiergummis
1 Würfel
1 oder 2 Münzen

Jeder erhält eine Spielfigur und stellt sie auf das Startfeld. Würfelt nun reihum. Jeder wirft zuerst den Würfel und anschließend die Münze. Die Münze gibt an, in welche Richtung gezogen wird. Kopf heißt: Es geht in die Richtung der negativen Zahlen. Zahl heißt: Man zieht auf die positiven Zahlen zu.
Der Würfel gibt an, wie viele Schritte gemacht werden.

Gewonnen hat, wer zuerst eine Spielfigur auf eines der Zielfelder gebracht hat. Das Zielfeld muss nicht mit der genauen Augenzahl erreicht werden.

Probiert die folgende Spielvariante:
• Wer an der Reihe ist, wirft mit zwei Münzen. Man darf wählen, nach welcher Münze man sich richten möchte.
• Für Profis:
  Wer die zu ziehenden Felder nicht abzählt, sondern berechnet, darf ein weiteres Feld vorziehen.

4 Addieren und Subtrahieren

Lea sagt: „Ich schreibe mir immer auf, wie viel Geld ich auf mein Taschengeldkonto bei der Bank einzahle oder abhebe."
→ Erkläre die Notizen von Lea.
→ Während der Ferien im August gibt sie 60 € aus. Wie müsste sie das notieren?
→ Auf ihrem Kontoauszug Ende Juli steht „120 € Haben". Erkläre.
→ Überlege, wie viel Geld im Juni und im Februar auf Leas Konto war.

Beim Addieren gilt:
Bei **gleichen Vorzeichen** werden die Beträge addiert.
Das Ergebnis erhält das gemeinsame Vorzeichen.

Zum Kontostand von 10 € kommen 20 € hinzu.

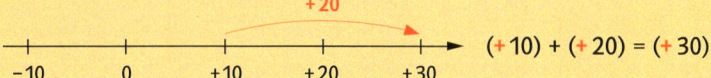

$(+10) + (+20) = (+30)$

Zum Kontostand von -10 € kommen 20 € Schulden hinzu.

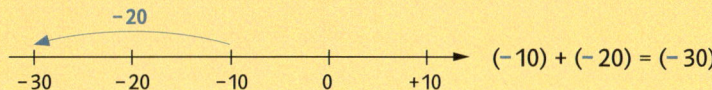

$(-10) + (-20) = (-30)$

Bei **verschiedenen Vorzeichen** werden die Beträge subtrahiert.
Das Ergebnis erhält das Vorzeichen des größeren Betrags.

Zum Kontostand von 10 € kommen 20 € Schulden hinzu.

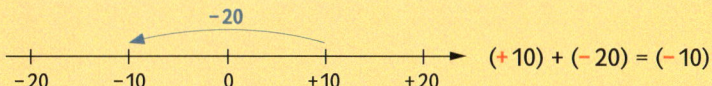

$(+10) + (-20) = (-10)$

Zum Kontostand von -10 € kommen 20 € hinzu.

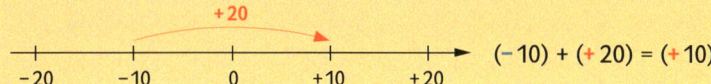

$(-10) + (+20) = (+10)$

Beispiele

a) $(+5) + (+9) = (+14)$
   $(-5) + (-9) = (-14)$

b) $(+12) + (-7) = (+5)$
   $(-12) + (+7) = (-5)$

1 Schreibe als Aufgabe und berechne.
a)
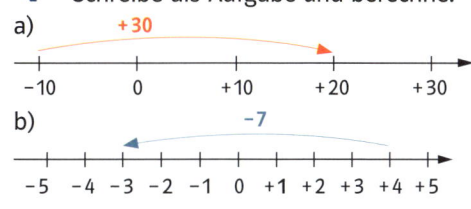
b)

2 Addiere im Kopf.
a) $(+5) + (+17)$ b) $(-13) + (-8)$
c) $(+24) + (-10)$ d) $(+15) + (-45)$
e) $(-12) + (-14)$ f) $(-55) + (+100)$

3 a) $(-8) + (-14) + (-35)$
b) $(-1) + (+19) + (-21)$

4 Schreibe zu jedem Satz eine Aufgabe und berechne.

a) Zum Kontostand +20 € kommen 88 € hinzu.

b) Zum Kontostand +15 € kommen 20 € Schulden hinzu.

c) Zum Kontostand −35 € kommen 50 € hinzu.

d) Zum Kontostand −120 € kommen 22 € Schulden hinzu.

5 Aus jeweils zwei Zahlen lassen sich Summen bilden.

a) Bei welcher Aufgabe erhältst du das größte Ergebnis?

b) Bei welcher Aufgabe erhältst du das kleinste Ergebnis?

c) Bei welcher Aufgabe erhältst du als Ergebnis genau −20?

6 🎎 Immer 10!

Zeichnet einen Zahlenstrahl von −20 bis +20. Der Erste nennt eine Zahl aus diesem Zahlbereich. Der andere sagt, welche Zahl er addieren muss, um genau +10 zu erhalten.

Kontrolliert am Zahlenstrahl, ob ihr richtig gerechnet habt.

Jeder sollte mindestens 10 Aufgaben gelöst haben.

7 Fülle die Steine der Zahlenmauer. Zahlen auf nebeneinanderliegenden Steinen werden addiert.

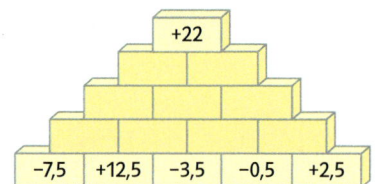

8 Berechne.

a) $(+7,8) + (−3,8)$

b) $(−0,75) + (+0,5)$

c) $(+4,6) + (+7,2)$

d) $(−0,3) + (+0,9)$

e) $(−\frac{4}{5}) + (+\frac{21}{10})$

f) $(−\frac{1}{2}) + (−2\frac{1}{2})$

Online-Link
zu Aufgabe 7
742431-0641

Lerntipp!

→ *Den Begriff Gegenzahl findest du im Kasten auf Seite 57.*

Subtraktionsaufgaben lassen sich in **Additions**aufgaben umwandeln. Dabei wird die Gegenzahl addiert.

$(+20) − (+30) = (+20) + (−30) = (−10)$
$(−20) − (+30) = (−20) + (−30) = (−50)$

$(+20) − (−30) = (+20) + (+30) = (+50)$
$(−20) − (−30) = (−20) + (+30) = (+10)$

Die Gegenzahl zu $(+30)$ ist $(−30)$, sie wird addiert.

Die Gegenzahl zu $(−30)$ ist $(+30)$, sie wird addiert.

Beispiele

a) $(+17) − (+13) = (+17) + (−13) = (+4)$
$(−10) − (+15) = (−10) + (−15) = (−25)$

b) $(+3) − (−13) = (+3) + (+13) = (+16)$
$(−14) − (−11) = (−14) + (+11) = (−3)$

9 Rechne im Heft. Notiere wie im Beispiel.

a) $(+7) − (+10)$

b) $(−12) − (+4)$

c) $(+22) − (−19)$

d) $(−18) − (−11)$

e) $(+3) − (+5)$

f) $(+1) − (+1)$

10 Berechne.

a) $(+15) − (+18)$

b) $(+20) − (−27)$

c) $(−11) − (−18)$

d) $(+150) − (+200)$

e) $(+17) − (−27) − (+8)$

f) $(+33) − (+43) − (+15)$

11 Hier musst du aufpassen! Addition- und Subtraktionsaufgaben wechseln sich ab.

a) $(-10) + (+18)$ b) $(+10) - (+18)$
c) $(+33) - (-27)$ d) $(-33) + (-27)$
e) $(+128) + (+82)$ f) $(-56) - (-99)$

12 Überlege, ob Geld eingezahlt oder ob Geld ausgezahlt wurde. Berechne die Kontobewegungen.

Datum	05.03.	02.04.	05.05.
vor der Buchung	500 €	750 €	– 850 €
nach der Buchung	275 €	– 125 €	340 €

13 Bilde Aufgaben und rechne im Kopf.

Beispiel: $(-15) - (+9) = (-15) + (-9) = -24$

14 a) Gib die Temperaturschwankungen in den Städten innerhalb eines Jahres an.

Stadt	Berlin	Moskau	New York	Sydney
Höchst-temperatur	32 °C	35 °C	38 °C	42 °C
Tiefst-temperatur	– 15 °C	– 29 °C	– 18 °C	– 3 °C

b) Nenne jeweils die Stadt mit der größten und der kleinsten Schwankung.

15 Übertrage ins Heft. Setze richtige Vorzeichen ein.

a) $(\blacksquare 15) - (\blacksquare 8) = (-7)$
b) $(\blacksquare 15) + (\blacksquare 8) = (+23)$
c) $(\blacksquare 15) - (\blacksquare 8) = (-23)$

> **Bitte merken!**
>
> Sowohl bei der Addition als auch der Subtraktion können positive Vorzeichen und Klammern weggelassen werden.
>
> **Beispiele**
> a) $(+25) + (-17) = 25 - 17 = 8$
> b) $(+7) - (+10) = 7 - 10 = -3$

16 Schreibe ohne Klammern. Rechne aus.

a) $(-12) + (+29)$ b) $(+17) - (+22)$
c) $(+35) - (-27)$ d) $(-23) + (-47)$
e) $(+128) - (+82)$ f) $(+66) - (-99)$

> **Ersetze**
> + (+) durch +
> + (–) durch –
> – (+) durch –
> – (–) durch +

17 Berechne. Achte auf die Rechenzeichen.

a) $(+16) + (+54) + (-29)$
b) $(-22) - (+38) + (-17)$
c) $(+47) + (-33) + (-22)$
d) $(-15) - (+35) + (+63)$
e) $(-21) - (-49) - (-57)$
f) $(+134) + (+69) - (-200)$

18 Ergänze die fehlenden Werte in deinem Heft.

Nr. 01.123.456 Natalie Klein, Hauptstraße 10, Dingsdorf			
Datum	alter Kontostand	Gutschrift (+) Lastschrift (–)	neuer Kontostand
23.05.09	20,00 €	+ 50,00 €	
25.07.09	125,00 €	– 76,00 €	
12.08.09	– 37,00 €	+ 40,00 €	
26.09.09	– 150.50 €	– 72.50 €	

19 🙎🙎 Welche Zahl ist gemeint? Besprecht eure Ergebnisse.

a) Du erhältst das Dreifache der Zahl, wenn du 8 dazu addierst.
b) Wenn du 12 subtrahierst, erhältst du ein Fünftel der Zahl.
c) Du erhältst Null, wenn du zur gesuchten Zahl ihren Betrag addierst.

20 Finde die **Fehler** und korrigiere sie, indem du die Vorzeichen veränderst.

a) $(-5) + (+12) - (+21) = (-4)$
b) $(+6) - (-56) - (+4) = (-58)$
c) $(-9) + (-26) - (-18) = (+35)$
d) $(+8) - (+13) - (+5) = 0$

21 Erstelle aus den Zahlen -15, -7 und 3 eine Aufgabe, bei der das Ergebnis

a) eine positive Zahl ist.
b) eine negative Zahl ist.
c) so groß wie möglich ist.
d) so klein wie möglich ist.

Beruf und Alltag: Kontoführung

22 Sina besitzt ein Jugendgirokonto. Sie kann Geld am Bankschalter einzahlen, Geld überweisen oder etwas abheben. Das macht sie am Schalter oder am Automaten. Sina darf ihr Konto nicht überziehen.

Das Taschengeld von ihren Eltern erhält Sina als Überweisung auf ihr Konto.

Sparkasse Waldhausen		Auszug Nr.	14
Buchungstag	Vorgang		Betrag
12.10.	Geldautomat		−35,00
15.10.	Bareinzahlung		+60,00
23.10.	Geldautomat		−45,00
28.10.	Handy-Abrechnung		−33,87
2.11.	Taschengeld		+40,00
Sina Müller	Kontostand		11.10. alt EUR 55,11
			5.11. neu EUR 41,24

a) Erkläre, was das + und das − vor den Geldbeträgen bedeutet.

b) Erkläre die Begriffe: Haben, Überweisung, einzahlen, abheben, überziehen, Soll.

c) Beschreibe, wie sich Sinas Kontostand von Oktober bis November verändert hat. Benutze die Begriffe aus Teilaufgabe b).

d) Rechne jeweils aus, wie viel Geld Sina auf ihr Konto insgesamt eingezahlt und wie viel sie abgehoben hat.

e) Sina wollte am 12. Oktober 60 € abheben.
Warum scheiterte dieser Versuch?

f) Sinas größter Wunsch ist eine neue Jacke für 79 €.
Kann sie diese Jacke kaufen, wenn sie im November kein Geld ausgibt und auf ihr Taschengeld im Dezember wartet?

5 Multiplizieren und Dividieren

→ Übertrage die Tabelle in dein Heft.
→ Ergänze die fehlenden Werte.
→ Färbe Felder mit positiven Ergebnissen blau, Felder mit negativen Ergebnissen rot.
→ Betrachte deine Tabelle. Was fällt dir auf?

·	3	2	1	0	-1	-2	-3
3	9	6	3	0	-3	-6	-9
2	6	4	2	0			
1	3	2					
0	0						
-1	-3						
-2	-6						
-3	-9						

Online-Link
zum Einstieg
742431-0671

Die **Multiplikation** rationaler Zahlen ist eine verkürzte Schreibweise der Addition:

$3 \cdot (+7) = (+7) + (+7) + (+7) = (+21)$ $3 \cdot (-7) = (-7) + (-7) + (-7) = (-21)$

Es gelten folgende Regeln bei der Multiplikation:

Haben **zwei** Faktoren das gleiche Vorzeichen, so ist das Ergebnis positiv.

$(+3) \cdot (+7) = (+21)$
$(-3) \cdot (-7) = (+21)$

Haben **zwei** Faktoren verschiedene Vorzeichen, so ist das Ergebnis negativ.

$(+3) \cdot (-7) = (-21)$
$(-3) \cdot (+7) = (-21)$

Lerntipp!

Beispiele
a) $(+8) \cdot (+11) = (+88)$
b) $(-8) \cdot (-11) = (+88)$
c) $(-8) \cdot (+11) = (-88)$
d) $(+8) \cdot (-11) = (-88)$

1 Rechne im Kopf.
a) $(-3) \cdot (-1)$ b) $(+3) \cdot (-5)$
c) $(+5) \cdot (-7)$ d) $(-4) \cdot (+9)$
e) $(-4) \cdot (-5)$ f) $(+8) \cdot (+7)$
g) $(+12) \cdot (-6)$ h) $(-4) \cdot (-15)$

2 Ergänze die fehlenden Vorzeichen in deinem Heft.
a) $(+5) \cdot (-3) = (\blacksquare 15)$
b) $(-5) \cdot (-3) = (\blacksquare 15)$
c) $(-10) \cdot (\blacksquare 6) = (+60)$
d) $(+10) \cdot (\blacksquare 6) = (-60)$
e) $(+10) \cdot (\blacksquare 6) = (\blacksquare 60)$
f) $(\blacksquare 10) \cdot (-6) = (\blacksquare 60)$

3 Rechne im Kopf.
a) $(-50) \cdot (-1)$ b) $(+20) \cdot (-8)$
c) $(-25) \cdot (+4)$ d) $(-40) \cdot (-3)$
e) $(+150) \cdot (+2)$ f) $(+200) \cdot (-0,1)$
g) $(+40) \cdot (-250)$ h) $(-500) \cdot (-20)$

4 Notiere eine Aufgabe mit negativen Zahlen und berechne diese.
a) Mario macht bei seiner Oma in drei Wochen jeweils 9 € Schulden.
b) Christina macht bei ihrem Onkel in sieben Wochen jeweils 4,50 € Schulden.
c) Reza hat seine Schulden innerhalb von drei Wochen in Raten zu je 4,50 € zurückgezahlt.

5 Multipliziere.
Überlege zunächst, welches Vorzeichen das Ergebnis haben wird.
a) $(+15) \cdot (-10)$ b) $(-12) \cdot (+3)$
c) $(-30) \cdot (-8)$ d) $(+20) \cdot (-12)$
e) $(-11) \cdot (+11)$ f) $(-40) \cdot (-5)$
g) $(+62) \cdot (-2)$ h) $(-55) \cdot (-11)$

6 Berechne.
a) $(+0,1) \cdot (-0,1)$ b) $(-0,01) \cdot (-0,01)$
c) $(-50) \cdot (-0,5)$ d) $(-2,5) \cdot (+12)$

Online-Link
zu Aufgabe 7
742431-0681

7 Übertrage die Tabelle in dein Heft und fülle sie aus.

■ · ■	(−10)	(+5)	(−3)	(+2)	(−1)
(+8)	■	■	■	■	■
(−7)	■	■	■	■	■
(+6)	■	■	■	■	■
(−5)	■	■	■	■	■
(+4)	■	■	■	■	■

8 Gülistan hat am Anfang der zweiwöchigen Ferien 35 €. Am Ende hat sie 15 € Schulden bei ihrem Vater. Stellt euch gegenseitig Fragen und beantwortet sie.

9 Notiere die passende Aufgabe in deinem Heft.
a) Mit welcher Zahl musst du (−20) multiplizieren, um (−100) zu erhalten?
b) Mit welcher Zahl musst du 15 multiplizieren, um (−75) zu erhalten?
c) Mit welcher Zahl wurde 12 multipliziert, wenn das Ergebnis (−144) ist?
d) Mit welcher Zahl wurde (−19) multipliziert, wenn das Ergebnis 95 ist?
e) Mit welcher Zahl musst du 12,5 multiplizieren, um 62,5 zu erhalten?
f) Erfindet und löst eigene Aufgaben in Partnerarbeit.

Lerntipp!

Die **Division** rationaler Zahlen ist die Umkehrung der Multiplikation, deshalb gilt:

$(+12) : (+4) = (+3)$, da $(+3) \cdot (+4) = (+12)$
und
$(−12) : (−4) = (+3)$, da $(+3) \cdot (−4) = (−12)$

$(+12) : (−4) = (−3)$, da $(−3) \cdot (−4) = (+12)$
und
$(−12) : (+4) = (−3)$, da $(−3) \cdot (+4) = (−12)$

Dividiert man eine Zahl durch (−1), erhält man die Gegenzahl.
$(+5) : (−1) = (−5)$ und $(−5) : (−1) = (+5)$

Beispiele
a) $(+45) : (−9) = (−5)$, da $(−5) \cdot (−9) = (+45)$
und
$(−45) : (+9) = (−5)$, da $(−5) \cdot (+9) = (−45)$

b) $(−45) : (−9) = (+5)$, da $(+5) \cdot (−9) = (+45)$
und
$(+45) : (+9) = (+5)$, da $(+5) \cdot (+9) = (+45)$

10 Rechne. Notiere wie im Beispiel.
a) $(+56) : (−7)$ b) $(−64) : (+8)$
c) $(−49) : (−7)$ d) $(+48) : (−12)$

11 Dividiere. Überlege zuerst, ob das Ergebnis positiv oder negativ ist.
a) $(−63) : (+7)$ b) $(+144) : (−12)$
c) $(−27) : (+3)$ d) $(+56) : (−8)$
e) $(−200) : (−50)$ f) $(+4000) : (−200)$
g) $(−50) : (+2,5)$ h) $(−8) : (−16)$

12 Rechne im Kopf.
a) $(+45) : (−5)$ b) $(−66) : (−6)$
c) $(−72) : (+12)$ d) $(+121) : (+11)$
e) $(−72) : (+8)$ f) $(−84) : (−14)$

13 Notiere die Aufgabe mit negativen Zahlen und berechne sie.
a) Jasmin will ihre Schulden von 20 € in fünf Monatsraten zurückzahlen.
b) René will seine Schulden von 46 € in vier Monatsraten zurückzahlen.

14 Übertrage die Tabelle in dein Heft und ergänze die fehlenden Zahlen.

a)

:	(−2)	(+4)	(−8)	(−12)
(+24)	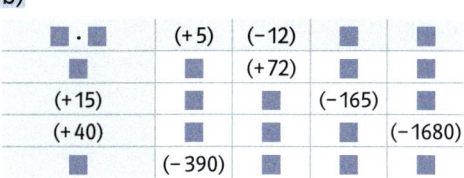			
(−48)				
(+72)				
(−108)				

b)

·	(+5)	(−12)		
		(+72)		
(+15)		(−165)		
(+40)			(−1680)	
	(−390)			

15 Setze im Heft die richtige Zahl ein.

a) 72 : ■ = −9 b) ■ : 12 = −7
−72 : ■ = −9 ■ : (−12) = 7
−72 : ■ = 9 ■ : 12 = 7
72 : ■ = 9 ■ : (−12) = −7

16 Berechne.
a) Das Dreifache von −11; +7; −0,5.
b) Die Hälfte von −12; +9; −100.
c) Ein Drittel von +33; −27; +66.
d) Das Vierfache von −5; −15; +25.

17 Finde die **Fehler**. Schreibe die Aufgabe mit korrigiertem Ergebnis ins Heft.
a) 48 : (−12) = +4 b) −5 · 7 = 35
c) −120 · (−5) = 650 d) 49 : (−7) = 7
e) −100 : (−25) = −40 f) 1000 : 8 = 126

18 Notiere im Heft die richtige Reihenfolge der Dominosteine.

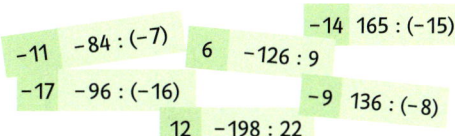

19 Zahlen auf nebeneinanderliegenden Steinen werden miteinander multipliziert. Das Produkt steht darüber.

a)

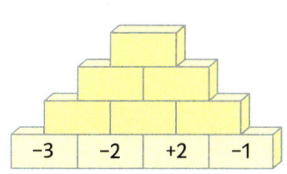

b)

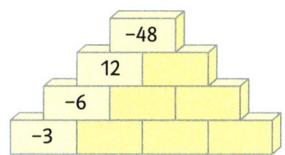

Online-Link
zu Aufgabe 19
742431-0691

Lerntipp!
Klammern werden nur gesetzt, wenn Vorzeichen und Rechenzeichen aufeinandertreffen.

Rechenregeln

Treten mehrere Rechenoperationen in einer Aufgabe auf, gelten folgende Rechenregeln:
1. Die Klammer wird **immer zuerst** gerechnet.
   (**+8 − 3**) + (−7) = **5** − 7 = −2
   (**+12 − 5**) · 3 = **7** · 3 = 21
2. Sollten mehrere Klammern vorhanden sein, wird zuerst die **innere Klammer gerechnet**.
   (35 − (**17 + 5**)) = 35 − 22 = 13
3. Es gilt **Punktrechnung vor Strichrechnung**:
   6 + **12 · 5** = 6 + **60** = 66

Lerntipp!
→ *Hilfe für das Anwenden von Rechenregeln findest du im Basiswissen auf Seite 166.*

20 Beachte die Rechenregeln.
a) −46 + (+35 − 12)
b) (80 + 25) − 15
c) (−18 + 28) − 32
d) −58 − (+35 − 19)

21 Berechne. Denke an die Rechenregeln.
a) −35 + 4 · 20
b) −100 − 72 : 6
c) 85 + (−45) : 9
d) 86 − (−169) : (−13)

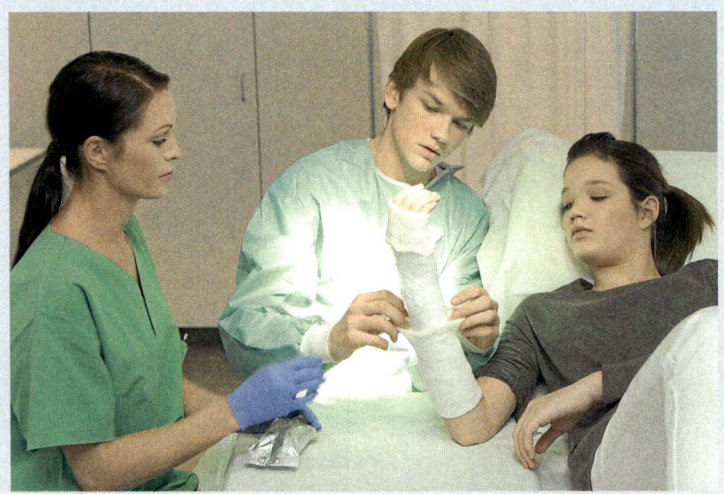

Torben macht eine Ausbildung zum Krankenpfleger im Krankenhaus. Er hat in diesem Beruf große Verantwortung gegenüber den Menschen, die er betreut. Er verabreicht Medikamente, verteilt Essen, wechselt Verbände und muss sich in medizinischen Fragen gut auskennen. Aber auch das Zwischenmenschliche muss stimmen: Ein Krankenpfleger sollte seine Patienten ermutigen, ihnen zuhören und ein offenes Ohr für ihre Nöte und Ängste haben.

1 In der Patientenakte werden alle zur Pflege notwendigen Daten des Patienten festgehalten. Die Pflegedokumentation wird handschriftlich oder digital geführt.

Patientenakte Frau A. Mayer

Zeit	Blutzucker (mmol/l)			Puls (Schläge/min)			Temperatur (°C)		
	morgens	mittags	abends	morgens	mittags	abends	morgens	mittags	abends
1. Tag	184	242	202	60	68	74	38,2	38,8	38,5
2. Tag	158	192	164	60	64	76	38,1	38,3	37,8
3. Tag	132	254	116	60	66	78	37,9	38,2	37,5
4. Tag	194	164	136	80	73	68	37,5	37,4	37,2

a) Zeichne jeweils ein Kurvendiagramm für Blutzucker, Puls und Temperatur.
b) Wie haben sich die Werte in den vier Tagen entwickelt? Beschreibe und berechne die Veränderungen.

2 Ein Medikamentenplan zeigt, wann ein Patient welches Medikament einnehmen muss. Vor der Morgenvisite bereitet Torben die Medikamente für den Tag vor. Was muss er in die einzelnen Fächer der Medikamentendose legen?

Medikamentenplan Frau A. Meyer

Medikament	morgens	mittags	abends	nachts
Planatoc	1	–	1	–
Kurasanae	–	$\frac{1}{2}$	–	–
XA SS 100	$\frac{1}{2}$	–	–	–
Tradokur F1	1	1	1	1
Baldrinocte	–	–	–	1

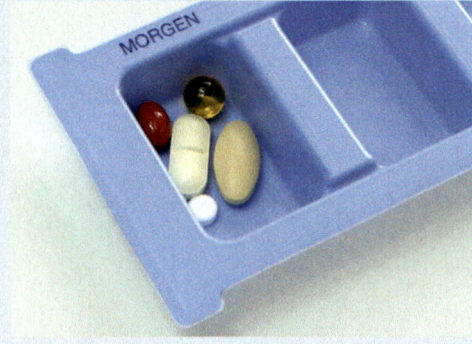

Ganze Zahlen

Um die Zahlen über und unter null unterscheiden zu können, verwendet man positive und negative Zahlen.
Die Zeichen + und – heißen **Vorzeichen**.
Der Abstand einer Zahl zur Null heißt Betrag.
Die Zahlen … −3; −2; −1; 0; 1; 2; 3; … nennt man **ganze Zahlen**.

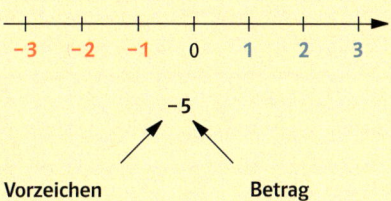

Jede **Zahl** hat eine **Gegenzahl**. Beide haben den gleichen Betrag. Liegt die Zahl auf dem Zahlenstrahl rechts von der Null, so liegt die Gegenzahl links von der Null und umgekehrt.

Die Gegenzahl von +3 ist −3:

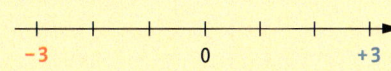

Rationale Zahlen

Alle positiven und negativen Bruchzahlen und die Null heißen **rationale Zahlen**.
Die ganzen Zahlen sind ein Teil der rationalen Zahlen.

positive Zahlen: $\frac{3}{4}$; 1; 1,5; 2; 2,6
3 °C warm; 55 € Guthaben
negative Zahlen: $-\frac{1}{8}$; −1; −1,5; −2; −2,6
−5 °C kalt; 50 € Schulden

Addieren

Bei gleichen Vorzeichen werden die Beträge addiert. Das Ergebnis erhält das gemeinsame Vorzeichen.

$(+10) + (+20) = (+30)$
$(−10) + (−20) = (−30)$

Bei verschiedenen Vorzeichen werden die Beträge subtrahiert. Das Ergebnis erhält das Vorzeichen, das vor der Zahl mit dem größeren Betrag steht.

$(+10) + (−20) = (−10)$
$(−10) + (+20) = (+10)$

Subtrahieren

Eine rationale Zahl wird subtrahiert, indem man die Gegenzahl addiert.

$(+20) − (+30) = (+20) + (−30) = (−10)$
$(+20) − (−30) = (+20) + (+30) = (+50)$

Multiplizieren

Haben zwei Faktoren das gleiche Vorzeichen, so ist das Ergebnis positiv.
Haben zwei Faktoren verschiedene Vorzeichen, so ist das Ergebnis negativ.

$(+3) \cdot (+7) = (+21)$
$(−3) \cdot (−7) = (+21)$
$(+3) \cdot (−7) = (−21)$
$(−3) \cdot (+7) = (−21)$

Dividieren

Die Division rationaler Zahlen ist die Umkehrung der Multiplikation.

$(−21) : (−7) = (+3)$, da $(+3) \cdot (−7) = (−21)$
$(−21) : (+7) = (−3)$, da $(−3) \cdot (+7) = (−21)$

Üben · Anwenden · Nachdenken

1 Welche Zahlen sind gekennzeichnet?

a)

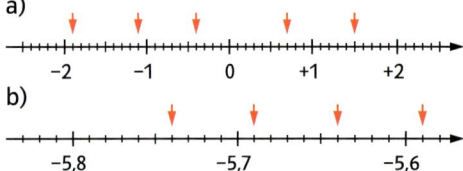

b)

2 Trage die Zahlen auf einer geeigneten Zahlengeraden ein.

a) −5; +4; −3; +2; −1; +6
b) +20; −50; −20; +40; 0; −10
c) −28; +45; +67; −13; −52; +5
d) −0,6; +0,15; −0,2; −0,45; +0,3; +0,5

3 Ordne die Zahlen nach der Größe, beginne mit der kleinsten.

a) +15; +29; −3; +4; −31
b) −177; −173; −179; −178; +176
c) +0,3; −0,2; −0,7; +0,5; −1
d) −5,2; +2,05; −0,52; +2,5; −5,02

4 Welche der Zahlen wurden **falsch** eingetragen?

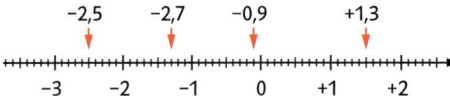

5 Frau Meier hat 400 € auf ihrem Konto. Sie hebt zuerst 350 € ab. Anschließend werden ihr 220 € gutgeschrieben. Nun werden 510 € Miete abgebucht. Zum Schluss überweist sie von ihrem Sparbuch 400 € auf ihr Konto. Berechne den neuen Kontostand nach jeder Buchung.

6 🧑‍🤝‍🧑 Bildet mit den Karten Aufgaben. Versucht, eine ganze Zahl als Ergebnis zu erhalten.

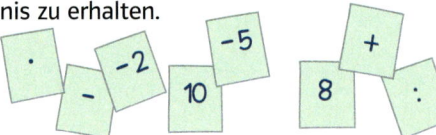

Beispiel:
$10 : (−5) + 8 \cdot (−2) = −2 + (−16) = (−18)$

Schafft ihr fünf verschiedene Aufgaben? Welche Aufgabe hat den kleinsten, welche den größten ganzzahligen Wert?

7 In einem Teich wachsen in unterschiedlichen Wassertiefen verschiedene Pflanzen. Lies die Wassertiefen aus dem Bild ab und übertrage die Tabelle in dein Heft.

Messpunkt	M1	M2	M3	M4	M5	M6
Höhe in m	■	■	■	■	■	■

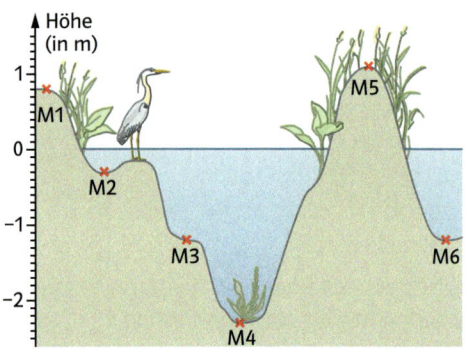

8 Multipliziere.

a) $−8 \cdot (+9)$ b) $+9 \cdot (−15)$
c) $+3 \cdot (−19)$ d) $−12 \cdot (−7)$
e) $+17 \cdot (+4)$ f) $−1 \cdot (+88)$

9 Dividiere.

a) $+24 : (−6)$ b) $+24 : (+3)$
c) $−160 : (+40)$ d) $−125 : (−5)$
e) $+420 : (−60)$ f) $−1024 : (+4)$

10 Wie heißen die nächsten fünf Stationen?

a)

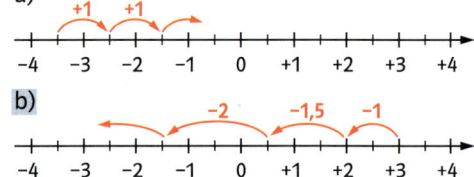

b)

11 Übertrage die Tabelle in dein Heft und rechne.

■ · ■	+5	−7	■	+25
■	■	■	■	+100
−9	■	■	■	■
+13	■	■	−143	■
■	−85	■	■	■
$−\frac{1}{2}$	■	■	■	■

12 Kim möchte sich einen MP4-Player kaufen. Sie hat 40 €. Wenn sie sich noch einmal die doppelte Menge von ihrem Opa leiht, kann sie das Gerät kaufen.
a) Wie viel muss sie ihrem Opa zurückzahlen?
b) Wie teuer ist der MP4-Player?

13 a) Lilly möchte vom Dreimeterbrett springen. Das Becken ist 4,50 m tief. Wie viele Meter schaut sie in die Tiefe, wenn sie auf dem Sprungbrett steht?
b) Wie viele Meter schaut sie vom Einmeterbrett, Fünfmeterbrett und Zehnmeterbrett in die Tiefe?
c) Manchmal wird die Wasseroberfläche direkt unter dem Sprungturm besprüht. Finde eine Erklärung.

14 a) Der römische Feldherr Gaius Julius Cäsar lebte von 100 v. Chr. bis 44 v. Chr.
Sein Großneffe und Haupterbe Octavian lebte von 63 v. Chr. bis 14 n. Chr.
Berechne das jeweilige Alter.
b) Das Rad wurde etwa 4000 v. Chr. in Mesopotamien erfunden.
Die erste Dampflokomotive baute George Stephenson 1825 in England.
Wie viele Jahre liegen dazwischen?

15 a) Ordne die Stoffe einmal nach ihrem Schmelz- und einmal nach ihrem Siedepunkt.
Beginne immer mit der kleinsten Temperatur.

Stoff	Schmelzpunkt	Siedepunkt
Chlor	−101 °C	−35 °C
Gold	1063 °C	2970 °C
Kochsalz	801 °C	1465 °C
Traubenzucker	146 °C	200 °C
Ozon	−251 °C	−113 °C
Quecksilber	−39 °C	357 °C
Sauerstoff	−219 °C	−183 °C
Wasser	0 °C	100 °C

b) Welchen Aggregatszustand (fest, flüssig, gasförmig) haben die Stoffe bei Zimmertemperatur, also bei 20 °C?

16 Schreibe zu jedem Satz eine Aufgabe und berechne sie.
a) Zu 30 € Guthaben kommen 57 € Guthaben hinzu.
b) Zu 85 € Guthaben kommen 24 € Schulden hinzu.
c) Zu 17 € Guthaben kommen 49 € Schulden hinzu.
d) Zu 76 € Schulden kommen 101 € Guthaben hinzu.
e) Zu 150 € Schulden kommen 210 € Schulden hinzu.

17 Auf der Karte kann man die Zeitzonen der Erde erkennen. Alle Orte, die innerhalb einer Zeitzone liegen, haben dieselbe Uhrzeit.

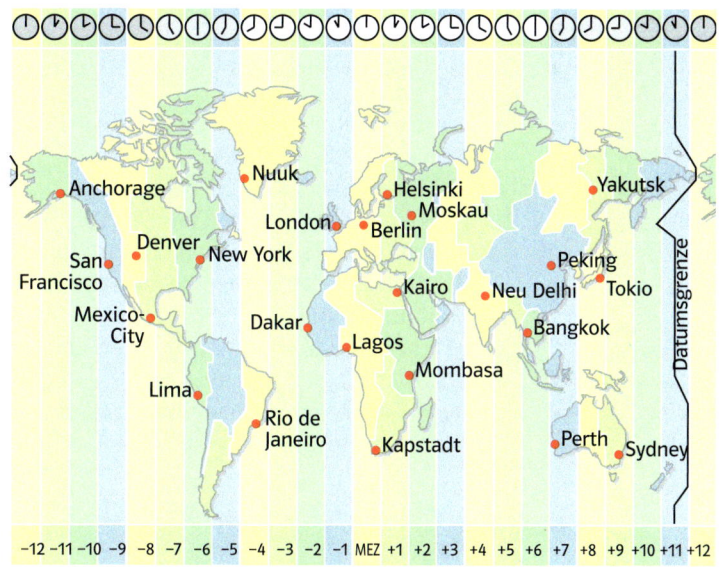

a) Suche Städte auf verschiedenen Kontinenten heraus, die in derselben Zeitzone liegen.
b) Du möchtest von Deutschland aus um 13 Uhr deine Freundin in San Francisco anrufen. Wird sie durch den Anruf aus dem Schlaf geweckt?
c) Jan ruft vom Ausland in Deutschland an. Hier ist Montag. Jan behauptet, bei ihm sei Sonntag. Kann das sein?
d) 👥 Denke dir Aufgaben für deine Mitschülerinnen und Mitschüler aus und löst sie gegenseitig.

Online-Link
zu Aufgabe 15
742431-0731

18 Wie heißt die Zahl?

a) Sie ist von der 0 genauso weit entfernt wie die +5.

b) Sie ist von der −2 genauso weit entfernt wie die +2.

c) Sie liegt genau in der Mitte von −5 und +3.

d) Sie liegt genau in der Mitte von +7 und −5.

19 Die Zahlenmauer hat fünf Schichten.

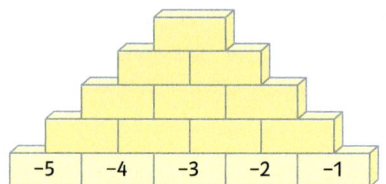

a) Nebeneinanderliegende Steine werden addiert.
Was beobachtest du in den einzelnen Reihen der Zahlenmauer?

b) In derselben Zahlenmauer werden nebeneinanderliegende Steine multipliziert. Welches Vorzeichen hat die Zahl in der Spitze? Beantworte die Frage zunächst ohne zu rechnen.

c) Lissy sagt: „Wenn in der unteren Reihe der Mauer eine ungerade Anzahl von negativen Faktoren steht, dann ist der Wert in der Spitze negativ, sonst ist er positiv."

20 ☺ a) Stelle deiner Partnerin oder deinem Partner fünf Fragen zu der Landkarte. Beginne mit:
Welche niederländischen Städte liegen unter dem Meeresspiegel?
Wie groß ist der Höhenunterschied zwischen Texel und Groningen?

b) Informiere dich in einem Atlas oder im Internet, wie hoch oder niedrig deine Gemeinde liegt und berechne den Höhenunterschied zum tiefsten Punkt der Niederlande.

21 Setze die fehlenden Vorzeichen ein.

a) ■7 + (■20) = +13

b) ■25 + (■5) = −20

c) ■52 + (■52) = 0

d) ■22 + (■13) = +35

e) ■50 + (■27) = +23

f) ■225 + (■45) = −180

Blickpunkt: Schätzen

22 In Mexiko wachsen riesige Kakteen. Schätze die Höhe und die Breite des Kaktus.

23 Wie viele Menschen passen in euren Klassenraum?

24 Wie viele Menschen passen in eure Sporthalle?

25 Überlege dir weitere ähnliche Fragen.

ləgəiqzʞɔüᴚ

Rückspiegel

Online-Link
zum Rückspiegel
742431-0751

1 Trage auf einer Zahlengeraden ein.
a) −4; 3; −2; 0; 5; −7
b) −45; 10; 70; −5; −20; 40

2 Setze < oder > ein.
a) 15 ■ −17   b) 0,02 ■ −0,2
  −23 ■ −20   −0,5 ■ −0,05
  −9 ■   0   −9,9 ■ −10

3 Ordne die Städte nach ihren Temperaturen. Beginne mit der kältesten.

Athen	11°C	Helsinki	−18°C
Brüssel	0°C	Las Palmas	20°C
Moskau	−27°C	Wien	−7°C

4 Berechne.
a) (+15) + (+2)   b) (+15) − (+2)
c) (−15) + (+2)   d) (−15) − (+2)

5 Berechne.
a) (+9) · (−4)   b) (−56) : (−8)
c) (−0,5) · (+12)   d) (+72) : (+12)

6 Addiere die Zahlen in nebeneinanderliegenden Steinen.

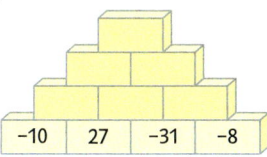

| −10 | 27 | −31 | −8 |

7 Im März hatte Frau Licht 120 € auf ihrem Konto. Es wurden im selben Monat 230 €, 740 € und 12 € eingezahlt. Allerdings wurden auch 55 €, 140 € und 430 € abgebucht.
Wie hoch war der Kontostand Ende März?

8 Herr Marsch hat 1600 € Schulden bei der Bank. Er will sie in acht Raten zurückzahlen.
Wie viel muss er (ohne Zinsen) jeden Monat an die Bank zahlen?

1 Trage auf einer Zahlengeraden ein.
a) −0,6; −0,3; 0,4; −0,1; 0,55; 0,15
b) −1,4; 0; −0,3; −1; −0,8; −1,1

2 Setze < oder > ein.
a) −6,4 ■   +2,9   b) 0,9 ■ −0,09
  −2,3 ■   −2,03   −0,9 ■   +0,1
  −10,1 ■ +10,01   −9,9 ■ −99,9

3 Ordne die Beträge.

−234,56 €	1025,00 €
5,09 €	−75,80 €
−1,00 €	−100,00 €

4 Berechne.
a) (−42) + (+25)   b) (+19) − (+32)
c) (−53) − (+49)   d) (+39) − (+44)

5 Berechne.
a) (+22) · (−6)   b) (+144) : (−8)
c) (−17) · (−12)   d) (−1,5) : (0,3)

6 Addiere die Zahlen in nebeneinanderliegenden Steinen.

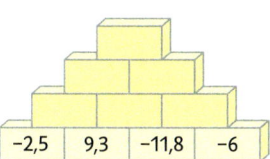

| −2,5 | 9,3 | −11,8 | −6 |

7 Herr Wiese hatte am 1. September 800 € auf seinem Konto. Anschließend fanden folgende Buchungen statt: +52 €; +1298 €; −467 €; +65 €; −125 €. Außerdem buchte die Bank noch viermal 25 € ab.
Wie war der Kontostand nach diesen Kontobewegungen?

8 Der Förderkorb einer Kohlenzeche fährt in einer Höhe von 208 m über NN los und erreicht nach 737 m Seilfahrt das Kohleflöz.
Wie viele Meter unter dem Meeresspiegel liegt das Abbaugebiet?

➜ Die Lösungen findest du auf Seite 176.

Standpunkt

Online-Link
zum Standpunkt
742431-0761

Wo stehe ich?

Ich kann …

	gut	weniger gut	etwas	nicht mehr	Lerntipp!
1 Strecke, Strahl und Gerade unterscheiden.					→ Seite 171
2 Strecken messen und zeichnen.					→ Seite 171
3 Senkrechten erkennen und zeichnen.					→ Seite 171
4 Parallelen erkennen und zeichnen.					→ Seite 171
5 Quadrate und Rechtecke zeichnen.					→ Seite 172
6 Eigenschaften von Quadrat und Rechteck nennen.					→ Seite 172
7 Punkte in einem Koordinatensystem ablesen.					→ Seite 171

Überprüfe deine Einschätzung.

1 Eine Gerade, ein Strahl und eine Strecke sind gerade Linien.
Für welche Linie gilt der Satz?
a) Sie hat einen Anfangspunkt und einen Endpunkt.
b) Sie hat keinen Anfangs- und keinen Endpunkt.
c) Sie lässt sich durch zwei Punkte genau festlegen.
d) Sie hat einen Anfangspunkt, aber keinen Endpunkt.

2 Miss die Länge der Strecken. Zeichne die Strecken in dein Heft.

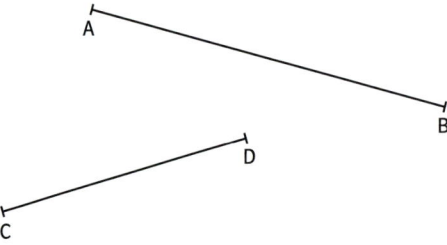

3 Zeichne eine Gerade a. Zeichne dann fünf Senkrechten zu a auf ein weißes Blatt Papier.

4 Zeichne eine Gerade g. Zeichne dann fünf Parallelen zu g auf ein weißes Blatt Papier.

5 a) Zeichne ein Quadrat mit a = 3 cm.
b) Zeichne ein Rechteck mit a = 4 cm und b = 2,5 cm.

6 Quadrat und Rechteck haben bestimmte Eigenschaften. Ordne die Eigenschaften auf den Kärtchen richtig zu.

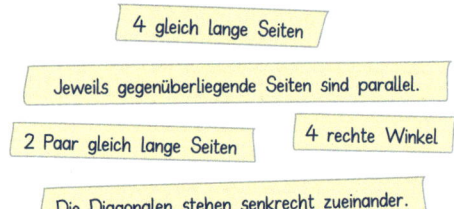

4 gleich lange Seiten

Jeweils gegenüberliegende Seiten sind parallel.

2 Paar gleich lange Seiten

4 rechte Winkel

Die Diagonalen stehen senkrecht zueinander.

7 Gib die Lage der Punkte im Koordinatensystem an.

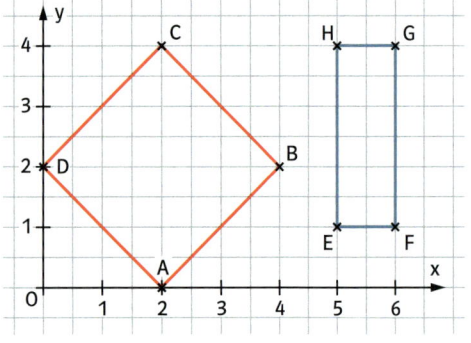

→ Die Lösungen findest du auf Seite 177.

Vierecke legen und bewegen

Stelle aus Kartonstreifen und Muster-
klammern bewegliche Vierecke her.
Man nennt sie Gelenkvierecke.
Untersuche, wie sich die Form der Vierecke
durch Bewegen verändert.
Benutze zuerst vier gleich lange Streifen.
Probiere dann andere Möglichkeiten aus.

Online-Link
*Bastelvorlage
742431-0771*

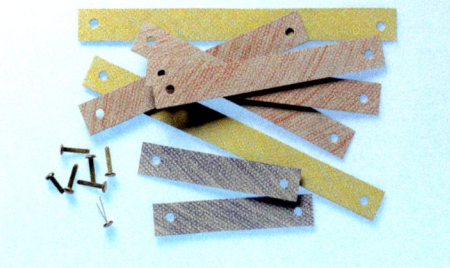

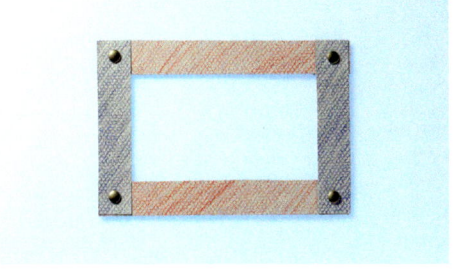

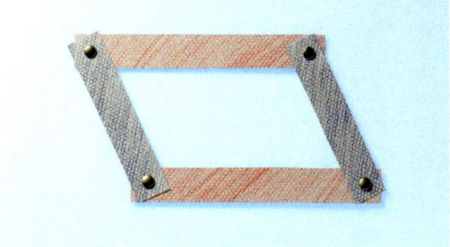

In manchen Gegenständen findest du
Gelenkvierecke. Beschreibe sie und
versuche zu erklären, warum sie eingebaut
sind. Findest du weitere Gelenkvierecke in
anderen Gegenständen?

Das lerne ich:

- Wie man Winkel zeichnen und
  messen kann,
- welche Regeln für die Winkel in
  Dreiecken und Vierecken gelten,
- welche Dreiecksformen und
  Viereckssformen es gibt,
- wie man Dreiecke konstruiert.

1 Winkel

Die Zeiger von Messgeräten können auf ihren Skalen unterschiedliche Bereiche überstreichen.

→ In welchem Bereich darf sich die Tachonadel im Stadtverkehr bewegen?

Ein **Winkel** wird von zwei **Schenkeln** mit gemeinsamem Anfangspunkt S begrenzt. Der Punkt S heißt **Scheitel** des Winkels.

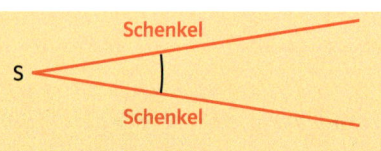

Die Maßeinheit für die Größe eines Winkels heißt **Grad** (kurz: °). Ein Grad entsteht, wenn ein Kreis in 360 gleiche Teile zerlegt wird. Winkel werden nach ihrer Größe eingeteilt.

spitze Winkel (kleiner als 90°)	rechte Winkel (90°)	stumpfe Winkel (zwischen 90° und 180°)	gestreckte Winkel (180°)	überstumpfe Winkel (zwischen 180° und 360°)	volle Winkel (360°)

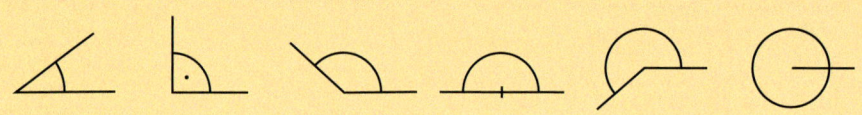

Beispiel

Winkel werden mit einem Bogen markiert und mit kleinen griechischen Buchstaben bezeichnet.

α	β	γ	δ
Alpha	Beta	Gamma	Delta

1 Beschreibe die Winkelart. Schätze die Größe der Winkel.

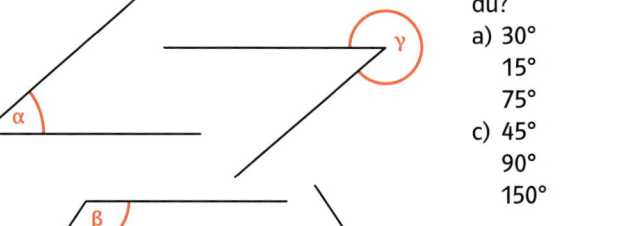

2 Zeichne Winkel der angegebenen Größen. Welche Winkelarten erkennst du?

a) 30°   b) 60°
    15°   180°
    75°   130°
c) 45°   d) 85°
    90°   110°
   150°   270°

3 Wie lange braucht der Minutenzeiger, um diese Winkel zu überstreichen?

a) 180°   b) 90°
c) 30°   d) 60°
e) 6°   f) 270°

Winkelsätze: Schneiden sich zwei Geraden, so entstehen vier Winkel.

Gegenüberliegende Winkel nennt man Scheitelwinkel.
Scheitelwinkel sind gleich groß.

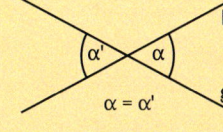

$\alpha = \alpha'$

Nebeneinanderliegende Winkel nennt man Nebenwinkel.
Nebenwinkel ergänzen sich zu 180°.

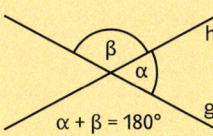

$\alpha + \beta = 180°$

Werden zwei parallele Geraden geschnitten, so entstehen:

die Stufenwinkel γ und γ'.
Stufenwinkel sind gleich groß.

die Wechselwinkel δ und δ'.
Wechselwinkel sind gleich groß.

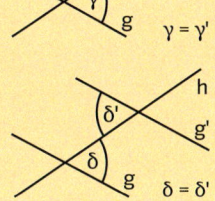

$\gamma = \gamma'$

$\delta = \delta'$

4 Schreibe alle Scheitelwinkelpaare und Nebenwinkelpaare auf.

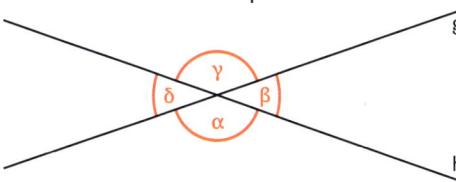

5 Schreibe alle Stufenwinkelpaare und alle Wechselwinkelpaare auf.

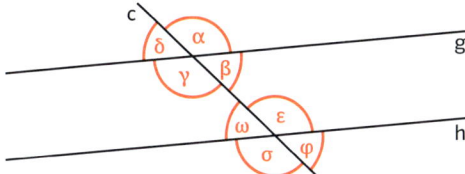

6 Wie groß sind die Winkel α und β an den parallelen Geraden g und h? Begründe deine Antwort.

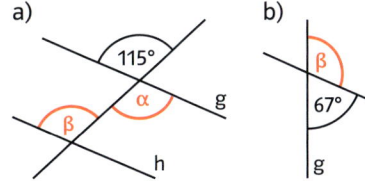

7 Welche Winkel an den Parallelen sind ebenso groß, wie der angegebene Winkel?

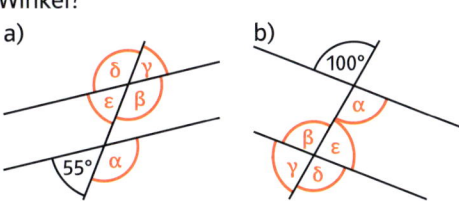

8 Bestimme die Größe aller Winkel. Die Geraden g und h und die Geraden i und k sind parallel zueinander.

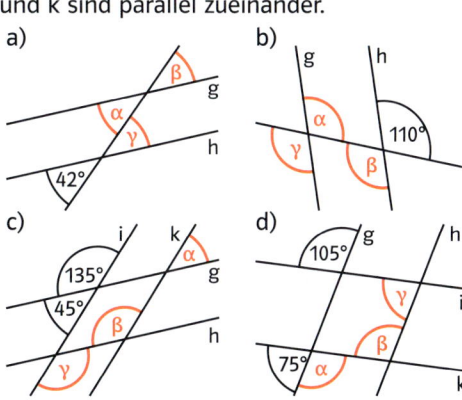

2 Dreiecke

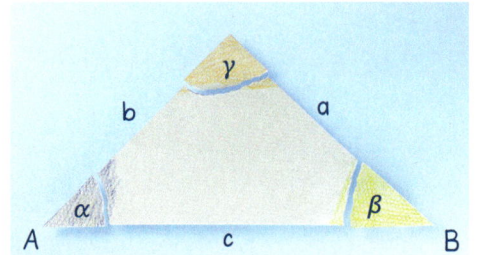

→ Zeichne ein beliebiges Dreieck. Benenne die Eckpunkte und Seiten. Kennzeichne die Winkel mit verschiedenen Farben.
→ Schneide das Dreieck aus und reiße die drei Ecken ab.
→ Lege die Ecken des Dreiecks zusammen. Wie heißt der Winkel, der sich ergibt? Wie groß ist er?

Online-Link
zum Einstieg
742431-0801

Die **Eckpunkte** eines Dreiecks werden gegen den Uhrzeigersinn in der Reihenfolge des Alphabetes mit Großbuchstaben bezeichnet. Die **Seiten** werden mit kleinen Buchstaben bezeichnet. Seite a liegt der Ecke A gegenüber, b der Ecke B und c der Ecke C. Die drei **Winkel** α, β und γ werden den Eckpunkten A, B und C zugeordnet.

Die **Summe der Winkel eines Dreiecks** beträgt 180°.
$$\alpha + \beta + \gamma = 180°$$

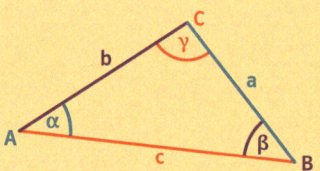

Beispiel

Im Dreieck ABC sind die Winkel α = 30° und β = 110° bekannt. Der Winkel γ kann berechnet werden:

$$\alpha + \beta + \gamma = 180°$$
$$30° + 110° + \gamma = 180°$$
$$140° + \gamma = 180°$$
$$\gamma = 40°$$

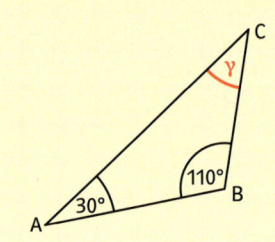

1 Skizziere im Heft. Vervollständige die Bezeichnung des Dreiecks.

a)   b)   c)

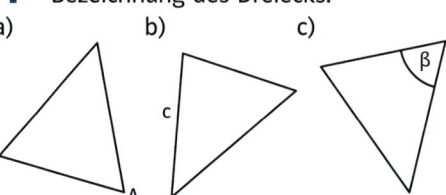

Lerntipp!
→ *Auf Seite 171 kannst du nachlesen, wie Punkte in ein Koordinatensystem eingezeichnet werden.*

2 Gegeben sind die Eckpunkte eines Dreiecks. Zeichne das Dreieck in ein Koordinatensystem und überprüfe die Winkelsumme durch Messung.
a) A(2|2)   B(5|2)   C(5|5)
b) A(−4|1)   B(−1|0)   C(−2|4)
c) A(−3|−3)   B(2|−2)   C(−2|−1)

3 Bestimme den fehlenden Winkel im Kopf.

a)   b)

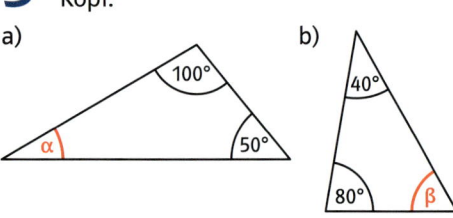

4 Ein Winkel fehlt.

	α	β	γ
a)	40°	60°	■
b)	30°	■	90°
c)	105°	25°	■

5 👥 Überlegt gemeinsam und vergleicht eure Ergebnisse.

a) Wie viele spitze, rechte bzw. stumpfe Winkel kann ein Dreieck besitzen?

b) Kann es in Dreiecken überstumpfe Winkel geben? Begründe.

6 Der Giebel eines Hauses ist symmetrisch. Der Neigungswinkel des Daches beträgt 40°. Berechne den Giebelwinkel.

Giebelwinkel

Neigungswinkel

Online-Link
742431-0811

Dynamische Geometriesoftware (DGS)

Mit dem Computer kannst du geometrische Figuren zeichnen und Messungen durchführen. Ein Vorteil dabei ist, dass du alle gezeichneten Figuren leicht verändern kannst.

Zur Untersuchung der Winkelsumme im Dreieck kannst du so vorgehen:

1. **Öffne eine neue Zeichenfläche** durch Klicken auf 🗋 .
2. **Zeichne ein Dreieck ABC.**
   Aktiviere dazu das Symbol 🔲 und klicke in die Zeichenfläche hinein.
3. Aktiviere über die obere Menüleiste *Objekte* → *Winkel* → den Befehl *Winkel messen*.
4. **Miss die Winkel des Dreiecks ABC.** Dazu werden jeweils die Punkte in folgender Reihenfolge angeklickt:
   für α: B – A – C   für β: C – B – A   für γ: A – C – B
   Jetzt werden die Größen der drei Winkel angezeigt.
5. Du kannst das **Dreieck beliebig verändern**. Aktiviere dafür das Symbol 🔺 , klicke mit der linken Maustaste auf einen der Eckpunkte und verschiebe ihn. Die linke Maustaste musst du dabei gedrückt halten.

Wenn dir ein Schritt nicht gelungen ist, kannst du ihn rückgängig machen 🔄 .

7 Was beobachtest du, wenn du beim Verändern des Dreiecks die Größe der Winkel und ihre Summe betrachtest?

neue Zeichenfläche   rückgängig

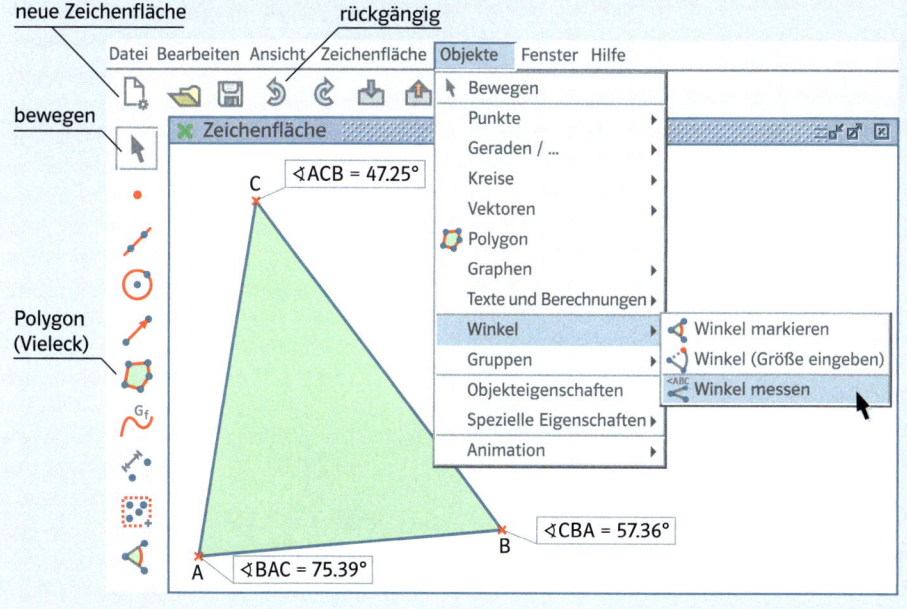

3 Dreiecksformen

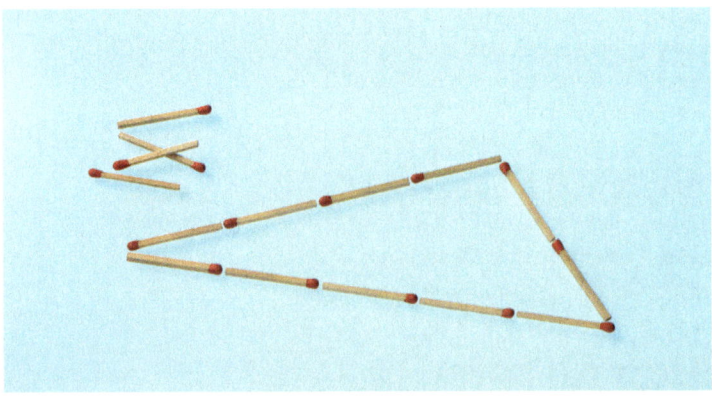

Mit Streichhölzern lassen sich verschiedene Dreiecke legen.
- → Lege weitere Dreiecke.
- → Vergleiche die Winkelgrößen und Seitenlängen.
- → Finde besondere Dreiecke und erkläre ihre Besonderheit.

Online-Link
742431-0821

Dreiecke können nach der **Größe ihrer Winkel** eingeteilt werden:

spitzwinkliges Dreieck	**rechtwinkliges** Dreieck	**stumpfwinkliges** Dreieck
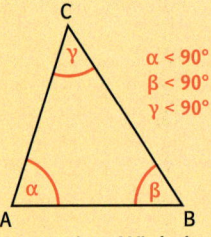	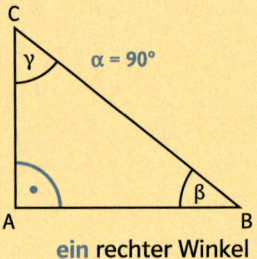	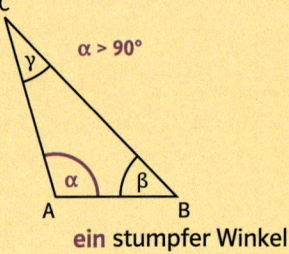
drei spitze Winkel	**ein** rechter Winkel	**ein** stumpfer Winkel

Dreiecke können nach der **Länge ihrer Seiten** eingeteilt werden:

allgemeines Dreieck	**gleichschenkliges** Dreieck	**gleichseitiges** Dreieck
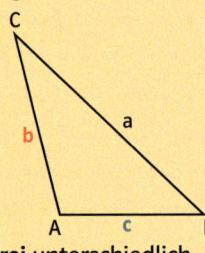	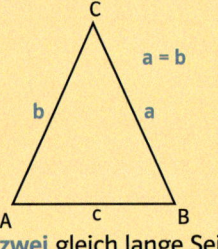	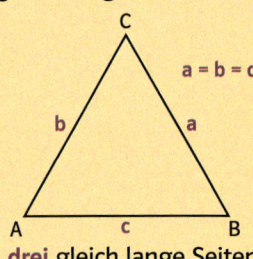
drei unterschiedlich lange Seiten	**zwei** gleich lange Seiten	**drei** gleich lange Seiten

Beispiel

Das Dreieck ABC ist ein allgemeines und spitzwinkliges Dreieck, denn:
- alle drei Seiten des Dreiecks sind unterschiedlich lang und
- alle drei Winkel des Dreiecks sind kleiner als 90°.

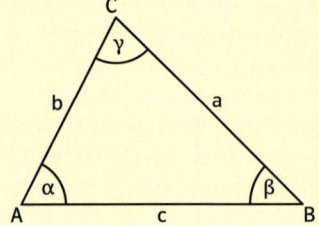

1 Welche Dreiecksformen nach Winkeln und Seiten erkennst du?

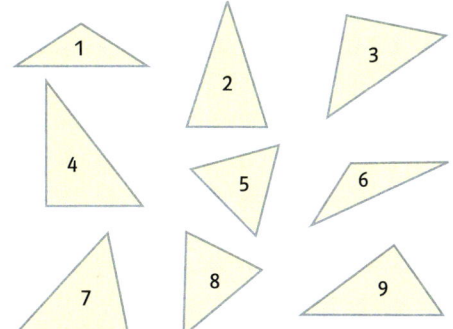

2 Bei den Brückenkonstruktionen wurden verschiedene Dreiecksformen verwendet.

A

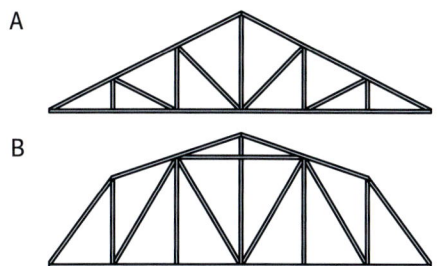

B

3 Wie viele gleichschenklige Dreiecke findest du in der Figur A, wie viele gleichseitige Dreiecke in der Figur B?

A   B

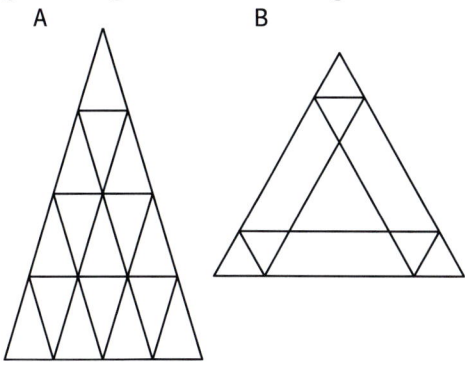

4 Zeichne Dreiecke mit den folgenden Eigenschaften in dein Heft.
a) allgemein
b) rechtwinklig
c) gleichschenklig und stumpfwinklig
d) Kannst du eine Kombination zweier Eigenschaften angeben, die es nicht gibt?

5 👥 Sucht Dreiecksformen in eurer Umgebung.

Bitte merken

In einem **gleichschenkligen Dreieck** gibt es besondere Bezeichnungen.
Die beiden gleich langen Seiten nennt man **Schenkel**, die dritte Seite **Basis**. Die **Basiswinkel** sind gleich groß. Gleichschenklige Dreiecke haben **eine Symmetrieachse**.

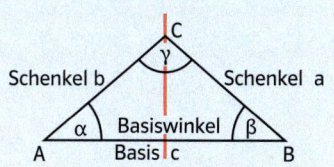

Ein **gleichseitiges Dreieck** hat **drei Symmetrieachsen**.
Alle drei Winkel sind gleich groß.
180° : 3 = 60°
Deshalb gilt: $\alpha = \beta = \gamma = 60°$

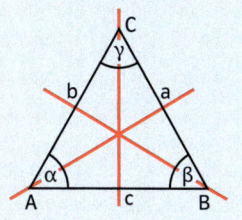

6 a) Vervollständige die Tabelle im Heft.

	α	β	γ
Dreieck 1	30°	60°	■
Dreieck 2	40°	■	80°
Dreieck 3	40°	40°	■
Dreieck 4	■	60°	60°

b) Benenne die Dreiecksform nach ihren Winkeln. Begründe.
c) 👥 Welche Aussagen könnt ihr über die Seitenlängen der Dreiecke aus der Tabelle machen?

7 Wo liegt in einem rechtwinkligen Dreieck die längste Seite?

8 Welche der folgenden Aussagen sind falsch?
a) Ein stumpfwinkliges Dreieck hat zwei spitze Winkel.
b) Wenn ein Dreieck allgemein ist, so ist es spitzwinklig.
c) Wenn ein Dreieck gleichschenklig ist, so ist es stumpfwinklig.
d) Wenn ein Dreieck gleichschenklig ist, so ist es auch gleichseitig.
e) Wenn ein Dreieck rechtwinklig ist, so ist es nicht stumpfwinklig.
f) Ein gleichseitiges Dreieck hat einen rechten Winkel.

4 Dreieckskonstruktion

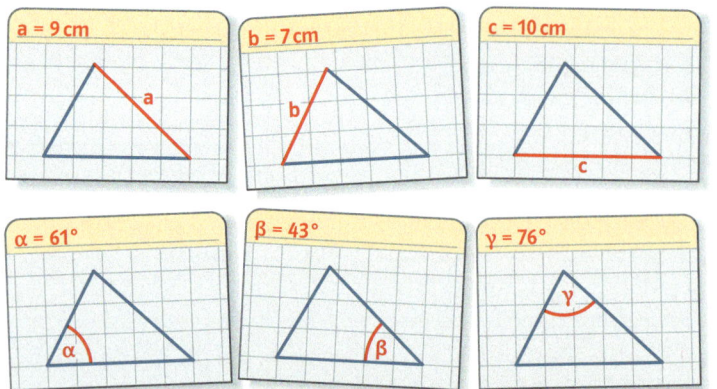

Auf den abgebildeten Karten ist jeweils ein Stück eines Dreiecks gegeben.

→ Entscheide dich für drei Karten. Überprüfe, ob du aus deinen drei Stücken ein Dreieck konstruieren kannst. Vergleiche dein Ergebnis mit dem deiner Partnerin oder deines Partners.

→ Reichen zwei Karten aus?

→ Was passiert, wenn du vier Karten verwendest?

Zum **Konstruieren** eines Dreiecks benötigt man drei bestimmte Angaben.
Bei gleichen gegebenen Angaben erhält man Dreiecke, die in Größe und Form übereinstimmen. Solche Dreiecke nennt man **deckungsgleich** oder **kongruent**.
Man unterscheidet drei Grundkonstruktionen.
1. Die drei Seiten des Dreiecks sind gegeben (**SSS**).

Beispiel

Gegeben:
a = 7 cm
b = 5 cm
c = 6 cm
SSS-Konstruktion

Planfigur

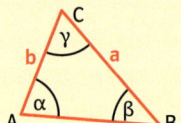

Die Planfigur ist eine Skizze mit farbig hervorgehobenen gegebenen Stücken. An ihr kann man sich die Reihenfolge der Konstruktionsschritte überlegen.

Konstruktion:

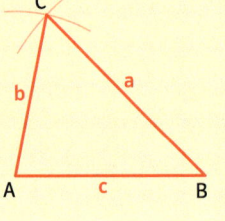

Konstruktionsbeschreibung:
1. Seite c = $\overline{AB}$ = 6 cm zeichnen
2. Kreis mit dem Radius b = 5 cm um A zeichnen
3. Kreis mit dem Radius a = 7 cm um B zeichnen
4. C ist der Schnittpunkt der Kreisbögen.

---

1 Auf wie viele Arten lässt sich der 2 m lange Meterstab zu einem Dreieck knicken?

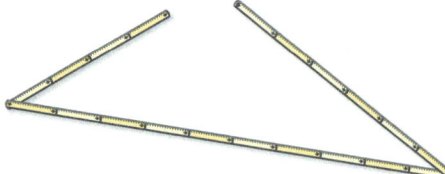

2 Konstruiere das Dreieck aus drei gegebenen Seiten nach SSS.
Beginne mit einer Planfigur.
a) a = 7 cm; b = 8 cm; c = 9 cm
b) a = 11 cm; b = 7 cm; c = 10 cm
c) a = 5,5 cm; b = 9,3 cm; c = 7,8 cm
d) a = 6,5 cm; b = 6,5 cm; c = 5,3 cm
e) a = 10 cm; b = 6 cm; c = 8 cm
f) a = 47 mm; b = 57 mm; c = 74 mm

2. Zwei Seiten und der von ihnen eingeschlossene Winkel eines Dreiecks sind gegeben (SWS).

Beispiel
Gegeben:
b = 8 cm
c = 7 cm
α = 40°
SWS-Konstruktion

Planfigur:

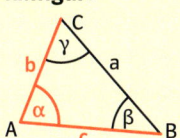

Lerntipp!
→ *Hier siehst du, dass die Planfigur nicht so aussehen muss wie die Konstruktion.*

Konstruktion:

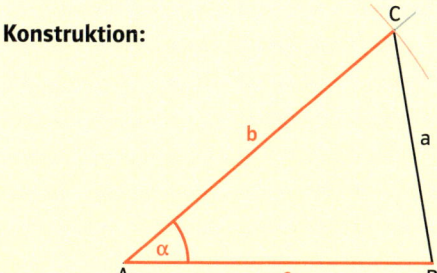

Konstruktionsbeschreibung:
1. Seite c = $\overline{AB}$ = 7 cm zeichnen
2. in A Winkel α = 40° antragen
3. Kreis mit dem Radius b = 8 cm um A zeichnen
4. C ist der Schnittpunkt des Kreises mit dem freien Schenkel von α.

3 Konstruiere das Dreieck aus zwei Seiten und dem eingeschlossenen Winkel nach SWS.
a) b = 9 cm; c = 10 cm; α = 40°
b) a = 5 cm; c = 10 cm; β = 124°
c) a = 8,5 cm; b = 11,2 cm; γ = 75°
d) b = 6,7 cm; c = 8,2 cm; α = 85°

4 Ein Antennenmast wird mit Drahtseilen am Boden verankert. Die Seile sind am Mast in 70 m Höhe befestigt. Ihre Verankerungen am Boden sind 40 m vom Mast entfernt. Ermittle die Länge eines Seils durch eine maßstäbliche Konstruktion.

3. Eine Seite und die beiden anliegenden Winkel eines Dreiecks sind gegeben (WSW).

Beispiel
Gegeben:
c = 6 cm
α = 30°
β = 105°
WSW-Konstruktion

Planfigur:

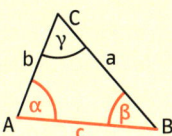

Konstruktion:

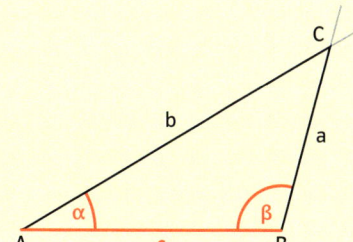

Konstruktionsbeschreibung:
1. Seite c = $\overline{AB}$ = 6 cm zeichnen
2. in A Winkel α = 30° antragen
3. in B Winkel β = 105° antragen
4. C ist der Schnittpunkt der freien Schenkel von α und β.

Lerntipp!

→ *Auf Seite 82 findest du Informationen zu gleichschenkligen Dreiecken.*

5 Konstruiere das Dreieck aus einer Seite und den beiden anliegenden Winkeln nach WSW.
a) c = 7 cm; α = 30°; β = 50°
b) b = 4 cm; α = 75°; γ = 80°
c) a = 8,5 cm; β = 20°; γ = 85°

6 👥 Hier gibt es Probleme. Beschreibt das Problem.
a) a = 5 cm; b = 10 cm; c = 3 cm
b) c = 5 cm; α = 90°; β = 100°
c) b = 4 cm; c = 9 cm; β = 40°
d) α = 70°; β = 50°; γ = 60°

7 Konstruiere das Dreieck. Die Planfigur ist besonders wichtig, denn es ist keine Grundkonstruktion.
Was fällt dir auf?
a) c = 7 cm; β = 25°; b = 4 cm
b) c = 4 cm; α = 70°; a = 3 cm

8 👥 Zeichne ein Dreieck und miss drei Größen aus.
Dein Partner oder deine Partnerin konstruiert mit diesen Größen ein Dreieck. Vergleicht.

9 Je zwei Dreiecke sind kongruent. Prüfe durch Ausschneiden nach der Konstruktion.
a) a = 7 cm; b = 8 cm; c = 3 cm
b) a = 8 cm; β = 35°; γ = 65°
c) α = 90°; a = 13 cm; b = 12 cm
d) b = 8 cm; c = 3 cm; α = 60°
e) a = 13 cm; b = 12 cm; c = 5 cm
f) b = 8 cm; α = 65°; β = 80°

Lerntipp!

→ *Die Namen der griechischen Buchstaben findest du auf Seite 78.*

10 👥 Die Spielkarten liegen verdeckt auf dem Tisch. Zwei Partner ziehen abwechselnd. Nicht benötigte Karten werden wieder abgelegt. Gewinner ist, wer zuerst die Stücke für ein konstruierbares Dreieck zusammen hat.

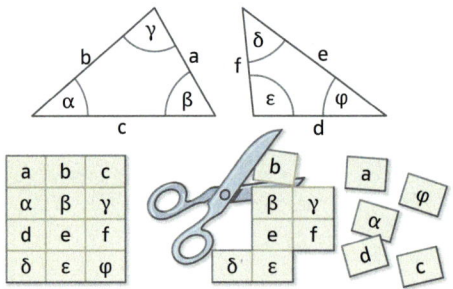

11 Konstruiere das gleichschenklige Dreieck mit Basis c und Schenkeln a und b.
a) c = 7 cm; a = 6 cm
b) c = 8 cm; α = 52°
c) a = 7 cm; γ = 110°
d) a = 9 cm; α = 35°

12 Wie hoch reicht eine 4,50 m lange Leiter, wenn sie mindestens 1,50 m von der Wand entfernt aufgestellt werden muss?

13 Auf einem Aussichtsturm sind die Entfernungen und Richtungen von Orten in eine Metallplatte eingraviert. Übertrage die Abbildung im Maßstab 1:200 000 in dein Heft. Bei diesem Maßstab entspricht 1 cm in deinem Heft 200 000 cm = 2 km in der Wirklichkeit. Wie weit sind die einzelnen Orte voneinander entfernt?

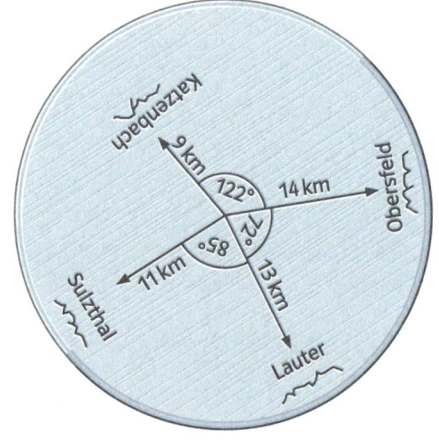

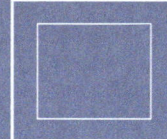

Dynamische Geometriesoftware (DGS)

Konstruieren mit dem Computer

Mit Dynamischer Geometriesoftware kannst du Dreiecke konstruieren. Der Vorteil ist, dass sich die konstruierten Figuren verändern und bewegen lassen.

Alle Zeichenobjekte findest du am linken Rand des Bildschirms oder in der oberen Menüleiste unter *Objekte*. Durch einen Doppelklick auf ein Symbol wird dir die gesamte Auswahl angeboten.
Deine Schritte werden in einem Konstruktionsprotokoll gespeichert. Du kannst jede falsche Eingabe rückgängig machen.

Starte damit, dass du eine neue Zeichenfläche öffnest.

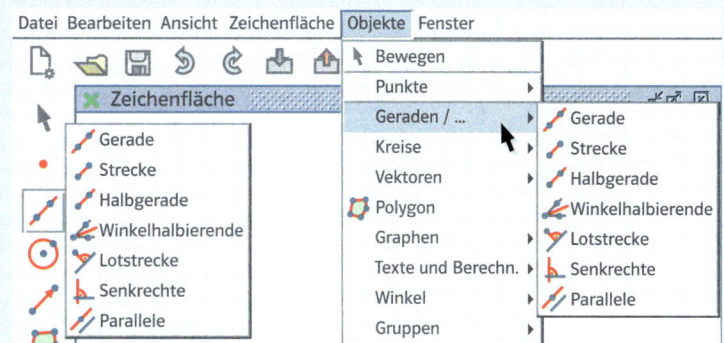

Beispiel:
Ein Dreieck mit den Seitenlängen $b = 5\,cm$ und $c = 6\,cm$ und dem Winkel $\alpha = 40°$ wird konstruiert (SWS-Konstruktion).

1. Seite $c = \overline{AB} = 6\,cm$ zeichnen

- Aktiviere das Symbol ✏ und klicke zweimal in die Zeichenfläche. Es wird eine Strecke $\overline{AB}$ angezeigt.
- Wähle in der Menüleiste *Objekte → Texte und Berechnungen → Abstand messen*. Wenn du jetzt auf den Anfangs- und den Endpunkt der Strecke klickst, wird dir ihre Länge angezeigt.
- Aktiviere die Taste ⬉ und verschiebe einen der beiden Punkte so lange, bis die Länge stimmt.

Online-Link
742431-0871

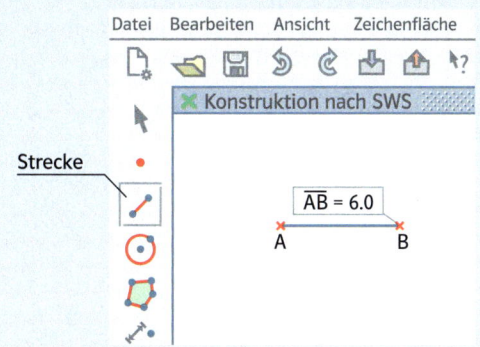

2. In A Winkel $\alpha = 40°$ antragen

- Aktiviere das Symbol ◹ , klicke nacheinander auf die Punkte A und B der Strecke und schreibe in das sich öffnende Eingabefeld die Größe des Winkels. Nach dem *Übernehmen* wird der Punkt C angezeigt. Der Punkt C liegt auf dem zweiten Schenkel des Winkels.
- Um den Schenkel zu zeichnen, klicke auf das Symbol ✏ *Halbgerade*, dann auf A und C.

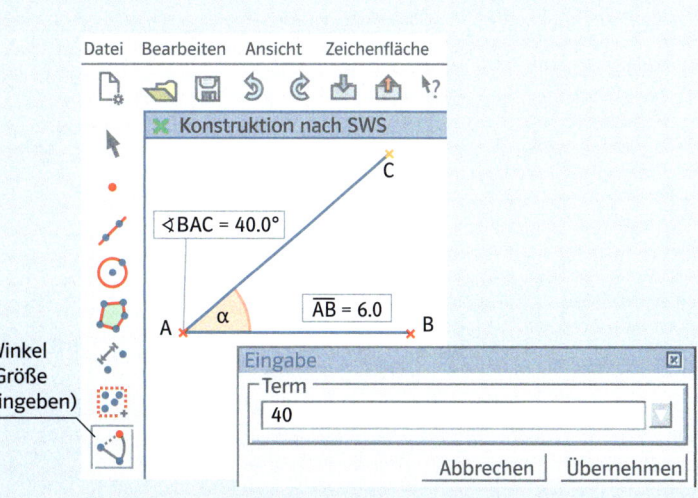

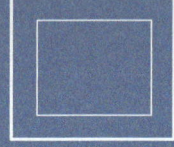

3. Kreisbogen mit dem Radius b = 5 cm um A zeichnen

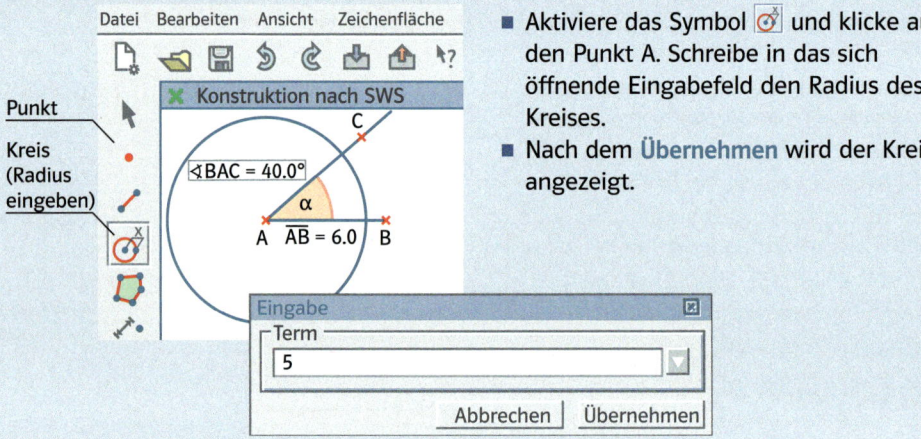

- Aktiviere das Symbol ⚬ und klicke auf den Punkt A. Schreibe in das sich öffnende Eingabefeld den Radius des Kreises.
- Nach dem **Übernehmen** wird der Kreis angezeigt.

4. C ist der Schnittpunkt des Kreisbogens mit dem freien Schenkel von α

- Aktiviere das Symbol ✕, klicke einzeln auf den Kreis und den freien Schenkel von α. Der Schnittpunkt D wird angezeigt.
- Aktiviere das Symbol ⬠ und klicke auf die drei Eckpunkte deines Dreiecks A, B, D und nochmal auf A. Das Dreieck wird angezeigt.

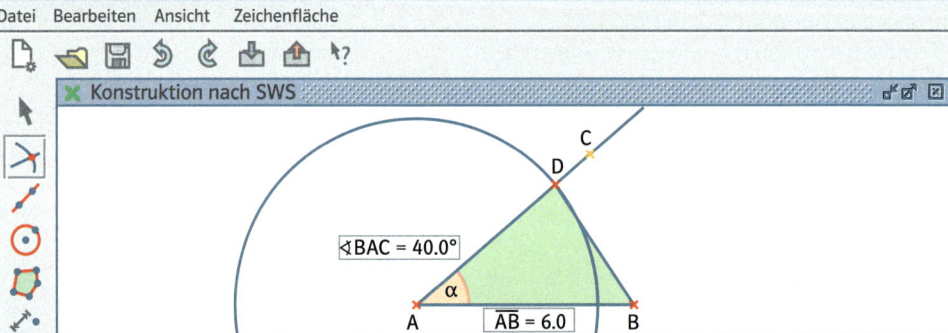

1 Konstruiere das Dreieck mithilfe einer DGS.
a) b = 8 cm; c = 9 cm; α = 40°
b) a = 5 cm; c = 9 cm; β = 120°
c) a = 4 cm; b = 5 cm; c = 5,5 cm
d) c = 8 cm; α = 45°; β = 30°

2 Konstruiere folgende besondere Dreiecke mithilfe einer DGS.
a) ein gleichseitiges Dreieck mit c = 7 cm
b) ein gleichschenkliges Dreieck mit a = b = 4,5 cm und γ = 50°

5 Vierecksformen

Falte ein DIN-A4-Blatt zweimal und
schneide es anschließend diagonal durch.
Du erhältst ein Viereck und vier Dreiecke.
→ Welche besonderen Eigenschaften hat
   das Viereck?
→ Welche Vierecke kannst du nur aus den
   Dreiecken legen?

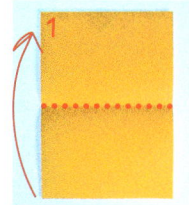 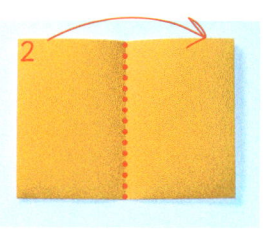 

Vierecke werden anhand ihrer **Eigenschaften** benannt. Diese beziehen sich auf
die Länge und Lage der Seiten und die Größe der Winkel.

Beispiele

Im **Parallelogramm** sind die **jeweils
gegenüberliegenden Seiten gleich lang**
und **parallel** zueinander.

Die **Raute** ist ein **Parallelogramm** mit **vier
gleich langen Seiten**.

Der **Drachen** hat **zwei Paar gleich lange
Nachbarseiten**.
Die **Diagonalen** stehen senkrecht
zueinander.

Im **symmetrischen Trapez** sind **zwei gegenüberliegende Seiten parallel** zueinander.
Die **beiden anderen Seiten** sind **gleich lang**.

Im **allgemeinen Trapez** sind **zwei gegenüberliegende Seiten parallel** zueinander.

1 a) Übertrage die Vierecke aus der
      Abbildung rechts in dein Heft.
b) Benenne die Vierecke.
c) Zeichne die Diagonalen ein.
d) In welchen Vierecken
• sind die Diagonalen gleich lang?
• halbieren sich die Diagonalen?
• stehen sie senkrecht zueinander?

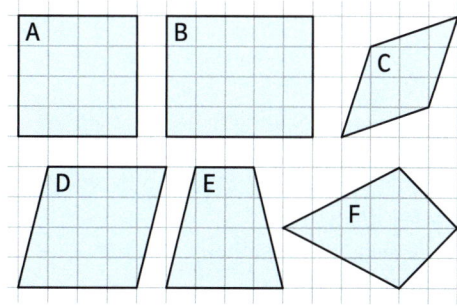

Lerntipp!
*Eine Diagonale
verbindet die gegen-
überliegenden
Eckpunkte.*

Online-Link
zu Aufgabe 5
742431-0901

2 a) Übertrage die Vierecke in dein Heft.

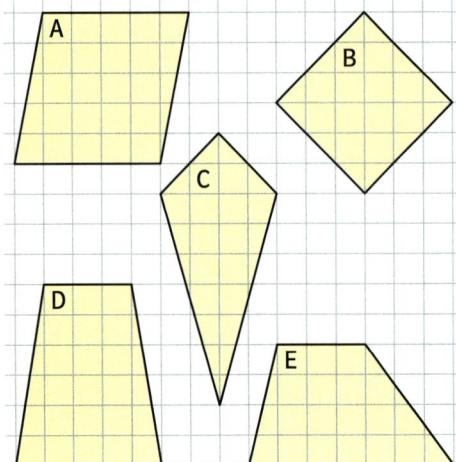

b) Benenne die Vierecke.
c) Miss alle Winkel und notiere die Winkelgrößen in deiner Zeichnung.
d) Schreibe auf, welche Vierecke zwei Paare gleicher Winkel haben.

3 🧑‍🤝‍🧑 Legt eine Tabelle nach folgendem Muster an. Notiert darin die Namen der Vierecke und ihre Besonderheiten. Berücksichtigt dabei die Länge und Lage der Seiten, die Winkelgrößen sowie die Länge und Lage der Diagonalen.

Name des Vierecks	Seiten	Winkel	Diago-nalen
Quadrat	■	■	■
Rechteck	■	■	■
Parallelogramm	■	■	■
Raute	■	■	■
Drachen	■	■	■
symmetrisches Trapez	■	■	■
allgemeines Trapez	■	■	■

4 Welche Vierecke sind gemeint?
a) Alle Seiten sind gleich lang.
b) Gegenüberliegende Seiten sind gleich lang.
c) Zwei gegenüberliegende Seiten sind parallel zueinander.
d) Die Diagonalen stehen senkrecht aufeinander.

5 a) Welche Vierecksformen erkennst du in dem Flickenteppich? Notiere Nummern und Namen.
b) Finde die drei Dreiecke. Notiere jeweils die Nummer und nenne die Dreiecksform.

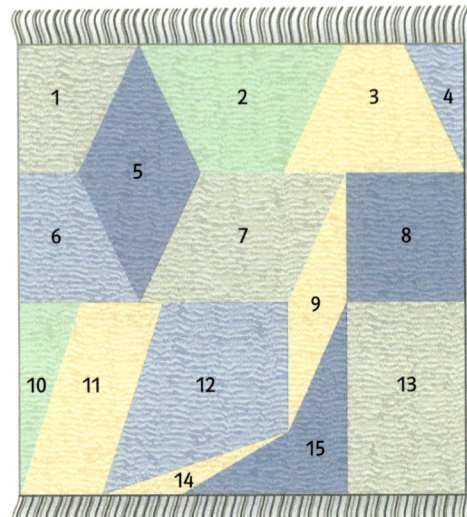

6 Übertrage die Punkte A, B und C in dein Heft.
a) Zeichne einen Punkt D ein, sodass eine Raute entsteht.
b) Zeichne einen Punkt D ein, sodass ein Drachen entsteht.

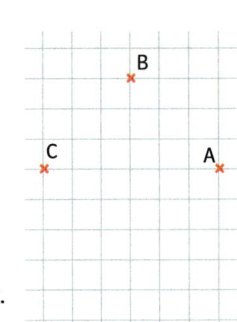

7 Übertrage die drei Punkte in dein Heft. Suche Möglichkeiten, diese drei Punkte zu einem Parallelogramm zu ergänzen.
Die Abbildung rechts zeigt dir die schwierigste der drei möglichen Lösungen.

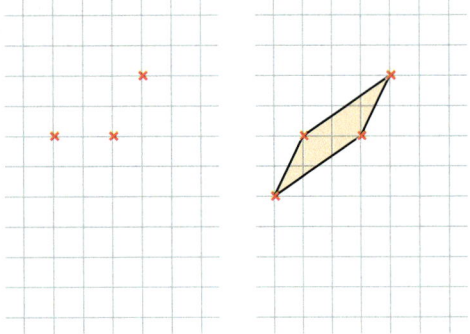

6 Vierecke. Winkelsumme

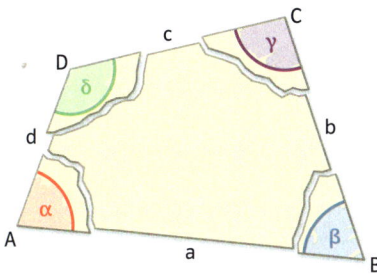

→ Zeichne ein beliebiges Viereck und färbe die Winkel mit unterschiedlichen Farben.
→ Schneide das Viereck aus und reiße die vier Ecken ab.
→ Lege die Ecken des Vierecks zusammen. Wie heißt der Winkel, der sich ergibt? Wie groß ist er?

Die **Eckpunkte** und die **Seiten** eines Vierecks werden gegen den Uhrzeigersinn in der Reihenfolge des Alphabets bezeichnet. Für die Eckpunkte werden Großbuchstaben, für die Seiten Kleinbuchstaben verwendet.
Seite a verbindet die Eckpunkte A und B miteinander, Seite b die Eckpunkte B und C, Seite c die Eckpunkte C und D, Seite d die Eckpunkte D und A.
Die vier Winkel α, β, γ und δ werden den Eckpunkten A, B, C und D zugeordnet.

Die **Summe der vier Winkel eines Vierecks** beträgt 360°.
Es gilt also: $\alpha + \beta + \gamma + \delta = 360°$

Beispiel

Im Viereck ABCD sind die Winkel
$\alpha = 70°$, $\beta = 50°$ und $\gamma = 140°$ bekannt.
Der Winkel δ lässt sich berechnen:

$$\alpha + \beta + \gamma + \delta = 360°$$
$$70° + 50° + 140° + \delta = 360°$$
$$260° + \delta = 360°$$
$$\delta = 100°$$

1 Von einem Viereck sind drei Winkel gegeben. Wie groß ist der vierte Winkel?

	α	β	γ	δ
a)	100°	80°	50°	■
b)	82°	45°	112°	■
c)	■	92°	48°	90°
d)	■	90°	90°	90°

2 👥 Erkläre deinem Partner oder deiner Partnerin, wie du von der Winkelsumme im Dreieck auf die Winkelsumme im Viereck schließen kannst.

3 In einem symmetrischen Trapez ist ein Winkel 110° groß.
Wie groß sind die anderen Winkel?

4 Wie groß sind die rot markierten Winkel der besonderen Vierecke?

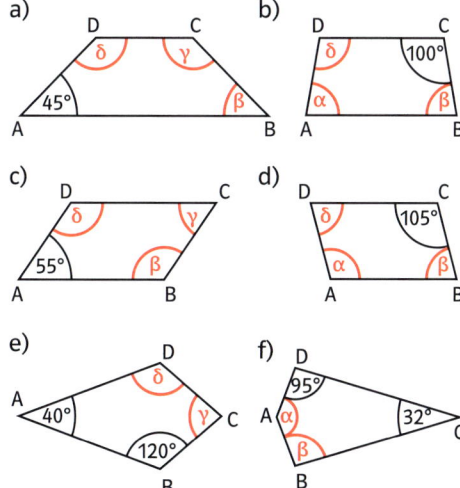

Einteilung der Winkel

Winkel werden nach ihrer Größe eingeteilt:

spitze Winkel $\quad\quad\quad\quad$ $\alpha < 90°$

rechte Winkel $\quad\quad\quad\quad$ $\alpha = 90°$

stumpfe Winkel $\quad\quad\quad$ $90° < \alpha < 180°$

gestreckte Winkel $\quad\quad$ $\alpha = 180°$

überstumpfe Winkel $\quad$ $180° < \alpha < 360°$

volle Winkel $\quad\quad\quad\quad$ $\alpha = 360°$

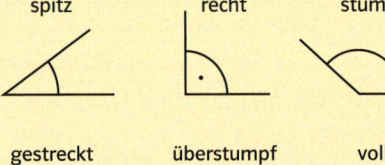

spitz $\quad\quad\quad$ recht $\quad\quad\quad$ stumpf

gestreckt $\quad\quad$ überstumpf $\quad\quad$ voll

Dreiecksformen

Einteilung nach Winkeln:

spitzwinklig	Alle Winkel sind kleiner als 90°.
rechtwinklig	Ein Winkel beträgt 90°.
stumpfwinklig	Ein Winkel ist größer als 90°.

Einteilung nach Seiten:

allgemein	Alle Seiten sind unterschiedlich lang.
gleichschenklig	Zwei Seiten sind gleich lang.
gleichseitig	Alle Seiten sind gleich lang.

Winkelsumme im Dreieck

Die Summe der Winkel eines Dreiecks beträgt 180°. $\alpha + \beta + \gamma = 180°.$

$45° + 85° + 50° = 180°$

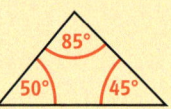

Dreieckskonstruktion

Zum **Konstruieren** eines Dreiecks benötigt man drei Angaben. Man unterscheidet drei Grundkonstruktionen.

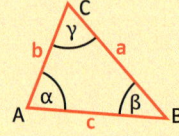

SSS-Konstruktion $\quad$ WSW-Konstruktion $\quad$ SWS-Konstruktion

Vierecksformen

Vierecke werden anhand ihrer Eigenschaften benannt.

Parallelogramm: Jeweils die zwei gegenüberliegenden Seiten sind parallel und gleich lang.

Raute: Parallelogramm mit vier gleich langen Seiten

Drachen: zwei Paar gleich lange Nachbarseiten

symmetrisches Trapez: Zwei gegenüberliegende Seiten sind parallel zueinander, die beiden anderen Seiten sind gleich lang.

allgemeines Trapez: Zwei gegenüberliegende Seiten sind parallel zueinander.

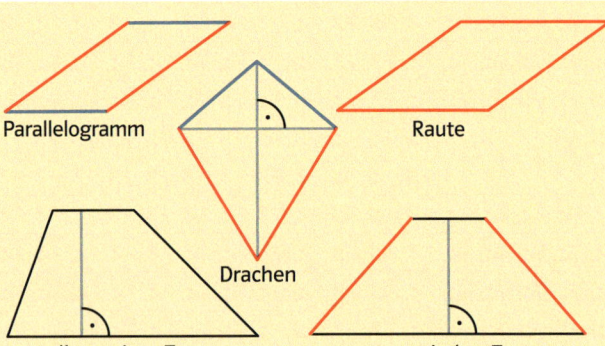

Parallelogramm $\quad\quad\quad\quad$ Raute

Drachen

allgemeines Trapez $\quad\quad\quad$ symmetrisches Trapez

Winkelsumme im Viereck

Die Summe der vier Winkel in einem Viereck beträgt 360°. $\alpha + \beta + \gamma + \delta = 360°$

$62° + 141° + 47° + 110° = 360°$

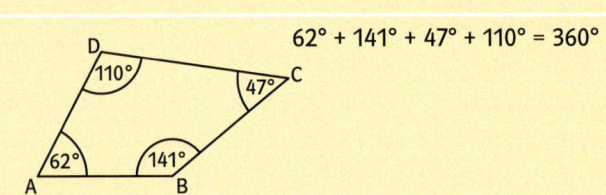

Üben · Anwenden · Nachdenken

1 Skizziere im Heft und zeichne die Winkelbögen ein. Benenne die Winkel mit griechischen Buchstaben.

a)

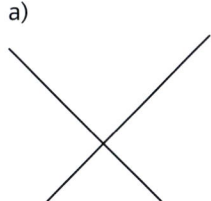

b)

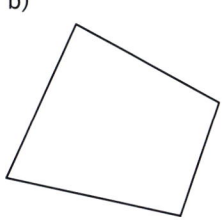

2 👥 Wer schätzt besser? Zeichne mit einer Partnerin oder einem Partner je einen Winkel. Jeder schätzt die Größe des Winkels, den der andere gezeichnet hat. Wer besser geschätzt hat, bekommt einen Punkt.

3 Zeichne die Winkel und nenne die Winkelart.

a) 40° b) 80°   c) 35°   d) 70°
   25°   180°   90°   300°
   95°   120°   160°   360°

4 Wie viele spitze, rechte, stumpfe, überstumpfe und volle Winkel findest du im abgebildeten Haus?

5 a) Nenne Paare von Scheitelwinkeln und Nebenwinkeln.

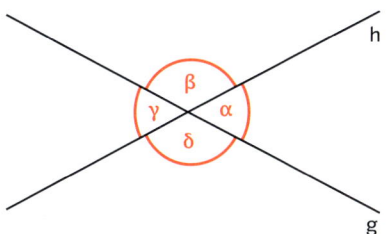

b) Berechne jeweils die Größe der anderen drei Winkel.
1) α = 30°   2) β = 110°
3) γ = 45°   4) δ = 90°

6 Bestimme die Größe der Winkel. Sie sind durch gleichmäßige Zerlegung des Kreises entstanden.

a)   b)

c)   d)

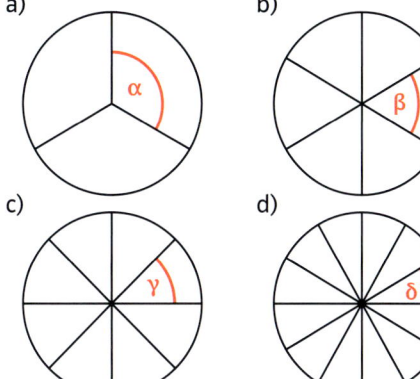

7 Beim Benennen des Dreiecks sind **Fehler** aufgetreten. Berichtige und erkläre.

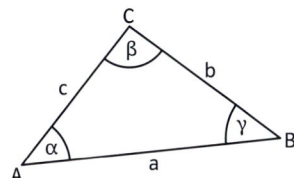

8 Ergänze die Winkel des Dreiecks.

	α	β	γ
a)	50°	70°	■
b)	■	120°	15°
c)	45°	■	90°

9 👥 Die neun Schnipsel waren die Ecken von drei Dreiecken. Setzt die Dreiecke wieder zusammen.

10 a) Was gehört alles zu einem Dreieck?
b) Welche besonderen Dreiecke gibt es?
c) Kann man die Winkel eines Dreiecks beliebig wählen?
d) Kann man für die drei Seiten eines Dreiecks beliebige Längen vorgeben?

11 Wie groß waren die Winkel des zerschnittenen gleichseitigen Dreiecks?

12 Jedes Dreieck kann nach der Größe seiner Seiten und Winkel eingeteilt werden.
Der Eintrag in der Tabelle zeigt, dass es Dreiecke gibt, die spitzwinklig und allgemein sind.
Sind alle Kombinationen möglich?

Dreieck	allgemein	gleich-schenklig	gleich-seitig
spitzwinklig	ja	▪	▪
rechtwinklig	▪	▪	▪
stumpfwinklig	▪	▪	▪

13 Konstruiere das Dreieck.
a) $\alpha = 60°$; $b = 15\,cm$; $c = 8\,cm$
b) $b = 4\,cm$; $\alpha = 70°$; $\gamma = 60°$
c) $a = 8\,cm$; $b = 15\,cm$; $c = 13\,cm$
d) $a = 7,5\,cm$; $b = 7,5\,cm$; $\gamma = 60°$
e) $a = 5,7\,cm$; $\beta = 48°$; $\gamma = 42°$

14 Konstruiere die Dreieckskette.

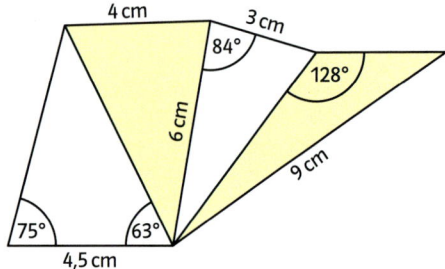

15 Konstruiere das Dreieck, wenn möglich.
a) $c = 5\,cm$; $\alpha = 68°$; $\beta = 73°$
b) $a = 12\,cm$; $b = 5\,cm$; $c = 7\,cm$
c) $c = 6\,cm$; $b = 5\,cm$; $\beta = 60°$

16 Wie lang ist der See?

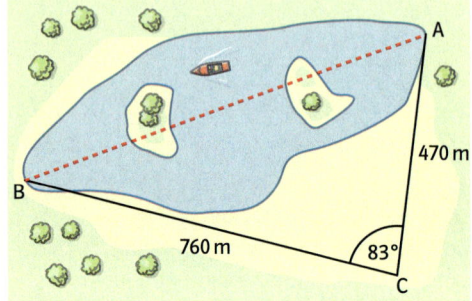

17 In einem Dreieck beträgt ein Winkel 48°. Wähle die beiden anderen Winkel so, dass das Dreieck
a) spitzwinklig   b) rechtwinklig
c) stumpfwinklig   d) gleichschenklig
e) gleichseitig ist.

Blickpunkt: Glücksspiel

18 In einem Gefäß befinden sich zwei rote und drei blaue Kugeln. Es soll blind gezogen werden.

Franz, Lisa und Piet überlegen, wie viele Kugeln sie aus dem Gefäß ziehen müssen, um ganz sicher von jeder Farbe mindestens eine Kugel zu haben.
Franz sagt: „Es reichen zwei Kugeln."
Lisa sagt: „Es müssen mindestens vier Kugeln sein."
Piet sagt: „Drei Kugeln reichen."
Wer hat recht?
Begründe deine Entscheidung.

19 Benenne die abgebildeten Vierecke.

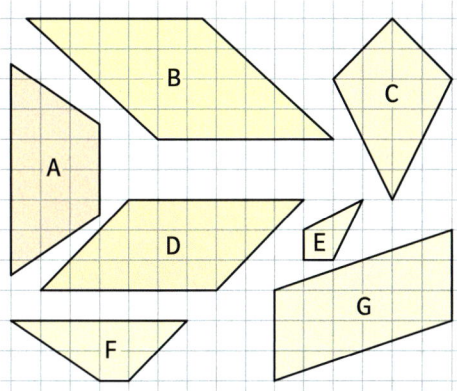

20 In der Figur ist das Rechteck KMOJ versteckt.
Du musst schon genauer hinsehen, um den Drachen EFND zu entdecken.
Suche möglichst viele besondere Vierecke. Notiere die zugehörigen Eckpunkte.

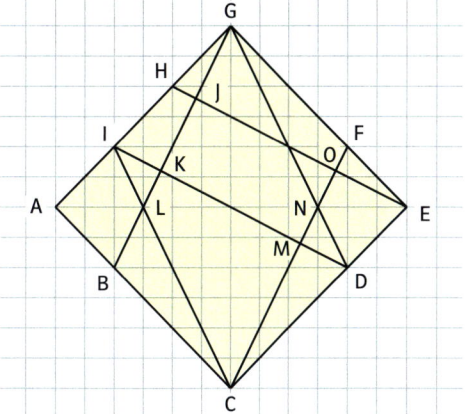

21 Berechne die rot markierten Winkel.

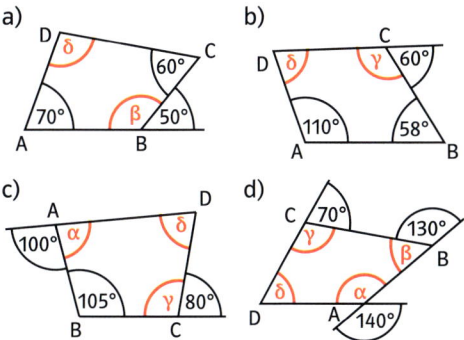

Haus der Vierecke

Die folgende Abbildung wird **Haus der Vierecke** genannt.
Hier sind die Vierecke nach der Anzahl ihrer **Symmetrieachsen** und **Drehwinkel** sortiert.

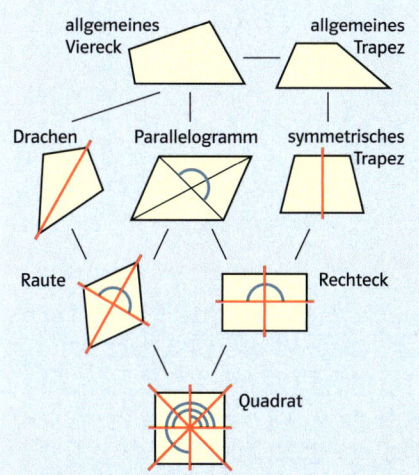

Du kannst die Beziehungen zwischen den Vierecken, die durch eine Linie verbunden sind, ablesen. Dabei hat jedes Viereck auch immer die Eigenschaften der Vierecke, die über ihm stehen.

Beispiele
a) Jedes Quadrat ist eine Raute.
b) Jedes Rechteck ist ein allgemeines Trapez.
c) Wenige Drachen sind Rauten.

22 a) Welche Vierecke haben genau eine Symmetrieachse?
b) Welche Vierecke haben mehrere Symmetrieachsen?
c) Notiere die Namen aller Vierecke, die drehsymmetrisch sind.

23 Notiert mindestens fünf Beziehungen zwischen den Vierecken. Achtet auf die Beispiele oben.

Familie Tosun wird in eine größere Wohnung umziehen. Die Kinder Denise und Mutlu bekommen dann jeweils ein eigenes Zimmer. Die beiden Grundrisse zeigen die Größe und Beschaffenheit der Zimmer.

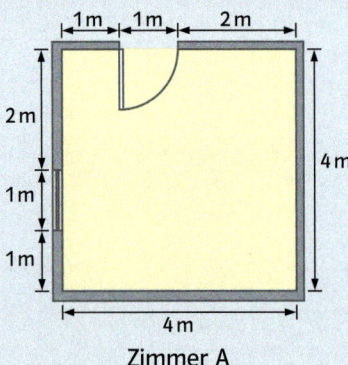

Zimmer A

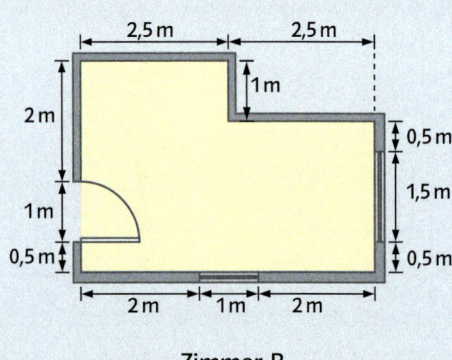

Zimmer B

1 Denise träumt schon lange von einem begehbaren Kleiderschrank. Deshalb möchte sie gerne das größere Zimmer. Für welches Zimmer sollte sie sich entscheiden?

2 Mutlu überlegt, wie er sein Zimmer einrichten soll. Damit er besser planen kann, zeichnet er erst einmal beide Grundrisse ab. Er verwendet dazu den Maßstab 1:20. Zeichne ebenfalls die Grundrisse.

3 Gemeinsam mit Denise zeichnet Mutlu noch kleine Modelle von Möbeln im Maßstab 1:20. Anschließend schneidet er die Teile aus.

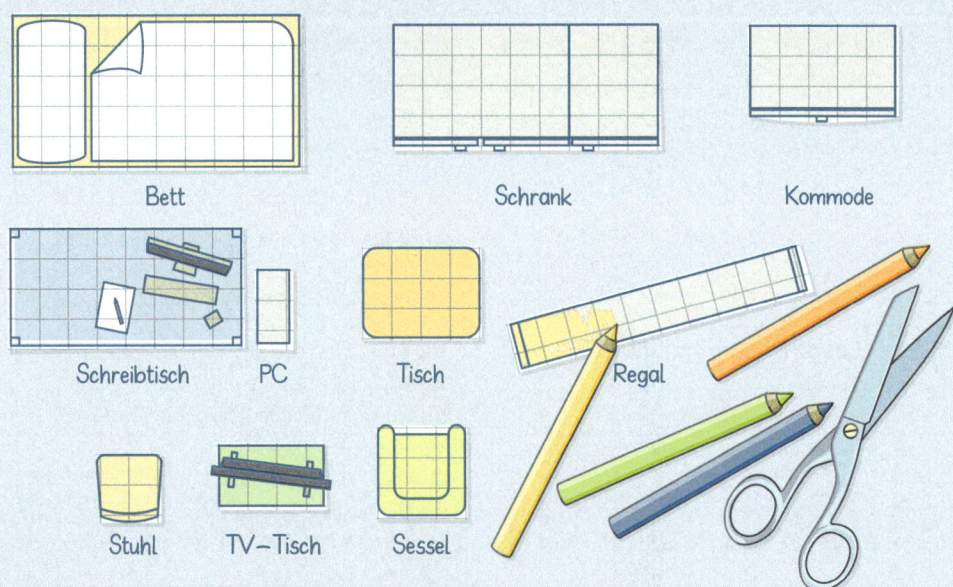

Bett

Schrank

Kommode

Schreibtisch PC

Tisch

Regal

Stuhl TV-Tisch Sessel

a) Fertige dir ebenfalls Möbelteile aus Papier an.
b) Jetzt beginnt das Einrichten. Lege deine ausgeschnittenen Möbelteile auf die Grundrisse von Aufgabe 2. Wie sieht dein Wunschzimmer aus?
c) 👥 Vergleiche dein Ergebnis mit deiner Partnerin oder deinem Partner. Erklärt euch gegenseitig, warum ihr die Möbel so aufgestellt habt.

1 Zeichne je einen Winkel mit
35°; 105° und 180°.
Welche Winkelarten erkennst du?

2 Berechne den fehlenden Winkel im
Dreieck.

	α	β	γ
a)	30°	80°	◼
b)	◼	70°	90°
c)	110°	◼	20°

3 Konstruiere das Dreieck ABC.
a) a = 8,5 cm; b = 6 cm; c = 4,5 cm
b) b = 7,5 cm; c = 6 cm; α = 27°
c) c = 5 cm; α = 78°; β = 59°

4 Übertrage die Punkte in dein Heft.
Ergänze zu einem Parallelogramm.

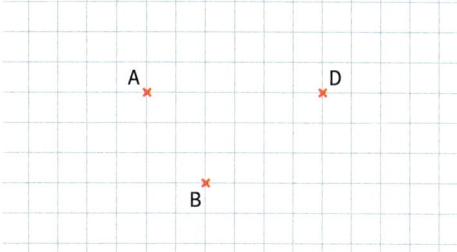

5 Berechne den Winkel α des
allgemeinen Vierecks ABCD.

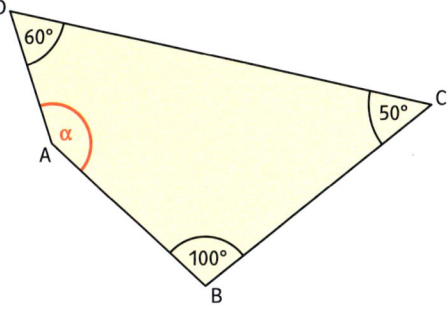

1 Zeichne
a) die Hälfte eines rechten Winkels.
b) zwei Drittel eines gestreckten Winkels.
c) ein Sechstel eines vollen Winkels.

2 Berechne die fehlenden Winkel.
a) Dreieck ABC mit β = 40° und γ = 70°
b) gleichschenkliges Dreieck ABC mit der
Basis c und γ = 70°
c) gleichschenkliges Dreieck ABC mit der
Basis a und β = 30°

3 Warum gibt es kein Dreieck,
a) das zwei rechte Winkel hat?
b) bei dem eine Seite länger als die
Summe der beiden anderen ist?

4 Übertrage die Punkte in dein Heft.
Ergänze zu einem Parallelogramm.

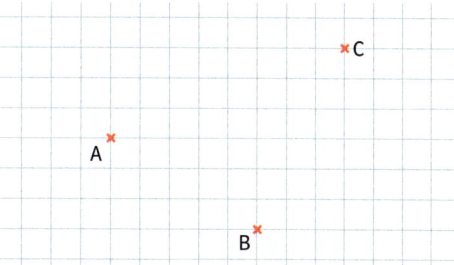

5 Berechne den Winkel α des
Parallelogramms ABCD.

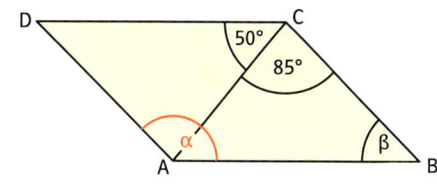

→ Die Lösungen findest du auf Seite 177.

Standpunkt

Online-Link
zum Standpunkt
742431-0981

Wo stehe ich?

Ich kann ...

	gut	weniger gut	etwas	nicht mehr	Lerntipp!
1 mit Fachbegriffen wie addieren, multiplizieren, ... umgehen.	☐	☐	☐	☐	→ Seite 164
2 rationale Zahlen addieren.	☐	☐	☐	☐	→ Seite 12; 18
3 rationale Zahlen subtrahieren.	☐	☐	☐	☐	→ Seite 12; 18
4 rationale Zahlen multiplizieren.	☐	☐	☐	☐	→ Seite 13; 19
5 rationale Zahlen durch eine natürliche Zahl dividieren.	☐	☐	☐	☐	→ Seite 15; 20
6 positive und negative Zahlen addieren und subtrahieren.	☐	☐	☐	☐	→ Seite 63 – 66
7 in Aufgaben die Regel „Punktrechnung vor Strichrechnung" beachten.	☐	☐	☐	☐	→ Seite 166
8 Klammerregeln beachten.	☐	☐	☐	☐	→ Seite 166

Überprüfe deine Einschätzung.

1 Ordne jedem Begriff den richtigen Rechenausdruck zu.

a) Addition $12 - 4$
    Subtraktion $12 \cdot 4$
    Multiplikation $12 : 4$
    Division $12 + 4$

b) Summe $123 \cdot 24$
    Differenz $123 - 24$
    Produkt $123 + 24$

c) das Vierfache   ■ $: 4$
    der vierte Teil   ■ $- 4$
    vermindert um 4 $4 \cdot$ ■

2 Addiere.
a) $357 + 79$ b) $658 + 345$
c) $4{,}02 + 12{,}25$ d) $1{,}95 + 0{,}34$

3 Subtrahiere.
a) $346 - 135$ b) $514 - 89$
c) $10{,}82 - 7{,}35$ d) $91{,}5 - 15{,}22$

4 Multipliziere.
a) $34 \cdot 42$ b) $153 \cdot 24$
c) $4{,}3 \cdot 14$ d) $12{,}5 \cdot 2{,}5$

5 Dividiere.
a) $156 : 6$ b) $325 : 25$
c) $64{,}8 : 4$ d) $12 : \frac{1}{2}$

6 Berechne.
a) $-3 + 9 - 2$ b) $8 - 4 - 7$
c) $-25 - 10 + 11$ d) $45 - 50 + 9$
e) $3{,}5 - 2 - 4$ f) $-\frac{1}{2} + 12 - 9$

7 Berechne.
a) $12 \cdot 5 + 4$ b) $6 + 5 \cdot 7$
c) $24 - 8 : 4$ d) $30 + 24 - 10 \cdot 5$
e) $56 : 7 \cdot 2 + 4$ f) $19 \cdot 2 - 6 \cdot 3$

8 Beachte die Klammern.
a) $3 \cdot (7 + 16)$
b) $(28 + 17) : 9$
c) $24 : (8 + 4)$
d) $33 - (20 + 3)$
e) $(7 + 34) - (14 + 18)$
f) $(4 + 9) \cdot (8 - 4)$

→ Die Lösungen findest du auf Seite 178.

Man muss nicht immer zählen

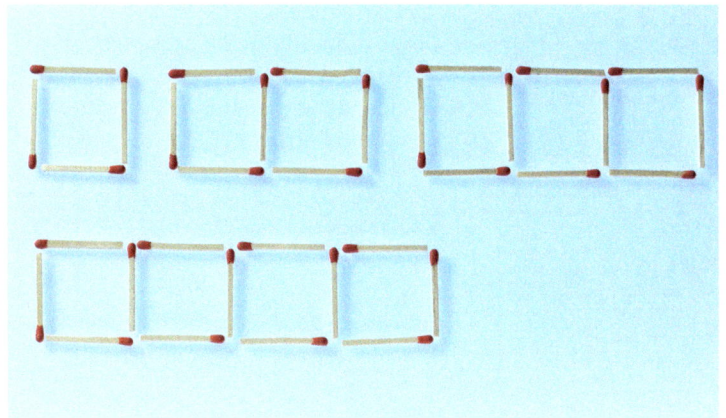

Streichholzketten

Lege Streichhölzer so aneinander, dass eine Kette zusammenhängender Quadrate entsteht.

Aus der Anzahl der Quadrate kannst du die Zahl der benötigten Streichhölzer systematisch ermitteln.

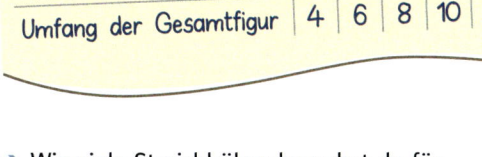

Anzahl der Quadrate	1	2	3	4	...
Anzahl der Streichhölzer	4	7	10	13	...
Umfang der Gesamtfigur	4	6	8	10	...

→ Wie viele Streichhölzer brauchst du für 10 Quadrate, wie viele für 100 Quadrate? Wie viele Streichhölzer brauchst du für deren Umfang?
→ Wie viele Quadrate könntest du mit 400 Streichhölzern aneinanderlegen?

Das lerne ich:

- Wie man Terme aufstellt – mit und ohne Variablen,
- wie man Terme vereinfacht,
- wie man Termwerte berechnet,
- wie man Gleichungen aufstellt,
- wie man Gleichungen durch Probieren lösen kann,
- wie man Gleichungen durch Umformen lösen kann.

1 Terme und Variablen

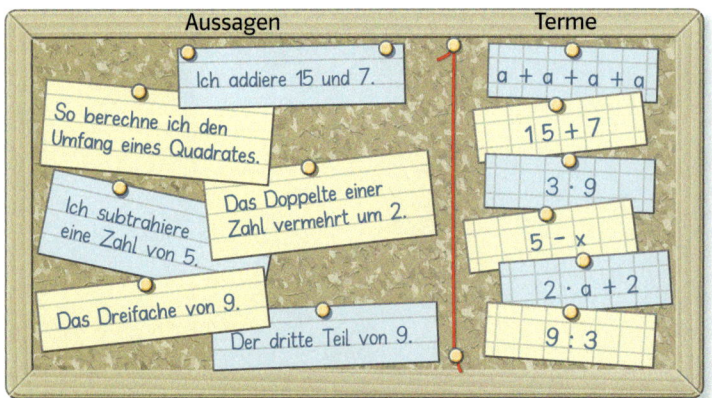

Eine Aussage und ein Term gehören jeweils zusammen.
→ Ordne jedem Term die passende Aussage zu.
→ Erfinde weitere Paare. Deine Partnerin oder dein Partner soll sie zuordnen.

Lerntipp!

Auch eine Zahl, Größe oder Variable allein ist ein Term.

Rechenausdrücke wie $5 + 12$; $4 \cdot 20$; $56 : 7$; $0,60 \cdot x$; $2a - 2b$; … nennt man in der Mathematik **Terme**.
Für unbekannte Zahlen oder Größen werden Symbole verwendet.
Meist sind dies Buchstaben. Man nennt sie Platzhalter oder **Variablen**.
Ersetzt man die Variablen durch Zahlen, kann man den **Wert des Terms berechnen**.

Beispiele

a) Der Umfang eines Quadrates kann mit folgenden Termen beschrieben werden:
$a + a + a + a$ oder $4 \cdot a$

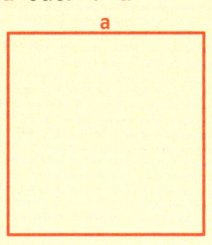

b) Setze in den Term $x - 12$ für die Variable x die Zahlen 16 und 18 ein.

x	x − 12	Wert des Terms
16	**16** − 12	4
18	**18** − 12	6

1

Bilde mit den abgebildeten Kärtchen Terme. Schreibe die Terme in dein Heft.

a) Bilde Summen als Terme.
b) Bilde Differenzen.
c) Bilde Produkte.
d) Bilde Terme und verwende dabei alle Kärtchen.

2 👥 Ordnet jedem Term den passenden Satz zu und erklärt euch gegenseitig, wofür die Variable steht.

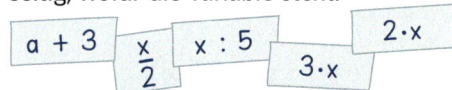

a) Der Gewinn wird an 5 Kinder verteilt.
b) Pablo kauft eine CD zum halben Preis.
c) Maria denkt sich eine Zahl und multipliziert sie mit 3.
d) Ina ist umgezogen. Nun ist ihr Schulweg doppelt so lang.
e) Eine Zahl vermehrt um 3.

3 👥 Erzählt eine Geschichte zum Term.
a) 2,50 € · 4 + 6,25 €
b) 0,7 l + 1,5 l + 2 · 5 l
c) (9,5 kg + 0,2 kg + 1,2 kg) · 2

4 👥 Übersetzt die Terme in Sätze.

Beispiel: x : 4 + 2
Dividiere eine Zahl durch vier und addiere zwei.

a) 4 · x   b) 17 − x
c) 3 · y − 10   d) x : 3 − 10
e) 3 + x · 5   f) $\frac{x}{2}$ + 10

5 Schreibe die Sätze ins Heft. Ersetze die Variable so, dass der Satz stimmt.
a) x ist ein Teiler von 24.
b) s ist das Fünffache von 15.
c) a ist die kleinste Primzahl.
d) y ist die größte zweistellige Zahl.

6 Setze für die Variable x jeweils die Zahl ein und berechne den Termwert. Vervollständige dazu die Tabelle im Heft.

x	0	3	6	15
2 · x + 1	1	7	13	31
21 − x	■	■	■	■
x + 1,5	■	■	■	■
3 · x + 2	■	■	■	■
(x + 5) · 2	■	■	■	■
x + 10 · 2	■	■	■	■
(x + 2) : 2	■	■	■	■

7 Welcher Wert wurde jeweils für die Variable x gewählt?

x	x + 9
■	20
■	44
■	9
■	9,5
■	52,5

8 Wie kann der Term heißen?

x	Wert des Terms
2	5
3	6
4	7
8	11
12	15

9 Schreibe die Terme in Kurzform.
a) 3 · x   b) 8 · x   c) 1 · x
d) 2 · x + 8   e) 7 · x − 3,5   f) 3 · x − 4
g) 6 + 3 · x   h) (6 + 3) · x   i) 3 · x + 4 · 5

10 Ordne jedem Term eine Figur für die Umfangsberechnung zu.

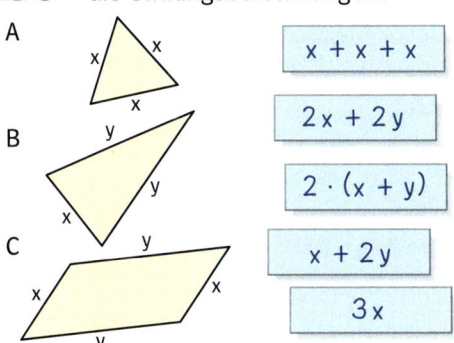

11 Stelle für die Gesamtlänge der Linie einen Term auf.

a)

b)

Online-Link
zu den Aufgaben 6 und 7
742431-1011

Lerntipp!
*Variablen sinnvoll wählen! Zum Beispiel **k** für die **k**urze Strecke und **l** für die **l**ange Strecke.*

12 a) Stelle den Term für den Umfang der Figur auf.

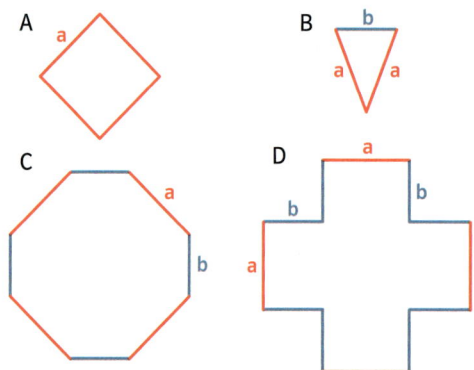

A

B

C

D

b) Berechne jeweils den Umfang für
a = 6 cm; b = 4 cm und
a = 2,5 cm; b = 1,6 cm.

13 Setze für x die Zahl 4 ein und berechne den Wert der Terme. Worauf musst du beim Rechnen achten?
a) $3 + 12x$ b) $12 \cdot (3 + x)$
c) $5x - 3$ d) $5 \cdot (x - 3)$
e) $4 : (x - 1)$ f) $4 : x - 1$
g) $2x + 2 \cdot (x + 4)$ h) $(2x + 2x) + 4$

14 Berechne den Wert der Terme.
a) $2 \cdot (x - 1) + 3x$ für x = 3
b) $1 + 5x - 3x$ für x = 6
c) $3 \cdot (x - 2) + 2 \cdot (x + 4)$ für x = 4
d) $3x + (4 - 5x)$ für x = 2
e) $-10 + 9x + 1$ für x = 1
f) $\left(\frac{1}{2}x + 2 \cdot \frac{1}{4}x\right) - x$ für x = 4

15 Sven möchte für seine Modelleisenbahn einen neuen Zug kaufen.

a) Er möchte einen Zug mit 8 Waggons kaufen. Berechne den Gesamtpreis.
b) Stelle einen Term auf, mit dem Sven den Gesamtpreis für Züge unterschiedlicher Länge berechnen kann.

16 a) Berechne den Preis der Taxifahrt. Die Strecke beträgt 35 km.

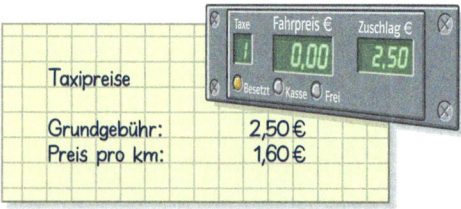

Taxipreise	
Grundgebühr:	2,50 €
Preis pro km:	1,60 €

b) Stelle einen Term auf, mit dem du den Preis für Fahrten mit x km berechnen kannst.

17 In Dortmund ist die Ausstellung „Die Wikinger" zu sehen.

Die
Wikinger
Geniale
Schiffsbauer,
einfache Bauern.

Eintrittspreis
3,00 € pro Person
Führungen 25,00 € extra

a) Mit welchem Term kann man die Gesamtkosten für die Führung einer Gruppe mit x Teilnehmern berechnen?
b) Berechne in deinem Heft den Gesamtpreis für Gruppen mit 12; 18; 21 und 30 Teilnehmern.
c) Berechne den Preis für deine Klasse.

18 Max möchte für seine Geburtstagsfeier Getränke einkaufen.

x Flaschen Apfelsaft zu je 1,10 €
y Flaschen Limonade zu je 0,60 €
z Flaschen Orangensaft zu je 1,50 €

a) Stelle einen Term auf für die Gesamtkosten seines Einkaufs.
b) Berechne den Preis für 8 Flaschen Apfelsaft, 12 Flaschen Limonade und 6 Flaschen Orangensaft.
c) Max hat 20 € zur Verfügung. Welche Einkaufsmöglichkeiten hat er? Erstelle eine Tabelle.

2 Terme vereinfachen

Für den Bausatz der Modellrennbahn gibt es eine Grundausstattung an Fahrbahnstücken.

→ Drücke die Länge jeder der abgebildeten Rennstrecken mithilfe eines Terms aus. Dieser soll die Variablen l, k und b enthalten. Vergleicht eure Terme.
→ Berechne die Längen der drei Strecken.
→ Entwirf eine Rennstrecke aus den Fahrbahnstücken und beschreibe ihren Aufbau mit einem Term.

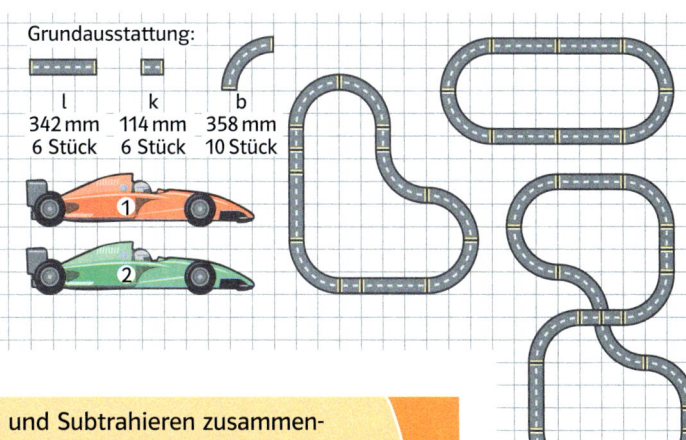

Grundausstattung:

l	k	b
342 mm	114 mm	358 mm
6 Stück	6 Stück	10 Stück

Gleichartige Terme lassen sich durch Addieren und Subtrahieren zusammenfassen, verschiedenartige dagegen nicht. Dabei gelten die bisher bekannten Rechengesetze.

$$x + x + x + x = 4x$$

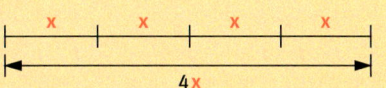

In manchen Termen lassen sich die Summanden vor dem Zusammenfassen ordnen. Dazu wendet man das Vertauschungsgesetz an:

$$x + y + x + y + x = x + x + x + y + y = 3x + 2y$$

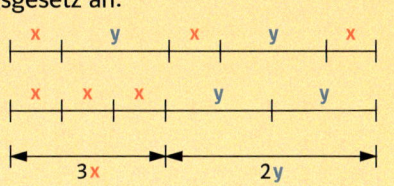

Lerntipp!

$3x$ und $5x$ sind gleichartig, $3x$ und $3y$ nicht.

Beispiele

a) $a + a + a = 3a$
$3x + 5x = 8x$
$7x - 3x = 4x$
$a + a - a - a = 0$

b) $2a - 2b + 2a + 2b = 4a$
$3a + 4a - 5b = 7a - 5b$
$4x - a + 3x = 4x + 3x - a = 7x - a$
$3x + 7 - 2x + 3 - x = 10$

1 Fasse zusammen.

a) $a + a + a + a$
b) $x + x$
c) $y + y + y$
d) $z + z + z + z + z$
e) $b + b + b + b + b$
f) $c + c + c + c$
g) $a + b + b + a - b$
h) $x - x + y + y - y$

2 Addiere.

a) $3a + 4a + 2a$
b) $5f + 3f + 2f$
c) $7m + 3m + 4m$
d) $10d + 2d + 6d$
e) $11n + 12n + 20n$
f) $8x + 16x + 9x$
g) $12r + r + 13r$
h) $25p + 17p + p$

3 Addiere oder subtrahiere.

a) $4x - x$
b) $y + 5y$
c) $-s + 3s$
d) $9t - t$
e) $25r - r - r$
f) $7g - g$
g) $-13h + h$
h) $z - z + y$

4 Fasse zusammen.

a) $3p + 5p + 11q$
b) $12a - 6a + 5b$
c) $17r + 10s - 3r$
d) $19z - 3y - 14z$
e) $16p + 8t - 9p$
f) $26y - 13z + 42z$
g) $18x - 12 - 11x$
h) $29b + 13b - 13$

5 Welche Terme sind gleich?

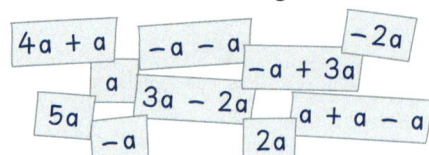

$4a + a$ $-a - a$ $-2a$
a $-a + 3a$
$5a$ $3a - 2a$ $a + a - a$
$-a$ $2a$

6 Achte auf gleichartige Summanden.
a) $46m + 2m + 46$ b) $46m + 2 + 46$
c) $46m + m - 46$ d) $46m - 46 - m$
e) $-46m + m + 46$ f) $-46m + 46m - 2$
g) $46 - 2m + 46m$ h) $46m - 46m - 2m$

7 Berechne die Summen und Differenzen in deinem Heft.

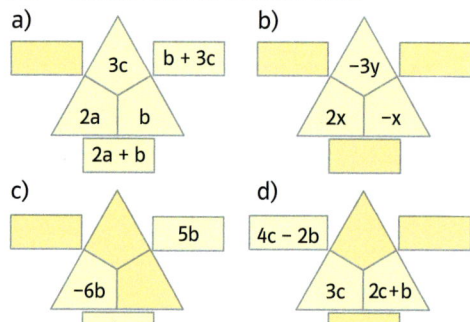

a)
$3c$ $b + 3c$
$2a$ b
$2a + b$

b)
$-3y$
$2x$ $-x$

c)
$5b$
$-6b$
b

d)
$4c - 2b$
$3c$ $2c+b$

8 Ergänze.
a) $36a + 10a - \blacksquare = 20a$
b) $41c + \blacksquare - 17c = 30c$
c) $\blacksquare + 28g - 17g = 55g$
d) $44e - \blacksquare + 12e = 19e$
e) $46f - 18f - \blacksquare = 19f$
f) $12b - \blacksquare - 15b = -10b$

9 Ergänze. Gib zwei Möglichkeiten an.

Beispiel: $\blacksquare - \blacksquare = 5a$
$9a - 4a = 5a$ oder
$25a - 20a = 5a$

a) $\blacksquare + \blacksquare = 4a$
b) $\blacksquare + \blacksquare + \blacksquare = 8a$
c) $\blacksquare + \blacksquare - \blacksquare = 10a$
d) $\blacksquare - \blacksquare = -5a$
e) $\blacksquare + \blacksquare - \blacksquare = 0$
f) $-\blacksquare + \blacksquare - \blacksquare = -a$

10 Welche Terme können nicht vereinfacht werden? Begründe.
a) $5x + x$ b) $5x + 1$
c) $5 + x$ d) $4a - 4b$
e) $c + c + c + 3$ f) $3c - c$
g) $2a + 3a - 4x$ h) $-3x + 3x$
i) $-7 + 7a$ j) $a + b + c$

Term-Bausteine

11 Nachbarsteine werden addiert.

a)
$2x$
x x x

b)
$2x + 5y$
$x + 2y$
$x + y$

c)
$8n + 12$
$4n + 8$
$2n + 3$
$n + 3$

12 a) Erkennst du eine Regel für die Summe im oberen Stein?

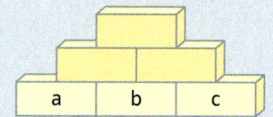

a b c

b) Erkennst du eine Regel auch für vierstufige Steinmauern?

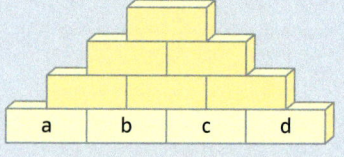

a b c d

Terme multiplizieren und dividieren

Auch bei Punktrechnungen lassen sich Terme vereinfachen.

Multiplizieren: Das Produkt der Zahlen wird berechnet. Die Variablen werden als Faktor beibehalten.

Dividieren: Der Quotient der Zahlen wird berechnet. Die Variablen werden beibehalten.

Lerntipp!

Für Produkte gelten das Kommutativgesetz und das Assoziativgesetz. Lies nach auf Seite 166.

Beispiele

$2 \cdot 6x = 2 \cdot 6 \cdot x = 12x$
$5 \cdot y \cdot 4 = 5 \cdot 4 \cdot y = 20y$

$6 \cdot x : 3 = 6 : 3 \cdot x = 2x$
$4ab : 2 = 4 : 2 \cdot a \cdot b = 2ab$

13 Multipliziere im Kopf.

a) $3 \cdot 2x$
   $4 \cdot 3x$
   $1,5 \cdot 4x$

b) $6 \cdot 4a$
   $3 \cdot 8a$
   $4 \cdot 2,5a$

c) $7 \cdot 2w$
   $8 \cdot 4t$
   $10 \cdot 3u$

d) $3c \cdot 8$
   $5f \cdot 9$
   $4g \cdot 7$

e) $11t \cdot 5$
   $12s \cdot 7$
   $9r \cdot 13$

f) $15y \cdot 4$
   $16m \cdot 8$
   $18p \cdot 6$

14 Dividiere im Kopf.

a) $12x : 4$
b) $56s : 8$
c) $9a : 2$
d) $25b : 10$
e) $6x : 3$
f) $2ab : 4$
g) $12b : 12$
h) $42ab : 6$
i) $200xy : 25$

15 Vereinfache.

a) $6x \cdot 7$
b) $4a \cdot 9$
c) $2 \cdot 13z$
d) $12 \cdot b \cdot 2$
e) $3y \cdot 4 \cdot 2$
f) $4c \cdot 6 \cdot 1$
g) $4 \cdot 2c \cdot 4$
h) $10 \cdot 6 \cdot 4v$

16 Vereinfache. Beachte Punkt- vor Strichrechnung.

a) $2x \cdot 4 + 3x$
b) $2 \cdot 3x - 5x$
c) $8a - 2 \cdot 3a$
d) $6x \cdot 4 - 3x$
e) $10x : 5 + 10x$
f) $12a - 10a : 2$

17 Ergänze im Heft.

a) $2x \cdot \blacksquare = 12x$
b) $a \cdot \blacksquare = 10a$
c) $\blacksquare \cdot 2,5a = 10a$
d) $\blacksquare \cdot 2a = 10a$

18 Stelle für die Gesamtlänge der Linie einen Term auf und fasse ihn so weit wie möglich zusammen.

19 Übertrage ins Heft und fülle die Leerstellen aus.

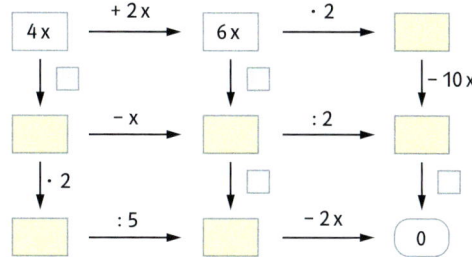

20 a) Stelle einen Term für die Umfangsberechnung auf und vereinfache ihn.
b) Berechne den Umfang für $a = 3,5\,cm$ und $b = 2\,cm$.

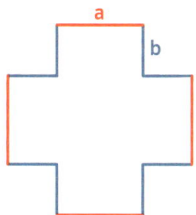

21 Das Paket wird verschnürt. Für die Verknotung werden weitere $20\,cm$ Schnur benötigt.

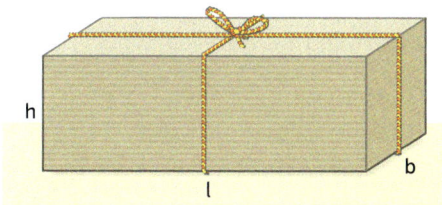

a) Notiere einen Term für die Gesamtlänge der Schnur und vereinfache ihn.
b) Berechne die Länge der Schnur für $h = 20\,cm$; $b = 15\,cm$ und $l = 50\,cm$.

3 Gleichungen lösen durch Probieren

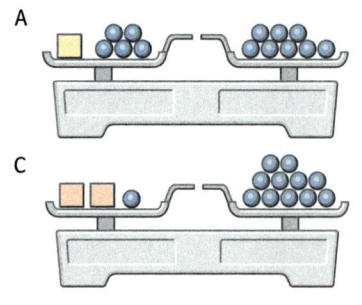

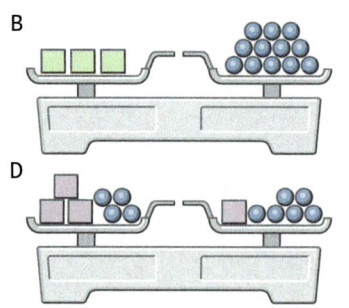

Die Waagen sind im Gleichgewicht, wenn die Gegenstände auf beiden Seiten gleich schwer sind.

→ Wie viele Kugeln wiegen genauso viel wie ein Würfel? Erkläre, wie du vorgegangen bist.

→ Schreibe für jede Waage zwei Terme auf und verbinde sie mit einem Gleichheitszeichen. Wähle die Variable w für das Gewicht eines Würfels und k für das Gewicht einer Kugel.

Eine **Gleichung** besteht aus zwei Termen, die durch ein Gleichheitszeichen miteinander verbunden sind.
Gleichungen lösen heißt, für die Variable die Zahl zu finden, die beide Terme der Gleichung zu demselben Wert führt.

Beispiele
a) $2 \cdot x = 9$ ist eine Gleichung.
   $5 \cdot \blacksquare = 20$ ist eine Gleichung.
   $9 \cdot x - 5 = 40$ ist eine Gleichung.
   $y = \frac{1}{3}$ ist eine Gleichung.

b) Einfache Gleichungen kannst du im Kopf lösen:

$x + 6 = 15$	$12 - y = 5$	$a \cdot 5 = 60$
$x = 9$	$y = 7$	$a = 12$

c) Lösen einer Gleichung durch systematisches Probieren:

Gleichung: $9x + 2 = 29$

x	$9 \cdot \mathbf{x} + 2$
1	$9 \cdot \mathbf{1} + 2 = 11$
2	$9 \cdot \mathbf{2} + 2 = 20$
3	$9 \cdot \mathbf{3} + 2 = 29$

Die gesuchte Zahl ist 3.

Gleichung: $x \cdot 4 - 8 = 32$

x	$\mathbf{x} \cdot 4 - 8$
	…
8	$\mathbf{8} \cdot 4 - 8 < 32$
12	$\mathbf{12} \cdot 4 - 8 > 32$
10	$\mathbf{10} \cdot 4 - 8 = 32$

Die gesuchte Zahl ist 10.

Online-Link
Gleichungen am PC lösen
742431-1061

1 Drücke das Gewicht eines Würfels durch das Gewicht von Kugeln aus.
a)   b)

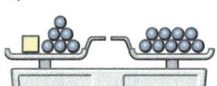

2 Löse die Gleichung durch Probieren.
a) $6x = 42$ b) $2s + 2 = 10$
c) $8z - 6 = 34$ d) $55 - 2a = 47$

3 Wie heißt die Zahl? Notiere eine Gleichung und löse sie durch Probieren.
a) Das Fünffache einer Zahl ist 35.
b) Eine Zahl vermehrt um 13 ist 21.
c) Die Summe aus einer Zahl und 7 ergibt 10.
d) Der vierte Teil einer Zahl ist 5.
e) Subtrahiert man von einer Zahl 6, erhält man 7.
f) Dividiert man eine Zahl durch 12, erhält man 3.

4 Das Mobile ist im Gleichgewicht. Wie viele runde Plättchen sind jeweils genauso schwer wie ein quadratisches Plättchen?
Stelle eine Gleichung auf.

a) b)

c)

d)

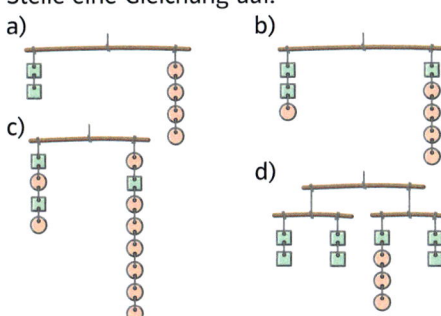

5 Löse die Gleichung im Kopf.

a) $17 + x = 34$ b) $x + 15 = 16$
c) $y - 12 = 29$ d) $17 - y = 1$
e) $3 \cdot z = 39$ f) $16 = z \cdot 4$
g) $m : 3 = 15$ h) $42 = m : 2$
i) $7 + 2 \cdot x = 37$ j) $3 \cdot x - 7 = 20$
k) $6 = 12 - 3 \cdot x$ l) $18 - 2 \cdot x = 15 + x$

6 Übertrage die Tabelle ins Heft und bestimme mit ihrer Hilfe die Lösung der Gleichung.

a)

x	$15 \cdot x = 90$
0	■
1	■
...	■

b)

x	$3 \cdot x - 2 = 7$
0	■
1	■
...	■

c)

x	$2 \cdot x + 2 = 18$
0	■
1	■
...	■

d)

y	$88 + 8 \cdot y = 30 \cdot y$
0	■
1	■
...	■

7 Ordne die Lösung zu.

a) $3x = 24$ $x = 1$
b) $x : 11 = 3$ $x = 12$
c) $12 + x = 24$ $x = 8$
d) $7x + 4 = 39$ $x = 33$
e) $42 = 3x + 6$ $x = 7$
f) $12 = 18x - 6$ $x = 12$
g) $3x + 6 = 6$ $x = 3$
h) $42 : x = 6$ $x = 5$
i) $3 \cdot x \cdot 5 - 7 = 38$ $x = 0$

8 Löse die Gleichung durch Probieren.

a) $4 \cdot x - 12 = 8$ b) $12x + 8 = 20$
c) $x : 8 = 7$ d) $30 - 2 \cdot x = 20$
e) $3 + 12x = 3$ f) $25 = 2 \cdot x - 5$
g) $6 = x : 3$ h) $125 : x = 25$
i) $4 + 5x = 14$ j) $3x + 2x = 5$

9 Wer hat die Scheibe eingeschossen?

Wenn man die Trikotnummer des Unglücksschützen verdoppelt und dann 7 subtrahiert, erhält man 9.

10 In einem Rätselheft steht folgende Aufgabe:
Denke dir eine Zahl. Verdopple sie und multipliziere das Ergebnis mit 5, dann addiere 4. Nenne mir das Ergebnis und ich verrate dir deine Zahl.
Finde den „Rechentrick" und erkläre ihn.

11 Jede Figur hat einen Umfang von 56 cm. Stelle eine Gleichung auf und ermittle x.

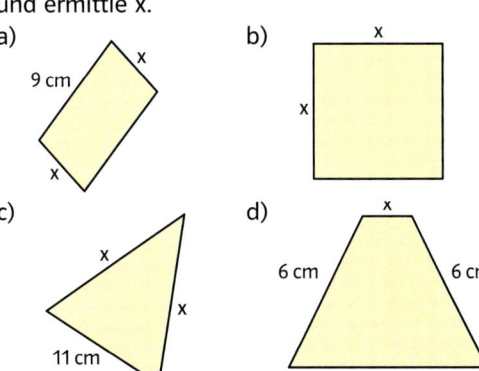

4 Gleichungen lösen durch Umformen

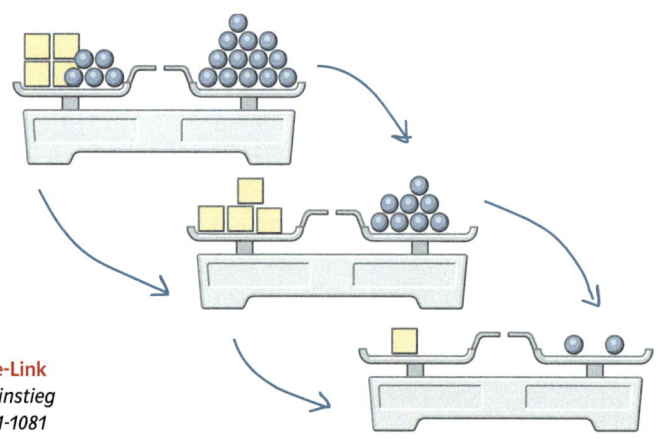

Wie viele Kugeln wiegen so viel wie ein Würfel? Julia behauptet, dass sie das Ergebnis findet, wenn sie auf beiden Seiten der Waage die gleiche Veränderung vornimmt.

→ Julia schreibt zum ersten Bild die Gleichung $4x + 5 = 13$ auf. Erkläre.
→ Welche Rechenoperation hat sie bei der ersten Veränderung auf beiden Seiten der Gleichung durchgeführt, welche bei der zweiten?

Online-Link
zum Einstieg
742431-1081

Um eine **Gleichung zu lösen**, wird sie umgeformt, bis die Variable auf einer Seite allein steht. Dabei darf man:
- auf beiden Seiten der Gleichung dieselbe Zahl addieren oder subtrahieren,
- beide Seiten der Gleichung mit derselben Zahl (außer Null) multiplizieren oder dividieren.

Mithilfe der **Probe** wird kontrolliert, ob das Ergebnis richtig ist.

Beispiele

a)
$$3 \cdot x - 6 = 15$$
$$+6 \quad 3 \cdot x - 6 + 6 = 15 + 6 \quad +6$$
$$3 \cdot x = 21$$
$$:3 \quad 3 \cdot x : 3 = 21 : 3 \quad :3$$
$$x = 7$$

b)
$$10 + 2x = 18$$
$$-10 \quad 10 + 2x - 10 = 18 - 10 \quad -10$$
$$2x = 8$$
$$:2 \quad 2x : 2 = 8 : 2 \quad :2$$
$$x = 4$$

Probe:
$$3 \cdot x - 6 = 15$$
$$3 \cdot 7 - 6 = 15$$
$$15 = 15$$

Probe:
$$10 + 2 \cdot x = 18$$
$$10 + 2 \cdot 4 = 18$$
$$18 = 18$$

Lerntipp!
Mit der Probe wird kontrolliert, ob man richtig gerechnet hat.

1 Löse durch Umformen.

a) $x + 6 = 8$ b) $x + 2 = -5$
c) $x + 5 = 0$ d) $x - 4 = -3$
e) $9 \cdot x = 54$ f) $12 \cdot x = -72$

2 Welche Veränderung wurde vorgenommen?

a) $2x + 2 = 8$
      $2x = \blacksquare$
b) $10 + x = 15$
      $x = \blacksquare$
c) $11 + 4x = -1$
      $4x = \blacksquare$
d) $x - 7 = 0$
      $x = \blacksquare$
e) $6x = -18$
      $x = \blacksquare$
f) $0,5x = -2,5$
      $x = \blacksquare$

3 Jonas und Laura haben gleich viele Murmeln. In jedem Becher ist die gleiche Anzahl Murmeln.
Wie viele Murmeln sind im Becher?

4 Beachte den Unterschied zwischen Produkt und Summe.

Beispiel:

$: 2 \overset{\curvearrowright}{\underset{\curvearrowright}{\left(\begin{array}{c} 2x = 6 \\ x = 3 \end{array}\right)}} : 2$ und $-2 \overset{\curvearrowright}{\underset{\curvearrowright}{\left(\begin{array}{c} 6 = 2 + x \\ 4 = x \end{array}\right)}} -2$

a) $8 = 4 \cdot x$ und $8 = 4 + x$
b) $3 \cdot x = -15$ und $3 + x = -15$
c) $x \cdot 12 = 6$ und $x + 12 = 6$
d) $x \cdot 2 = 4$ und $x + 2 = 4$

Bitte merken!

Man muss die Umformung nicht immer durch Pfeile darstellen. Es genügt, wenn die vorgenommene Umformung in kurzer Form hinter einem **Äquivalenzstrich** notiert wird. Beachte die Vorzeichenregeln.

Beispiel

$\begin{aligned} -4x + 3 &= 27 &&| -3 \\ -4x + 3 - 3 &= 27 - 3 \\ -4x &= 24 &&| : (-4) \\ -4x : -4 &= 24 : (-4) \\ x &= -6 \end{aligned}$

Probe: $-4\mathbf{x} + 3 = 27$
$-4 \cdot (\mathbf{-6}) + 3 = 27$
$27 = 27$

5 Löse die Gleichungen wie im Beispiel und führe die Probe durch.

a) $9x + 14 = 23$ b) $12 + 3x = 30$
c) $4 = 5x - 6$ d) $10 - 0,5x = 7$
e) $10 - 4x = -2$ f) $8x - 2 = 54$

6 Hier heißt die Variable nicht immer x. Die Summe aller Lösungen beträgt 162.

a) $z + 18 = 38$ b) $y + 25 = 57$
c) $55 + y = 72$ d) $y - 59 = 12$
e) $26 + z = 33$ f) $39 + w = 44$
g) $a - 9 = 0$ h) $a + 86 = 87$

7 Ergänze so, dass für die Gleichung die unterschiedlichen Lösungen $x = 6$ oder $x = 1$ möglich werden.

a) $8x - \blacksquare = 5$ b) $2x + \blacksquare = 10$
c) $\blacksquare \cdot x + 3 = 33$ d) $\blacksquare + 4x = 10$
e) $15x - \blacksquare = 5x$ f) $6x - \blacksquare = 6 + 3x$

8 Welche Gleichungen haben dieselbe Lösung? Um rasch ans Ziel zu kommen, brauchst du nicht alle Gleichungen umzuformen.

$9x + 1 = 10$
$5x - 12 = 13$
$6x - 8 = 4$
$4x + 8 = 32$
$12x + x = 26$
$x + x - 10 = 0$
$10 + 2x = 22$

9 Fasse zuerst zusammen und löse dann die Gleichung. Vergiss die Probe nicht.

Beispiel:
$\begin{aligned} 18 + 12x - 9x &= 78 \\ 18 + 3x &= 78 &&| -18 \\ 3x &= 60 &&| : 3 \\ x &= 20 \end{aligned}$

Probe:
$18 + 12x - 9x = 78$
$8 + 12 \cdot 20 - 9 \cdot 20 = 78$
$18 + 240 - 180 = 78$
$78 = 78$

a) $12x - 6x = 77 - 17$
b) $8x - 5 - 6x - 3 = -14$
c) $65x - 67 - 45x = 13$
d) $1,5x - 25,5 = -12,5 + 3\frac{1}{2}$

10 Löse die Gleichung und führe die Probe durch. Gehe schrittweise vor.

Beispiel:
$\begin{aligned} 7x + 15 &= 3x + 19 &&| -3x \\ 4x + 15 &= 19 &&| -15 \\ 4x &= 4 &&| : 4 \\ x &= 1 \end{aligned}$

a) $12x - 1 = 7x + 19$
b) $8a - 9 = 11a - 6$
c) $-14 + 2x = 15 - x + 1$
d) $6x - 6 = 6 - 6x$
e) $15 - x = 15 + x$
f) $9z - 6 = 11z - 7$
g) $-2x + 5 = 3x - 15$

Lerntipp!

Du kannst auf beiden Seiten auch Variablen addieren oder subtrahieren.

11 Wie alt ist Silvias Mutter?

In zwei Jahren bin ich dreimal so alt wie du.

Ich bin 12 Jahre alt.

Sachsituationen und Gleichungen

Viele Sachsituationen lassen sich mithilfe von Gleichungen lösen.

Beispiel

In die Klasse 7b gehen 25 Schülerinnen und Schüler. Es sind 5 Mädchen mehr als Jungen.

1. Lies die Aufgabe genau durch und formuliere eine Frage. Manchmal helfen Skizzen.
Wie viele Jungen sind in der Klasse?

2. Kläre, was gegeben und gesucht ist.
Gegeben: 5 Mädchen mehr als Jungen,
             Gesamtzahl 25
Gesucht: Anzahl der Jungen

3. Bestimme, wofür x steht. Finde weitere Informationen, die du als Term schreiben kannst.
x steht für die Anzahl der Jungen
weitere Informationen: (x + 5) ist die Anzahl der Mädchen

4. Stelle die Gleichung auf und führe die Rechnung durch.

$$x + (x + 5) = 25$$
$$2x + 5 = 25 \quad | -5$$
$$2x = 20 \quad | :2$$
$$x = 10$$

5. Mache die Probe.
$10 + (10 + 5) = 25$ Die Probe stimmt.
Anzahl der Jungen: $x = 10$
Anzahl der Mädchen: $x + 5 = 10 + 5 = 15$

6. Formuliere einen Antwortsatz, der zur Frage passt.
Es sind 10 Jungen und 15 Mädchen in der Klasse.

1 Zahlenrätsel

a) Das Vierfache einer Zahl beträgt 96.
b) Vermindert man eine Zahl um 8, erhält man −2.
c) Vermehrt man das Doppelte einer Zahl um 8, erhält man 140.
d) Eine Zahl multipliziert mit 9 ergibt 576.
e) Die Differenz aus dem Vierfachen einer Zahl und 12 ist 12.
f) Addiert man 2 zum Produkt aus einer ungeraden Zahl und 6, erhält man 20.
g) Subtrahiert man vom Produkt aus einer Zahl und 5 das Produkt aus 3 und 9, erhält man 23.

2 Rund ums Geld

a) Jonas stellt die Kosten für die Klassenfahrt zusammen: Das Busunternehmen verlangt 225 €. Aus der Klassenkasse können 150 € genommen werden. Wie viel muss jeder der 25 Schüler bezahlen?
b) Herr Badek bezahlt für einen Laptop und einen Drucker insgesamt 869 €. Der Drucker kostet 780 € weniger als der Laptop. Wie viel kosten die einzelnen Geräte?
c) Elena zahlt für vier neue Sommerreifen 496 € einschließlich 48 € für die Montage. Stelle eine Gleichung auf und berechne den Preis eines Reifens.

3 Geometrische Formen

a) Jede der Figuren A, B, C, D hat einen Umfang von 120 cm. Berechne x.

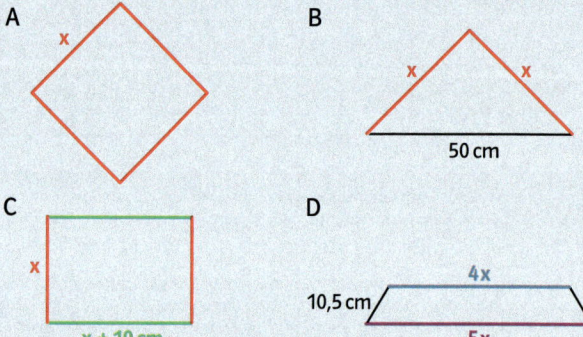

b) Stelle für die Winkelsumme im Dreieck eine Gleichung auf und berechne die Winkel.

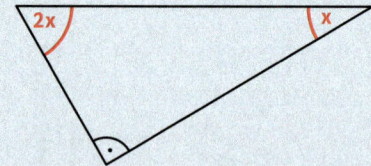

Term

Terme sind **Rechenausdrücke** aus Zahlen, Variablen und Rechenzeichen.

$7 - 10$; $4 \cdot 30$; $\frac{1}{3}$; $2a$; $2 \cdot (8 + 14)$; 5; x

Variable

Für unbekannte Zahlen oder Größen werden Symbole verwendet. Meist sind dies Buchstaben. Man nennt diese Platzhalter **Variablen**.

$4x$; $1,5a$; $2a + 2b$

Wert des Terms

Ersetzt man die Variablen durch Zahlen, kann man den **Wert des Terms** bestimmen.

x	x − 12	Wert des Terms
16	**16** − 12	4
18	**18** − 12	6

Terme addieren und subtrahieren

Gleichartige Terme lassen sich durch Addieren und Subtrahieren zusammenfassen, verschiedenartige nicht. Dabei gelten die bisher bekannten Rechengesetze.

$x + x + 2 \cdot x = 4x$ aber $x + 2 \cdot y = x + 2 \cdot y$
$3a + 1,5a = 4,5a$ aber $3a + 1,5b = 3a + 1,5b$

verkürzte Schreibweise:
$3 \cdot x = 3x \qquad\qquad 1 \cdot x = x$

Terme multiplizieren und dividieren

Multiplizieren: Das Produkt der Zahlen wird berechnet. Die Variablen werden als Faktor beibehalten.
Dividieren: Der Quotient der Zahlen wird berechnet.

$5 \cdot x \cdot 4 = 5 \cdot 4 \cdot x = 20 \cdot x$ oder $4a \cdot 2 = 4 \cdot 2 \cdot a = 8a$

$10 \cdot x : 2 = 10 : 2 \cdot x = 5 \cdot x$ oder $8a : 4 = 2a$

Gleichung

Eine **Gleichung** besteht aus zwei Termen, die durch ein Gleichheitszeichen miteinander verbunden sind.

$3 + 5 = 16 : 2$
$2x - 4 = 10$
$6 + 4a = a + 13$

Gleichungen lösen durch Probieren

Gleichungen lösen heißt, für die Variable die Zahl zu finden, die beide Terme der Gleichung zu demselben Wert führt. Das gelingt oft durch **systematisches Probieren**.

x	$9 \cdot x + 2 = 29$
1	$9 \cdot 1 + 2 = 11$
2	$9 \cdot 2 + 2 = 20$
3	$9 \cdot 3 + 2 = 29$

Die gesuchte Zahl ist 3.

Gleichungen lösen durch Umformen

Um eine Gleichung zu lösen, wird sie **umgeformt**, bis die Variable auf einer Seite alleine steht. Man darf:
• auf beiden Seiten der Gleichung dieselbe Zahl addieren oder subtrahieren,
• beide Seiten der Gleichung mit derselben Zahl (außer Null) multiplizieren oder dividieren.
Mithilfe der Probe wird kontrolliert, ob das Ergebnis richtig ist.

$$9x + 2 = 29 \quad | -2$$
$$9x = 27 \quad | : 9$$
$$x = 3$$

Probe: $9 \cdot x + 2 = 29$
$9 \cdot 3 + 2 = 29$
$29 = 29$

Üben · Anwenden · Nachdenken

1 Vereinfache.

a) $6b + b - 5b$ b) $n + n - 4n$
c) $-2u + 3u - u$ d) $5 - 3x + 2x$
e) $7s - s - 12$ f) $0{,}5y + 4\frac{1}{2}y - 5$

2 Vereinfache.

a) $12x \cdot 3 - 32x$ b) $5x + 2 \cdot 5x$
c) $5a - 12a : 4$ d) $4r : 2r + 3$

3 Ergänze. Gib mindestens zwei Möglichkeiten an.

a) $\blacksquare + \blacksquare - \blacksquare = 10b$
b) $\blacksquare - \blacksquare - \blacksquare = 5x$
c) $\blacksquare - \blacksquare + \blacksquare = 2a - 4$
d) $\blacksquare + \blacksquare + \blacksquare = x + y$

4 Drei Teilaufgaben sind **falsch**. Erklärt, was falsch gemacht wurde.

a) $6x - x = 6$ b) $3x - 5x = -2x$
c) $12z : 2 = 6z$ d) $3r - a = 3ra$
e) $3z \cdot 2 - 5 = 6z - 5$ f) $9u + 12 = 21u$

5 a) Schreibe einen Term für die Länge des Streckenzuges von S nach Z auf.
b) Wie lang ist die Strecke insgesamt?
$a = 4\,m;\ b = 5\,m$

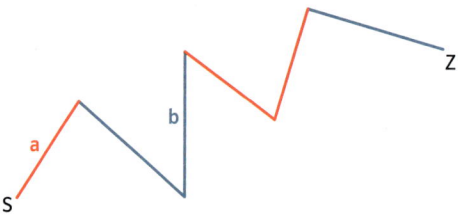

6 Welcher Term gehört zu welchem Kantenmodell?

A
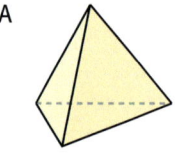

B
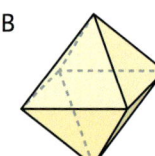

C

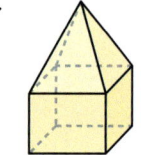

D
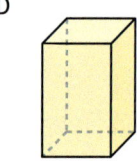

a) $8x + 4y$ b) $6x$
c) $12x$ d) $12x + 4y$

7 Würfelt abwechselnd mit einem Würfel und setzt die Augenzahl in einen der Terme so ein, dass sich eine möglichst große Zahl ergibt. Wichtig ist, dass nach sechs Spielrunden jeder Spieler jeden Term einmal verwendet hat. Die sechs Ergebnisse werden addiert. Gewonnen hat, wer durch geschickte Strategie und etwas Glück die höchste Summe erreicht hat.

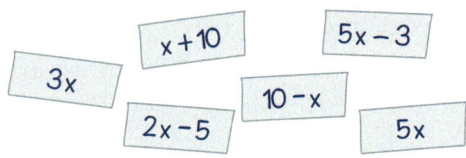

Beispiel:
$2 \cdot \boxdot - 5 = -1$ $\boxdot + 10 = 12$

8 Welcher Text passt zu diesem Term? Begründe deine Entscheidung.

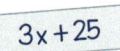
$3x + 25$

a) Chris hat $25\,€$. Sie kauft sich drei Maxi-CDs.
b) Marc hat $25\,€$. Eva hat 3-mal so viel Geld wie Marc.
c) Joschua kauft ein T-Shirt für $25\,€$ und drei Paar Socken.
d) Mara bekommt in drei Monaten jeweils $25\,€$ von ihrer Oma geschenkt.

9 Auf einem Bücherbrett stehen Lexika, Sachbücher und Romane. Insgesamt sind es 39 Bücher. Es sind 6 Sachbücher mehr als Romane und 3 Lexika weniger als Romane.

Sachbücher
$x + 6$

Romane
x

Lexika
$x - 3$

10 Adam Ries (1492–1559) schrieb vor nahezu 500 Jahren das erste deutsche Rechenbuch. Hier eine Aufgabe daraus:
Ein Wanderer trifft auf Schüler und fragt sie: „Wie viele seid ihr in der Schule?" Da antwortet einer von ihnen: „Nimm unsere Anzahl doppelt, multipliziere sie mit drei und dividiere dann durch 4. Rechnest du mich noch hinzu, dann sind es im Ganzen 100."
Wie viele Schüler traf der Wanderer?

11 Löse die Gleichung.
a) $9x + 1 = 10$ b) $9x + 100 = 1000$
c) $5x - 10 = 490$ d) $5x - 1 = 49$
e) $x : 3 = 100$ f) $x \cdot 3 = 111$

12 Haben die Gleichungen die gleiche Lösung?
a) $6x + 15 = 33$ und $6x - 6 = 12$
b) $5x = 20$ und $2x + 12 = 20$
c) $y - 13 = 12$ und $2y = 48$

13 Hier gibt es Auffälligkeiten. Suche Lösungen und erkläre.
a) $1 \cdot x = 1$ b) $1 \cdot x = 0$
c) $2 \cdot x = 2$ d) $0 \cdot x = 0$
e) $2 \cdot x = 0$ f) $0 \cdot x = 1$

14 Stelle die Gleichung auf und löse sie.
a)   b)

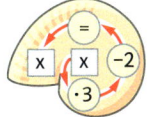   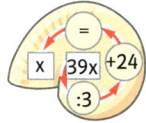

15 Ordne den Gleichungen die richtigen Texte zu. Bei richtiger Reihenfolge ergibt sich ein Lösungswort.

$2x \cdot 4 = 6$ D
$2 + x - 4 = 6$ A
$4 - 2x = 6$ E
$2x - 4 = 6$ L
$2x + 4 = 6$ I
$2 - x + 4 = 6$ F

a) Addiert man zum Doppelten einer Zahl 4, so erhält man 6.
b) Das Doppelte einer Zahl, multipliziert mit 4, ergibt 6.
c) Subtrahiert man von 4 das Doppelte einer Zahl, so erhält man 6.
d) Die Summe aus 2 und einer Zahl, vermindert um 4, ergibt 6.
e) Das Produkt von 2 und einer Zahl, vermindert um 4, ergibt 6.

16 Die Mitglieder der Boygroup Five waren 2006 zusammen 102 Jahre alt. Chrissy und Tony sind beide ein Jahr jünger als Mike. Mike ist vier Jahre jünger als Azzy. DJ ist ein Jahr älter als Azzy. Wie alt waren die einzelnen Mitglieder der Boyband 2006?

17 Erfinde lange Gleichungen.

Beispiel:
$$\cdot 2 \underset{2x = 4}{\overset{x = 2}{\big(}} \cdot 2$$
$$+ 1 \underset{2x + 1 = 5}{\big(} + 1$$

a) $x = 3$ b) $x = 1$ c) $x = -4$
d) $x = -10$ e) $x = 2{,}5$ f) $x = \frac{3}{4}$

18 Wie heißt die Lösung?
a) $12y = 4y + 4$ b) $10y - 31 = 9y$
c) $13y - 80 = -7y$ d) $6y + 45 = -3y$
e) $4x + 1 = 2x + 17$ f) $15x + 4 = 5x - 66$

19 Beim Umformen sind **Fehler** passiert.
a) $3x = 24$ b) $\frac{x}{2} = 8$
    $x = 21$ $x = 4$
c) $x : 9 = 9$ d) $11 = -x$
    $x = 1$ $x - 11 = 0$
e) $-y - 4 = 2y + 4$ f) $\frac{x}{2} - \frac{x}{5} = 3$
    $-y = 2y - 4$ $5x - 2x = 13$
g) $10x + 11 = 7x + 22$ h) $\frac{x}{2} = x + 3$
    $10x = 7x + 33$ $x = 2x + 3$

Eine geschickte Zeichnung hilft dir bei der Lösung von Aufgaben. Die Zeichnung kann dir sogar dabei helfen, eine Gleichung zu finden, weil sie die wichtigsten Informationen der Aufgabe enthält.

Beispiel

In einem Bus ist ein Drittel der Plätze mit Kindern besetzt. Sechs Plätze mehr werden durch Erwachsene belegt. Neun Plätze bleiben frei.

Wie viele Plätze hat der Bus?

gesucht: Anzahl der Plätze im Bus

Zeichnung:

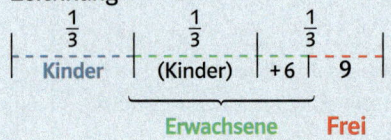

$6 + 9 = 15$ entsprechen einem Drittel der Plätze.

Anzahl der Plätze im Bus: $15 \cdot 3 = 45$

Kinder besetzen demnach 15 Plätze.

Löse die folgenden Aufgaben mithilfe einer Zeichnung.

1 In einer Schulklasse mit 28 Kindern sind sechs Jungen mehr als Mädchen.

2 Heute ist Lana dreimal so alt, wie sie vor 14 Jahren war.

3 Anne, Olaf und Iris erhalten wöchentlich von ihren Eltern zusammen 30 € Taschengeld. Da die Kinder unterschiedlich alt sind, erhält Anne doppelt so viel wie Iris und Olaf 2 € mehr als Iris.

4 Eine Erbschaft soll auf vier Erben verteilt werden. Ein Erbe erhält ein Drittel des Geldes und jeder der drei anderen Erben erhält 6500 €.

5 Die Waagen befinden sich im Gleichgewicht. Gib jeweils eine Gleichung an und löse diese.

6 Pia kauft 8 Flaschen Limonade. Einschließlich Pfand bezahlt sie 7,60 €. Eine Flasche Limonade kostet ohne Pfand 0,80 €. Wie viel Pfand wird für jede Flasche berechnet?

7 Die Gesamtlänge der Kanten beträgt 144 cm. Stelle eine Gleichung auf und berechne die Länge einer Kante.

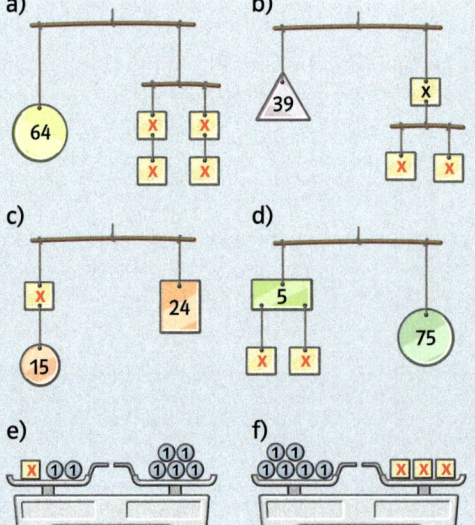

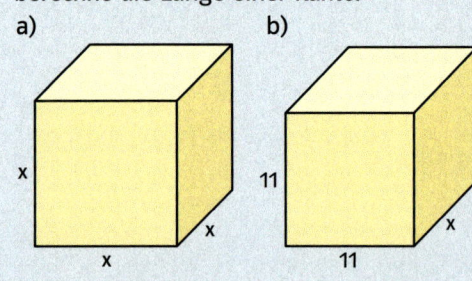

ləgəiqzkɔüЯ

1 Setze für x die Zahl 5 und für y die Zahl 3 ein und berechne den Wert des Terms.

a) $2 \cdot x + 3 \cdot y$ b) $2 \cdot y + 3 \cdot x$

c) $2 \cdot 2x + 2y$ d) $3x + (-2y) + x$

2 Stelle einen Term für die Berechnung des Umfangs auf.

a)   b)

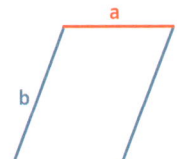

3 Vereinfache.

a) $2a + 15a - 9a - 3a$

b) $14x - 12x - 3x + 5$

c) $25a - 17b - 3b + 15a$

d) $14x + 7y - 4x + 13y$

4 Löse die Gleichung.

a) $4x + 5 = 21$

b) $6x + 7 = 43$

c) $3x - 12 = 15$

d) $9x - 41 = -5$

e) $-23 + 4x = 7$

5 Wo steckt der **Fehler**?

a) $x + 28 = 4$ b) $x + 5 = 20$
       $x = 24$ $x = 25$

c) $3x = 18$ d) $x : 4 = 8$
       $x = 54$ $x = 2$

6 a) Multipliziert man eine Zahl mit 6 und addiert 25, so erhält man 55.
b) Das Dreifache einer Zahl vermindert um 15, ergibt 12.

7 Marion ist in 75 Minuten mit den Hausaufgaben fertig. Für Englisch benötigte sie doppelt so viel Zeit wie für Mathematik. Wie viel Zeit benötigte sie für jedes Fach?

---

1 Setze für x die Zahl 5 und für y die Zahl 3 ein und berechne den Wert des Terms.

a) $2x + 4 + 4y$ b) $(x + 6) \cdot y$

c) $1\frac{1}{2} + 0,5x - y$ d) $5y \cdot (-10 + 4y)$

Online-Link
zum Rückspiegel
742431-1151

2 Stelle einen Term für die Berechnung der Kantenlänge auf.

a)   b)

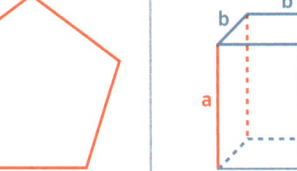

3 Vereinfache.

a) $50b - 34a + 3b - 14a$

b) $29x + 9y - 3x + y$

c) $14a - 8b - 10b + 6a + 18b$

d) $13r - 17s - 28r - 13s$

4 Löse die Gleichung.

a) $15x - 25 = 50$

b) $12x - 49 = -1$

c) $55 - 5x = 40$

d) $7x - 4x = 3 \cdot 15$

e) $9x - 7 = x + 17$

5 Wo steckt der **Fehler**?

a) $10x = 20$ b) $14x = 7$
       $x = 10$ $x = 2$

c) $5 + 4x = 27$ d) $12x - 12 = 24$
       $9x = 27$ $x = 24$

6 a) Dividiert man eine Zahl durch 3 und addiert zum Ergebnis 8, so erhält man die gesuchte Zahl.
b) Vermindert man das Produkt aus einer Zahl und 5 um 16, erhält man -1.

7 Tante Maria ist dreimal so alt wie ihre Nichte Lisa. Der Altersunterschied beträgt 16 Jahre. Stelle eine Gleichung auf und berechne das Alter der beiden Verwandten.

→ Die Lösungen findest du auf Seite 179.

Standpunkt

Online-Link
zum Standpunkt
742431-1161

Wo stehe ich?

Ich kann …

		gut	weniger gut	etwas	nicht mehr	Lerntipp!
1	Winkel messen und zeichnen.	☐	☐	☐	☐	→ Seite 78
2	Kreise zeichnen.	☐	☐	☐	☐	→ Seite 172
3	mit den Begriffen Zähler und Nenner umgehen.	☐	☐	☐	☐	→ Seite 10
4	Brüche erweitern.	☐	☐	☐	☐	→ Seite 10
5	Brüche kürzen.	☐	☐	☐	☐	→ Seite 10
6	Brüche miteinander vergleichen.	☐	☐	☐	☐	→ Seite 11
7	Brüche in Dezimalbrüche umwandeln.	☐	☐	☐	☐	→ Seite 17
8	Dezimalbrüche in Brüche umwandeln.	☐	☐	☐	☐	→ Seite 17
9	mit Größen rechnen.	☐	☐	☐	☐	→ Seite 169

Überprüfe deine Einschätzung.

1 a) Miss die Winkel in der Zeichnung.

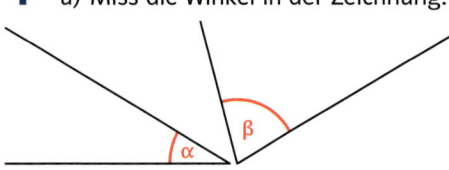

b) Zeichne die Winkel: 60°; 90°; 110°.

2 Zeichne einen Kreis mit
a) r = 4 cm. b) d = 6 cm.

3 Wie heißt der Bruch? Gib Zähler und Nenner an.

a) $\frac{2}{3}$ b) $\frac{5}{6}$ c) $\frac{5}{4}$

d) e) f)

4 Erweitere den Bruch.

a) $\frac{2}{3}$ mit 2 b) $\frac{3}{4}$ mit 10 c) $\frac{2}{3}$ auf $\frac{\blacksquare}{6}$

d) $\frac{3}{4}$ auf $\frac{\blacksquare}{12}$ e) $\frac{2}{3}$ auf $\frac{6}{\blacksquare}$ f) $\frac{3}{4}$ auf $\frac{6}{\blacksquare}$

5 Kürze den Bruch so weit wie möglich.

a) $\frac{2}{4}$ b) $\frac{9}{12}$ c) $\frac{3}{15}$ d) $\frac{15}{5}$ e) $\frac{24}{42}$ f) $\frac{45}{54}$

6 Vergleiche. Setze <, > oder = ein.

a) $\frac{1}{3} \blacksquare \frac{2}{3}$ b) $\frac{10}{11} \blacksquare \frac{8}{11}$ c) $\frac{6}{9} \blacksquare \frac{2}{3}$

d) $\frac{3}{4} \blacksquare \frac{3}{5}$ e) $\frac{2}{3} \blacksquare \frac{4}{5}$ f) $\frac{5}{6} \blacksquare \frac{10}{12}$

7 Wandle in einen Dezimalbruch um. Manchmal musst du vorher kürzen oder erweitern.

a) $\frac{7}{10}$ b) $\frac{13}{100}$ c) $\frac{1}{4}$

d) $\frac{3}{25}$ e) $\frac{6}{8}$ f) $\frac{27}{300}$

8 Wandle den Dezimalbruch in einen Bruch um. Kürze so weit wie möglich.

a) 0,75 b) 0,1 c) 0,45

d) $0,\overline{3}$ e) 0,02 f) 1,5

9 a) 1,35 € + 0,50 € + 10,25 €
b) 5,3 m + 19,45 m – 4,75 m
c) 12 l – 8,5 l + 0,5 l
d) 1,5 kg + 0,25 kg + 250 g

→ Die Lösungen findest du auf Seite 179.

Wenn wir 100 wären ...

Beim Rechnen mit Prozenten dreht sich alles um die Zahl 100.

In die Klasse 7a der Schlossschule gehen 11 Jungen und 14 Mädchen.
6 Schülerinnen und Schüler sind 12 Jahre, 12 sind 13 Jahre und 7 sind 14 Jahre alt.
11 kommen mit dem Fahrrad, 6 zu Fuß und 8 mit öffentlichen Verkehrsmitteln zur Schule.

→ Schätze die entsprechenden Zahlen in einer Klasse mit 100 Schülerinnen und Schülern.
→ Berechne oder schätze die entsprechenden Anteile in deiner Klasse.
→ Du findest bestimmt noch ein paar weitere Unterscheidungsmerkmale in deiner Klasse.

In ein 10×10-Quadrat könnt ihr die verschiedenen Anteile einzeichnen.

→ Stellt die unterschiedlichen Aufteilungen jeweils in einem 10×10-Quadrat dar. Dabei könnt ihr für die Anteile unterschiedliche Farben verwenden.
→ Verwendet auch andere bekannte Diagrammarten zur Darstellung und vergleicht mit dem 10×10-Quadrat.

Fahrrad
Zu Fuß
Bus/Bahn

→ Welchen Bruchteil kann man geschickt mithilfe eines Kreises darstellen?

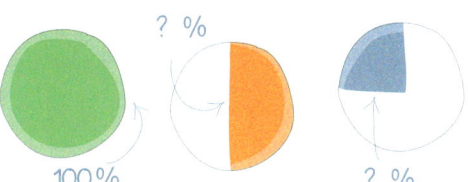

? %

100 %

? %

Das lerne ich:

- Wie man Anteile miteinander vergleicht,
- wie man prozentuale Anteile ausrechnet,
- wie man Prozente in Diagrammen darstellen kann,
- wie man mit Diagrammen getäuscht werden kann,
- was Prozentwert, Grundwert und Prozentsatz sind,
- wie man mit Prozenten rechnen kann.

1 Anteile vergleichen

	geworfen	gehalten
Bitter	30	8
Omeyer	28	6
Heinevetter	24	7

In der Handball-Bundesliga wird eine Statistik über die gehaltenen Siebenmeterwürfe geführt.

➜ Wer hat die meisten Würfe gehalten?
➜ Wer ist der erfolgreichste Torwart?
➜ Begründe deine Antwort.

Anteile kann man als Bruch schreiben:

60 von 90 Teilnehmern erhielten eine Urkunde: $\frac{60}{90} = \frac{2}{3}$

Will man Anteile wie $\frac{3}{4}$ und $\frac{15}{16}$ vergleichen, bringt man sie auf den **gleichen Nenner**:

$\frac{3}{4} < \frac{15}{16}$, denn $\frac{3}{4} = \frac{12}{16}$ und $\frac{12}{16} < \frac{15}{16}$.

Beispiel

18 von 150 Elstar-Äpfeln sind faul, 8 von 50 Äpfeln der Sorte Jonathan sind faul. Vergleiche.

18 Äpfel sind mehr als 8 Äpfel, aber 18 von 150 Äpfeln sind weniger als 8 von 50 Äpfeln, denn: $\frac{18}{150}$ gekürzt durch 3 sind $\frac{6}{50}$.

Da $\frac{6}{50} < \frac{8}{50}$, sind im Vergleich der Anteile mehr Äpfel der Sorte Jonathan faul.

Lerntipp!
➜ *Wie man Brüche erweitert oder kürzt, kannst du auf Seite 10 üben.*

1 Drücke die Anteile als Brüche aus. Kürze, wenn möglich.
a) 15 kg von 60 kg
b) 8 m von 96 m
c) 50 t von 125 t
d) 9 m² von 24 m²
e) 34 von 68
f) 60 von 210

2 Vergleiche.
a) $\frac{2}{5}$ und $\frac{3}{5}$
b) $\frac{31}{100}$ und $\frac{13}{100}$
c) $\frac{11}{17}$ und $\frac{7}{17}$
d) $\frac{3}{4}$ und $\frac{3}{5}$
e) $\frac{1}{2}$ und $\frac{1}{3}$
f) $\frac{5}{36}$ und $\frac{5}{32}$

3 Welcher Anteil ist größer?
a) $\frac{2}{3}$ oder $\frac{5}{6}$
b) $\frac{3}{10}$ oder $\frac{2}{5}$
c) $\frac{4}{5}$ oder $\frac{7}{10}$
d) $\frac{7}{8}$ oder $\frac{15}{16}$

4 Setze > oder < ein.
a) $\frac{9}{15}$ ■ $\frac{24}{45}$
b) $\frac{1}{4}$ ■ $\frac{3}{16}$
c) $\frac{7}{36}$ ■ $\frac{5}{12}$
d) $\frac{10}{17}$ ■ $\frac{39}{85}$

5 a) In welchem Behälter befinden sich mehr rote Kugeln?
b) Welcher Behälter hat den größeren Anteil an roten Kugeln?

6 👥 Nach dem Sportfest soll die erfolgreichste Klassenstufe eine Auszeichnung erhalten.

Klassen	Sportler	Ehrenurkunden
7	90	36
8	100	55
9	85	34

Welche Klassenstufe war am erfolgreichsten? Begründet eure Entscheidung.

2 Prozente

Eine Umfrage unter 50 Personen nach dem beliebtesten Radiosender ergab:
- Hitradio 10 Stimmen
- Antenne 20 Stimmen
- StereoFM 15 Stimmen
- Andere Sender 5 Stimmen
→ Welches Ergebnis wäre bei einer Umfrage unter 100 Personen zu erwarten?
→ Ordne die Prozentangaben 10%; 20%; 30% und 40% richtig zu.

Prozente sind Brüche mit dem Nenner 100.

1 Prozent bedeutet 1 Hundertstel.

p Prozent bedeutet p Hundertstel.

$1\% = \frac{1}{100} = 0{,}01$

$p\% = \frac{p}{100}$

Beispiele

Man kann Prozentangaben als Bruch und in Dezimalschreibweise angeben:

$2\% = \frac{2}{100} = 0{,}02$

$5\% = \frac{5}{100} = 0{,}05$

$12\% = \frac{12}{100} = 0{,}12$

34 von 50 Kindern haben ein Handy. Wie viel Prozent sind das? Man schreibt den Anteil zuerst als

Bruch: $\frac{34}{50}$

Dann erweitert man ihn auf

Hundertstel: $\frac{34}{50} = \frac{68}{100} = 68\%$

68% der Kinder haben ein Handy.

---

1 Schreibe in Prozent.

a) $\frac{1}{100}$ b) $\frac{3}{100}$ c) $\frac{5}{100}$ d) $\frac{17}{100}$

e) 0,38 f) 0,5 g) 0,78 h) 0,99

2 Verwandle in einen Bruch mit Nenner 100. Wie viel Prozent sind das?

a) $\frac{3}{10}$; $\frac{7}{10}$; $\frac{9}{10}$; $\frac{7}{20}$; $\frac{5}{20}$; $\frac{6}{25}$; $\frac{2}{25}$; $\frac{4}{50}$

b) $\frac{1}{2}$; $\frac{1}{4}$; $\frac{3}{4}$; $\frac{1}{5}$; $\frac{3}{5}$; $\frac{4}{5}$

c) $\frac{34}{200}$; $\frac{198}{200}$; $\frac{33}{300}$; $\frac{213}{300}$; $\frac{24}{400}$; $\frac{288}{400}$; $\frac{75}{500}$

3 Löse wie in Aufgabe 2. Manchmal musst du vor dem Umwandeln kürzen und erweitern.

Beispiel: $\frac{12}{40} = \frac{3}{10} = \frac{30}{100} = 30\%$

a) $\frac{15}{50}$ b) $\frac{14}{40}$ c) $\frac{12}{30}$ d) $\frac{12}{15}$

e) $\frac{9}{60}$ f) $\frac{36}{80}$ g) $\frac{144}{240}$ h) $\frac{91}{130}$

4 Welche Prozentangabe versteckt sich hinter der Aussage?

a) Jeder 10. Autofahrer fuhr an der Radarfalle zu schnell vorbei.

b) 7 von 10 Haushalten haben einen Mikrowellenherd.

c) Ein Drittel der Kinder ist im Sportverein.

d) Die Chancen stehen fifty-fifty.

e) Leo sagt: „Ich bin mir total sicher!"

Lerntipp!
zu Aufgabe 2
→ *Erweitern und kürzen kannst du auf Seite 10 üben.*

Bitte merken!

Präge dir diese Prozentangaben als Brüche und Dezimalbrüche ein:

$\frac{1}{100} = 0{,}01 = 1\%$ $\frac{1}{4} = 0{,}25 = 25\%$

$\frac{1}{10} = 0{,}1 = 10\%$ $\frac{1}{2} = 0{,}5 = 50\%$

$\frac{1}{8} = 0{,}125 = 12{,}5\%$ $\frac{3}{4} = 0{,}75 = 75\%$

$\frac{1}{5} = 0{,}2 = 20\%$ $\frac{1}{3} = 0{,}\overline{3} = 33\frac{1}{3}\%$

Lerntipp!
→ *Das Umwandeln von Brüchen in Dezimalbrüche kannst du auf Seite 17 üben.*

5 Verwandle in einen Dezimalbruch und gib an, wie viel Prozent das sind.

a) $\frac{1}{5}$; $\frac{1}{2}$; $\frac{3}{4}$; $\frac{1}{8}$; $\frac{3}{12}$ b) $\frac{3}{20}$; $\frac{12}{50}$; $\frac{3}{25}$; $\frac{6}{15}$

6 Verwandle in eine Prozentangabe. Rechne wie im Beispiel.

Beispiel: $\frac{3}{8} = 3 : 8 = 0{,}375 = 37{,}5\%$

$\frac{5}{8}$; $\frac{12}{30}$; $\frac{4}{80}$; $\frac{9}{15}$; $\frac{18}{18}$

7 Verwandle in einen Bruch. Kürze, wenn es geht.

Beispiel: $25\% = \frac{25}{100} = \frac{1}{4}$

a) 7%   b) 14%   c) 28%   d) 1%
e) 2%   f) 4%   g) 12,5%   h) 150%

8 Schreibe als Dezimalbruch.

a) 12%; 27%; 39%; 88%; 99%
b) 3%; 5%; 9%; 20%; 90%; 10%
c) 6,8%; 34,5%; 0,7%; 0,12%; 150%

9 Prozentangabe, Bruch, Dezimalbruch: Ergänze im Heft.

39%	10%	■	■	8,5%	■	■	9,9%	■	■
$\frac{39}{100}$	■	$\frac{17}{100}$	■	■	$\frac{18}{25}$	■	■	$\frac{1}{20}$	■
0,39	■	■	0,41	■	■	0,04	■	■	0,33

10 Setze <, > oder = ein.

a) 0,2 ■ 2%; $\frac{3}{5}$ ■ 60%; 0,7 ■ 75%

b) 5,5% ■ 0,55; 70% ■ $\frac{3}{4}$; 0,8 ■ 0,08

11 Gib den Anteil in Prozent an.
a) 10 von 40   b) 12 von 15
c) 22 von 55   d) 36 von 60

12 Gib den Größenanteil in Prozent an.
a) 15 € von 25 €   b) 3 kg von 10 kg
c) 2 m von 100 m   d) 3 h von 12 h

13 Ordne richtig zu, dann erhältst du ein Lösungswort.
a) 85 € von 340 €
b) 102 t von 510 t
c) 12 kg von 96 kg
d) 8,5 m von 170 m
e) 18 km von 75 km

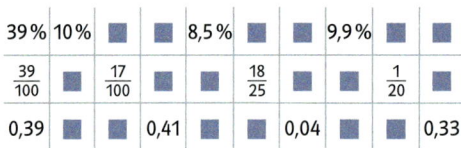

20%	H
12,5%	E
5%	I
24%	N
25%	R

Runden

Beim Berechnen von Prozenten verwendet man oft den Taschenrechner.

Beispiel:
In einer Klasse sind 29 Schülerinnen und Schüler. 12 davon sind Mädchen. Gib den Anteil der Mädchen in Prozent an.

$\frac{12}{29}$ = [1][2] ÷ [2][9] [=] = 0,413793103

Hier muss gerundet werden.
Auf ganze Prozent zu runden heißt: Runden des Dezimalbruchs auf zwei Stellen nach dem Komma:
0,4137931 ≈ 0,41 = 41%.
Manchmal gibt man Prozentsätze auf eine Stelle nach dem Komma an.
Dann muss man den Dezimalbruch auf drei Stellen nach dem Komma runden:
0,4137931 ≈ 0,414 = 41,4%.

14 Gib die Anteile in Prozent an. Runde sinnvoll.
a) 8 von 27 Autos sind rot.
b) 15 von 43 Kindern spielen Flöte.
c) Jeder 9. Jugendliche spielt Schach.
d) 7 kg von 23 kg wurden verkauft.
e) 15 € von 115 € wurden ausgegeben.

15 Der Rhein ist ca. 1324 km lang. 883 km davon sind für die Großschifffahrt nutzbar.
Wie viel Prozent des Flusslaufes sind dies? Runde.

16 👥 Was meint ihr dazu?
a) Jedes dritte Kind braucht eine Brille. Ira sagt: „Das sind genau 30%."
b) In der Zeitung stand: „Jedes 4. Auto fährt zu schnell. Das sind 40%."
c) An einem Festtag erhält jeder siebte Gast in der Eisdiele „Dolomiten" eine Eisportion gratis. In der Eisdiele „Bella Italia" bekommen 15% eine Eisportion gratis. Wer ist großzügiger?

3 Prozente darstellen

→ Falte ein DIN-A4-Blatt so, dass 50 % des Blattes zu sehen sind.
→ Schaffst du auch die folgenden Prozentsätze? 25 %; 75 %; 12,5 %
→ Jetzt wird es schwieriger: Wie stellt man $33\frac{1}{3}$ % dar?

Prozente können auf unterschiedliche Weise als Anteile dargestellt werden.
25 %

 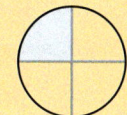 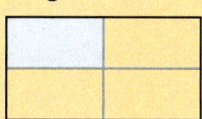

Beispiele
Darstellung von Prozenten am Kreis:

a) 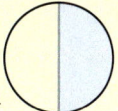   b) 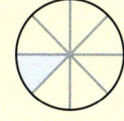   c)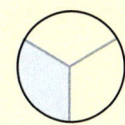

50 % = $\frac{1}{2}$ 12,5 % = $\frac{1}{8}$ $33,\overline{3}$ % = $\frac{1}{3}$

1 Welcher Anteil ist gefärbt? Schreibe als Bruch und in Prozent.
a) 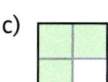   b)
c)    d)

2 Gib den gefärbten Anteil in Prozent und als Dezimalbruch an.
a) 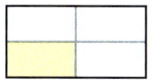   b)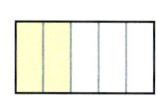
c) 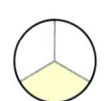   d)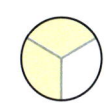

3 Gleiche Kästchenzahl, aber unterschiedliche Anteile!
Gib als Bruch und in Prozent an.
a)   b)    c)

4 Zeichne jeweils ein Rechteck mit den Seitenlängen 10 cm und 5 cm. Markiere die Anteile farbig.
a) 10 %; 20 %; 40 %; 80 %
b) 70 %; 35 %; 85 %; 90 %

Online-Link
zu Aufgabe 4
742431-1211

5 Stelle die Anteile im Rechteck dar. Überlege dir eine gute Einteilung.
a) 50 %   b) 20 %   c) 12,5 %
d) 60 %   e) 30 %   f) 100 %

6 Stelle die Anteile in einem Kreis dar.
a) 50 %   b) 25 %   c) 75 %
d) $\frac{12}{16}$ e) $\frac{3}{8}$ f) $\frac{1}{3}$

7 🧑‍🤝‍🧑 Syra gibt den Anteil der gefärbten Fläche mit $\frac{1}{6}$ an.
a) Was hat sie falsch gemacht?
b) Überlegt gemeinsam und präsentiert eure Ergebnisse.
Welche Angabe wäre richtig?

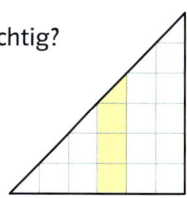

4 Kreisdiagramm und Streifendiagramm

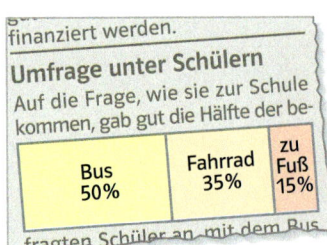

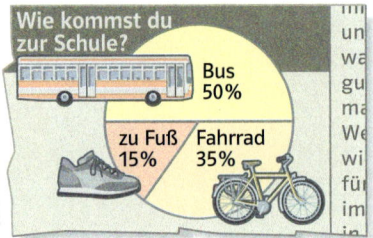

„Wie kommst du zur Schule?"
Das Ergebnis einer Umfrage wird auf den Jugendseiten zweier Tageszeitungen unterschiedlich dargestellt.

→ Wie viel Prozent der Kinder kommen zu Fuß? Wie viel mit dem Rad oder mit dem Bus?

→ Erkläre die beiden Diagramme.

Prozentangaben oder prozentuale Anteile kann man gut grafisch darstellen.
Häufig werden **Streifendiagramme** oder **Kreisdiagramme** verwendet.

Beispiel

In der Waldschule sind **45 %** der Schülerinnen und Schüler deutsch, **30 %** türkisch und **25 %** haben eine andere Nationalität.

a) **Darstellung im Streifendiagramm**
So kann man rechnen:

Prozent	100 %	45 %	30 %	25 %
Länge	100 mm	45 mm	30 mm	25 mm

100 mm entsprechen 100 %

45 %	30 %	25 %

b) **Darstellung im Kreisdiagramm:**
So kann man die Winkelgrößen ausrechnen:

%		Winkel
100		360°
1		3,6°
45		**162°**

: 100   · 45   : 100   · 45

So ergibt sich für **30 %** der Wert **108°** und für **25 %** der Wert **90°**.

Online-Link
742431-1221

Lerntipp!

→ Das Zeichnen von Winkeln kannst du auf Seite 78 üben.

---

1 100 Jugendliche wurden nach ihrer Lieblingsfarbe befragt. Ergebnis:
schwarz: 25   weiß: 15   rot: 25
blau: 12   grau: 14   oliv: 9
a) Zeichne ein Streifendiagramm.
b) Zeichne ein Kreisdiagramm.

2 Vor der Klassenfahrt stimmten 15 % der Kinder für den Zoo, 70 % fürs Klettern. Der Rest war unentschieden. Zeichne ein Streifendiagramm.

3 Das Streifendiagramm zeigt, wie viel Prozent der Schüler und Schülerinnen der Kantschule bei den Bundesjugendspielen Urkunden erhielten.

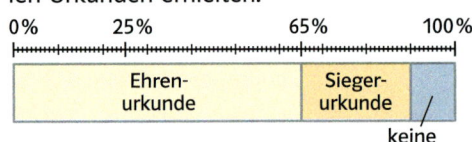

a) Lies die Prozentangaben ab.
b) Erstelle ein Kreisdiagramm.

4 Ordne den farbigen Kreisausschnitten die passende Prozentangabe zu. Bei richtiger Zuordnung ergibt sich ein Lösungswort.

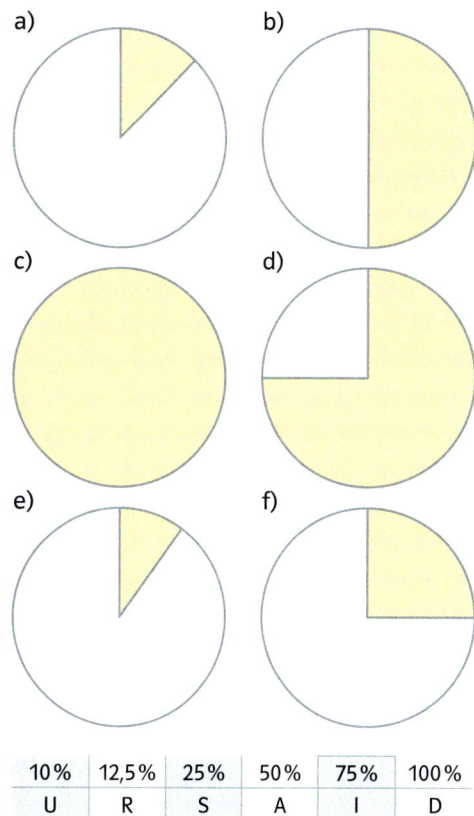

a) b)

c) d)

e) f)

10 %	12,5 %	25 %	50 %	75 %	100 %
U	R	S	A	I	D

5 Eine Tüte Gummibärchen enthält fünf verschiedene Farben. Dirk zählt nach und erstellt eine Tabelle.

Farbe	rot	orange	grün	gelb	weiß
Anzahl	50	45	25	60	20

a) Berechne die Prozentsätze für alle Farben.
b) Stelle dein Ergebnis als Streifendiagramm und als Kreisdiagramm dar.

6 Ordne den verschiedenen Abschnitten des Streifendiagramms die richtigen Prozentsätze zu. Eine Karte bleibt übrig.

13 %   45 %   90 %   5 %   27 %   10 %

7 Das Material eines Pullovers hat folgende Zusammensetzung:

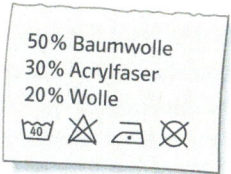

50 % Baumwolle
30 % Acrylfaser
20 % Wolle

a) Stelle die Zusammensetzung in einem Streifendiagramm mit 10 cm Länge dar.
b) Stelle sie in einem Kreisdiagramm mit 4 cm Radius dar.

8 In der Tabelle sind Winkelmaße und Prozentsätze von Kreisdiagrammen angegeben. Bestimme die fehlenden Angaben.

a)

Prozent	20 %	30 %	45 %	60 %	90 %
Winkelmaß	■	■	■	■	■

b)

Winkelmaß	3,6°	18°	81°	171°	300°
Prozent	■	■	■	■	■

9 Bei einer Umfrage wurden 200 Personen befragt.

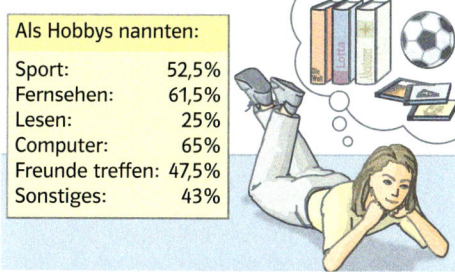

Als Hobbys nannten:

Sport: 52,5 %
Fernsehen: 61,5 %
Lesen: 25 %
Computer: 65 %
Freunde treffen: 47,5 %
Sonstiges: 43 %

a) Diskutiert, warum die Summe aller Prozentsätze nicht 100 % ergibt.
b) Würdest du die Ergebnisse der Befragung in einem Streifendiagramm darstellen? Begründe.

5 Diagramme können täuschen

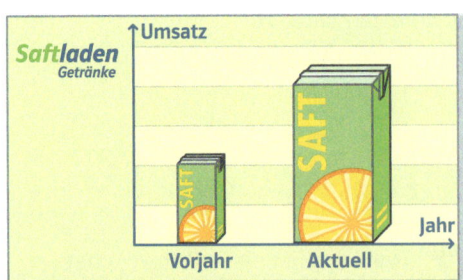

Der Leiter einer Getränkefirma will die Verdopplung der Saftproduktion in einem Schaubild darstellen.
→ Wie stellt er die Produktionsmenge dar?
→ Welchen Eindruck erweckt das Schaubild?
→ Erstelle selbst ein Schaubild.

Bilder sind in der Regel eindrucksvoller als Zahlenwerte. Durch veränderte Diagramme kann schnell ein falscher Eindruck entstehen. Damit kann man Meinungen beeinflussen.

Beispiele

a) Veränderung der Größenverhältnisse:

Die Figur verdoppelt ihre Fläche.
Die Veränderung wird richtig dargestellt.

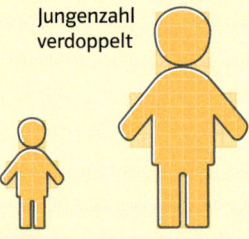

Die Figur verdoppelt ihre Höhe und ihre Breite. Dadurch vervierfacht sich die Fläche. Es entsteht ein falscher Eindruck.

b) Veränderung des Koordinatenursprungs:

Die y-Achse beginnt im Nullpunkt.
Der Energieverbrauch ist nur geringfügig gesunken.

Die y-Achse beginnt bei 450.
Dadurch wird die Skala verändert und der Energieverbrauch scheint 2009 und 2011 stark gesunken zu sein.

---

1 👥 Eine Firma hat ihren Jahresgewinn verdoppelt.
a) Welches Schaubild gibt den Sachverhalt richtig wieder?
b) Diskutiert gemeinsam und begründet eure Entscheidung.

Schaubild 1

Schaubild 2

2 👥 Vergleicht beide Diagramme. Was fällt euch auf?

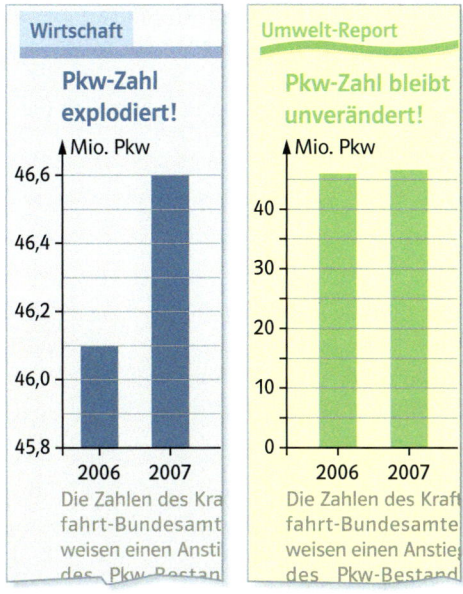

Wirtschaft

Pkw-Zahl explodiert!

Mio. Pkw

46,6
46,4
46,2
46,0
45,8

2006 2007

Die Zahlen des Kra
fahrt-Bundesamt
weisen einen Ansti
des Pkw-Bestan

Umwelt-Report

Pkw-Zahl bleibt unverändert!

Mio. Pkw

40
30
20
10
0

2006 2007

Die Zahlen des Kraft
fahrt-Bundesamte
weisen einen Anstie
des Pkw-Bestand

3 👥 Ein Lebensmittelhersteller will seinen Jahresumsatz in einem Säulendiagramm veranschaulichen. Zwei Diagramme wurden angefertigt.

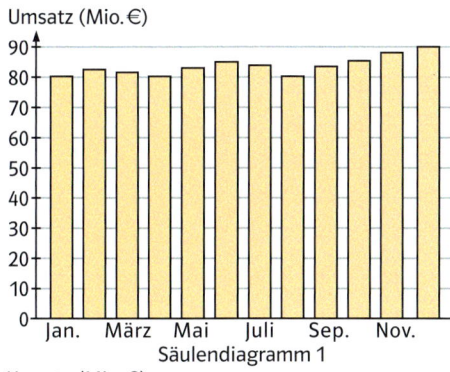

Umsatz (Mio. €)

90
80
70
60
50
40
30
20
10
0

Jan. März Mai Juli Sep. Nov.
Säulendiagramm 1

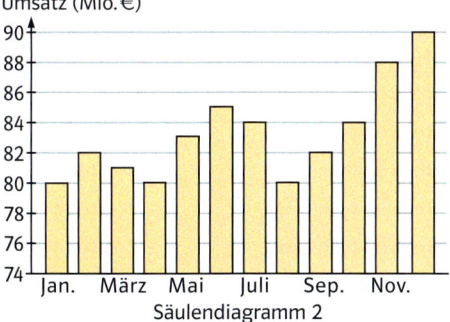

Umsatz (Mio. €)

90
88
86
84
82
80
78
76
74

Jan. März Mai Juli Sep. Nov.
Säulendiagramm 2

Vergleicht die beiden Diagramme. Welche Wirkung wird jeweils erzielt?

4 Ein Milchhof hat seinen Umsatz in fünf Jahren verdoppelt. Gibt das Schaubild den richtigen Sachverhalt wieder?

5 Der neue Abteilungsleiter muss die Verkaufszahlen seiner Abteilung präsentieren. Er zeigt mit einem Diagramm, dass die Umsätze stark gestiegen sind, seit er im März in die Firma eingetreten ist.

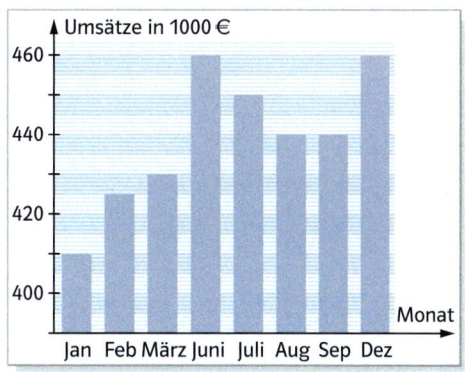

Umsätze in 1000 €

460
440
420
400

Jan Feb März Juni Juli Aug Sep Dez

Monat

a) Welchen Eindruck erweckt das Diagramm bei dir?
b) Zeichne mit den Umsatzzahlen ein eigenes Säulendiagramm und vergleiche.

Monat	Umsätze in 1000 €
Januar	410
Februar	425
März	430
April	410
Mai	400
Juni	460
Juli	450
August	440
September	440
Oktober	430
November	410
Dezember	460

c) Wie hat der Abteilungsleiter das Diagramm geschönt?

6 Grundbegriffe der Prozentrechnung

Wie lebenswert ist Ihr Bundesland?			
Bundesland	Anzahl der Befragten	sehr zufrieden	Anteil in Prozent
Niedersachsen	1000	650	65%
Nordrhein-Westfalen	1500	950	
Rheinland-Pfalz	1200	780	
Schleswig-Holstein	900	585	

→ Wie viel Prozent der Befragten waren in den einzelnen Bundesländern sehr zufrieden?
→ In welchem Bundesland fühlen sich die Menschen am wohlsten?

Bei der Prozentrechnung sind drei Begriffe wichtig:

Der **Grundwert G** ist das Ganze und entspricht 100%.

30 Tage

Der **Prozentwert W** ist der Anteil des Ganzen.

6 Tage

Der **Prozentsatz p%** gibt den Anteil in Prozent an.

20%

6 Tage von **30 Tagen** sind **20%**.

Beispiele

a) Von den 26 Schülerinnen und Schülern der Klasse 7a haben 13 ein Geschwisterkind. Das sind 50%.
Grundwert: 26 Schülerinnen und Schüler
Prozentwert: 13 Schülerinnen und Schüler
Prozentsatz: 50%

b) 10% Rabatt bei einem Preis von 120 € sind 12 €.
Prozentsatz: 10%
Grundwert: 120 €
Prozentwert: 12 €

---

1 Ordne die Begriffe richtig zu.
a) Von 100 Schülerinnen und Schülern haben 69 ein Handy.
Das sind 69%.
b) Von 1000 Befragten haben sich 760 für eine Umgehungsstraße ausgesprochen.
Das sind 76%.
c) 28 der 31 Lehrerinnen und Lehrer kommen mit dem Auto zur Schule.
Das sind etwa 90%.
d) 30% von 400 € sind 120 €.

2 Was ist gegeben, was ist gesucht? Ordne die Grundbegriffe richtig zu.
a) Von den 550 Schülerinnen und Schülern der Geschwister-Scholl-Schule sind 120 an Grippe erkrankt.
b) Auf den Normalpreis von 75 € bekommt Cem 10% Rabatt.
c) Bei der Verlosung gab es fünf Gewinner, das waren 10% der Teilnehmer.

3 a) Prozentwert, Prozentsatz, Grundwert? Ordne die Begriffe den Zahlenangaben richtig zu.

Wie unvernünftig sind doch die Leute!
Eine Meinungsumfrage ergab:
7 von 10 Personen waren bereit,
20 Minuten mit dem Auto zu fahren,
um für einen Taschenrechner statt 25 €
nur 15 € zu bezahlen.
Nur 30% wollten diesen Weg auf sich nehmen, wenn sie für einen DVD-Player 115 € statt 125 € zahlen sollten.

b) 🖧 Diskutiert das Verhalten.

4 🖧 Sammelt Zeitungen, Zeitschriften und Prospekte.
Sucht nach Angaben von Prozentwert, Prozentsatz und Grundwert.
Markiert die drei Angaben in unterschiedlichen Farben.

7 Prozentwert

In der Burgschule werden unterschiedliche Arbeitsgemeinschaften angeboten. Von den 80 Schülerinnen und Schülern der 7. Klassen nehmen 15 % an der Arbeitsgemeinschaft Theater teil.

→ Wie viele Schülerinnen und Schüler sind das?

Der **Prozentwert W** kann mit dem Dreisatz oder mithilfe der Formel W = G · p % berechnet werden.

Beispiel

Wie viel Euro sind 85 % von 6000 €?
gegeben:
G = 6000 €; p % = 85 €
gesucht: W

Rechnen mit dem Dreisatz

%	€
100	6000
1	60
85	5100

: 100 und · 85

85 % von 6000 € sind 5100 €.

Rechnen mit der Formel

Prozentwert = Grundwert · Prozentsatz
kurz:　W = G　　· p %
　　　　W = 6000 € · 85 %
　　　　W = 6000 € · 0,85
　　　　W = 5100 €

Lerntipp!

Wie viel Euro sind 85 % von 6000 €?

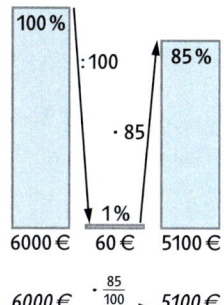

$6000 € \xrightarrow{\cdot \frac{85}{100}} 5100 €$

---

1 Berechne den Prozentwert.

a) 1 % von 500
   5 % von 500
   20 % von 500

b) 20 % von 100
   20 % von 200
   20 % von 400

c) 10 % von 240
   50 % von 17
   70 % von 110

d) 27 % von 200
   34 % von 300
   25 % von 160

2 Berechne den Prozentwert. Schaffst du es hier auch im Kopf?

a) 10 % von 2 t
   15 % von 2 t
   60 % von 2 t

b) 25 % von 1 €
   25 % von 1 ha
   25 % von 1 min

c) 25 % von 2 h
   72 % von 2 m
   5 % von 45 kg

d) 15 % von 360 €
   72 % von 240 €
   120 % von 450 €

3 Ordne jeder Aufgabe die richtige Lösung zu. Bei richtiger Zuordnung ergibt sich ein Lösungswort.

a) 6 % von 300 €
b) 34 % von 1400 €
c) 65 % von 220 €
d) 9 % von 5400 €
e) 18 % von 750 €
f) 45 % von 640 €
g) 80 % von 480 €
h) 110 % von 1000 €

R 1100 €　　E 384 €　　M 510 €

U 486 €　　H 18 €　　O 476 €　　Z 1010 €

D 288 €　　L 143 €　　N 135 €

4 Berechne den Prozentwert. Überschlage zunächst im Kopf.

a) 20 % von 43 km
25 % von 1240 g
5 % von 540 €

b) 60 % von 310 l
75 % von 160 t
30 % von 700 cm

c) 49 % von 700 m
32 % von 600 kg
77 % von 120 €

d) 26 % von 200 t
2,6 % von 200 t
2 % von 200 t

e) 67 % von 3 km
6,7 % von 30 km
0,67 % von 300 km

f) 51 % von 0,5 l
49 % von 0,4 l
34 % von 0,3 l

5 Unser Körper besteht zum größten Teil aus Wasser. Jugendliche Körper haben einen Wasseranteil von ca. 70 %, bei Erwachsenen sind es ca. 60 %. Beachte: 1 Liter Wasser wiegt 1 kg.
a) Hatitche wiegt 45 kg,
Marc wiegt 66 kg,
Frau Molter wiegt 74 kg,
Herr Dick wiegt 124 kg.
Berechne, wie viele Liter Wasser in jedem Körper enthalten sind.
b) Wie viele Liter Wasser enthält dein Körper?

6 Fruchtgetränke enthalten eine gesetzlich vorgeschriebene Mindestmenge an reinem Fruchtsaft.

100%	mindest. 25%	mindest. 6%	mindest. 3%
Fruchtsaft	Nektar	Fruchtsaftgetränk	Fruchtlimonade

a) Ein Getränk hat einen Fruchtsaftanteil von 40 %. Um welche Art von Fruchtgetränk handelt es sich?
b) Wie viel Milliliter Fruchtsaft sind bei den verschiedenen Getränkesorten mindestens in einer 1-l-Flasche?
c) Berechne für jede Sorte, wie viel Milliliter Fruchtsaft mindestens in einer 750-ml-Flasche und in einer 1,5-l-Flasche enthalten sind.

7 Berechne die Fettmenge der jeweiligen Lebensmittel in g.
a) 200 g Frischkäse mit 40 % Fettgehalt
b) 250 g Quark mit 20 % Fettgehalt
c) 200 g Sahne mit 30 % Fettgehalt
d) 200 g Vollmilch mit 3,5 % Fettanteil
e) 200 g Magermilch mit 0,5 % Fettanteil

8 Schätze zunächst und berechne dann den exakten Wert.
a) Das Skelett eines Menschen macht etwa 18 % des Körpergewichtes aus. Herr Murks wiegt 95 kg.
b) Der menschliche Körper besteht zu 8 % aus Blut.
Wie viel Liter Blut hat ein Mensch, der 55 kg wiegt?
c) Wie viel Liter Blut fließen in deinem Körper?
d) Wenn ein Mensch 30 % seines Blutes verliert, ist er in Lebensgefahr. Wie viel Liter kann ein Jugendlicher von 40 kg Körpergewicht verlieren, bis dieser gefährliche Zustand eintritt?

9 👥 250 Jugendliche wurden danach befragt, was sie besonders gerne essen:

Spaghetti	35 %
Pizza	40 %
Milchreis	45 %
Schnitzel	22 %
Fischstäbchen	15 %
Hamburger	25 %

a) Was meint ihr zu diesen Vorlieben? Habt ihr andere Lieblingsspeisen?
b) Wie viele Jugendliche haben jeweils die einzelnen Speisen genannt?
Rundet sinnvoll.
c) Warum ergibt die Summe aller angegebenen Prozentsätze mehr als 100 %?

10 Die etwa 8 014 000 Schweizer Bürgerinnen und Bürger gehören verschiedenen Sprachgruppen an:

Deutsch	64 %
Französisch	20 %
Italienisch	7 %
andere Sprachen	9 %

Berechne die Anzahl der Bürgerinnen und Bürger für jede einzelne Sprachgruppe.

8 Prozentsatz

In einer Zeitung steht, dass 81% der
14-Jährigen ein eigenes Haustier besitzen.
→ Wie sieht es in deiner Klasse aus?

Der **Prozentsatz p%** kann mit dem Dreisatz oder mithilfe der Formel **p% = $\frac{W}{G}$**
berechnet werden.

Beispiel

Von 200 Mitgliedern eines Musikvereins spielen 168 ein Instrument.
gegeben: G = 200; W = 168
gesucht: p%

Rechnen mit dem Dreisatz

Mitglieder	%
200	100
1	0,5
168	84

: 200, · 168

Rechnen mit der Formel

Prozentsatz = $\frac{\text{Prozentwert}}{\text{Grundwert}}$

kurz: p% = $\frac{W}{G}$

p% = $\frac{168}{200}$

p% = 0,84 = 84%

84% der Mitglieder spielen ein Instrument.

1
Berechne den Prozentsatz.
Es geht auch im Kopf.

a) 2 von 200
10 von 200
50 von 200
120 von 200

b) 5 von 100
5 von 50
5 von 250
5 von 500

c) 17 von 100
38 von 200
99 von 300
9 von 75

d) 13 von 50
8 von 25
17 von 20
17 von 51

2
Berechne den Prozentsatz.
Schaffst du es hier auch im Kopf?

a) 5 m² von 10 m²
2 m² von 10 m²
1 m² von 10 m²
0,5 m² von 10 m²

b) 7 kg von 14 kg
7 ha von 50 ha
7 h von 35 h
7 m von 21 m

c) 36 m von 72 m
12 l von 60 l
2 km von 40 km
35 cm von 105 cm

d) 15 kg von 60 kg
11 m von 25 m
28 kg von 80 kg
13 € von 104 €

3
Berechne.

a) 40 cm von 1 m
250 ml von 1 l
450 g von 1 kg
600 kg von 1 t

b) 45 min von 1 h
30 min von 2 h
12 h von 1 d
3 h von 1 d

4
Von den 80 Abgängern der Humboldt-
schule haben 8 Schülerinnen und
Schüler noch keinen Ausbildungsplatz.
56 beginnen eine Ausbildung, die übrigen
besuchen eine weiterführende Schule.

a) Drücke die Anteile in Prozent aus.
b) Erstelle ein geeignetes Diagramm.

Lerntipp!

*zu den Aufgaben 2
und 3*

→ *Das Umwandeln von
Größen kannst du auf
Seite 169 üben.*

5 Gib den Prozentsatz zunächst durch Überschlag an. Berechne dann auf eine Stelle nach dem Komma genau.

a) 5 € von 12 €   b) 34 t von 65 t
   25 € von 110 €   15 kg von 40 kg
   2,5 € von 20 €   88 cm von 90 cm

6 Vervollständige die Tabelle im Heft. Runde den Prozentsatz auf eine Stelle nach dem Komma.

	Prozentwert W	Grundwert G	Prozentsatz p %
a)	3 €	100 €	■
b)	35 m	70 m	■
c)	2,8 kg	14 kg	■
d)	7,0 l	10,5 l	■
e)	12 km	240 km	■
f)	29 t	14,5 t	■

7 Eine Umfrage bei 50 Schülerinnen und Schülern der Rilkeschule ergab, dass 46 von ihnen ein Fahrrad besitzen. Nach Angabe des Statistischen Landesamts liegt der Landesdurchschnitt bei 94 %.
a) Ist der Landesdurchschnitt höher?
b) Ermittelt die Werte in eurer Klasse und vergleicht.

8 Eine Umfrage unter 400 Schülerinnen und Schülern über ihre Berufsvorstellungen hatte folgendes Ergebnis:

kaufmännischer Bereich   60
Handwerk   180
Dienstleistung   30
irgendwas mit Computer   92
noch keine Vorstellung   38

a) Gib die einzelnen Umfrageergebnisse in Prozent an.
b) Erstelle ein geeignetes Schaubild.

9 An der Sommerfreizeit nehmen 250 Kinder teil. Davon sind 140 Jungen. Drücke den Anteil der Jungen und Mädchen in Prozent aus.

10 Der MP4-Player kostet 120 € und wird nun 12 € günstiger verkauft. Wie viel Prozent beträgt der Preisnachlass?

11 Von der 630 km langen Fahrt hat Familie Meier bereits 525 km geschafft. Wie viel Prozent der Strecke haben sie noch vor sich?

12 👥 Aus zwei runden Pappscheiben kannst du dir eine Winkelscheibe basteln, mit der du Prozentsätze darstellen kannst. Das Foto zeigt dir, wie sie aussehen soll.

Arbeitet zu zweit. Einer stellt einen Winkel ein, der andere schätzt, wie viel Prozent die Fläche ausmacht.
Überlegt gemeinsam, wie ihr die Ergebnisse kontrollieren könnt.

Online-Link
*zu Aufgabe 12
Eine Winkelscheibe
herstellen
742431-1301*

9 Grundwert

Nach dem Triathlonwettbewerb standen die folgenden Schlagzeilen in der Presse:

> **Nur 80 Teilnehmer erreichten das Ziel beim mörderischen Triathlonwettbewerb!**

> *Nur 40 Prozent der Gestarteten erreichten das Ziel!*

→ Wie viele Teilnehmer sind ursprünglich gestartet?

Der **Grundwert G** kann mit dem Dreisatz oder mithilfe der Formel $G = \frac{W}{p\%}$ berechnet werden.

Beispiel

Nach 114 km waren 76 % der gesamten Strecke zurückgelegt.

gegeben: W = 114 km; p % = 76 %   gesucht: G

Rechnen mit dem Dreisatz

%	km
76	114
1	1,5
100	150

: 76, · 100 (links) ; : 76, · 100 (rechts)

Rechnen mit der Formel

$$\text{Grundwert} = \frac{\text{Prozentwert}}{\text{Prozentsatz}}$$

kurz: $G = \frac{W}{p\%}$

$$G = \frac{114\,\text{km}}{0,76} = 150\,\text{km}$$

Die gesamte Strecke war 150 km lang.

Lerntipp!

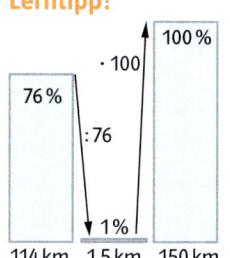

$$114\,km \xrightarrow{\;\cdot\frac{100}{76}\;} 150\,km$$

---

1   Berechne den Grundwert im Kopf.

a) 10 % sind 10
   10 % sind 2
   10 % sind 50
   10 % sind 71

b) 2 % sind 20
   5 % sind 20
   50 % sind 20
   80 % sind 20

c) 6 % sind 54
   5 % sind 35
   20 % sind 720

d) 4 % sind 28
   3 % sind 18
   25 % sind 400

2   Berechne den Grundwert.

a) 3 % sind 30 €
   6 % sind 30 €
   15 % sind 30 €

b) 8 % sind 24 m
   8 % sind 400 m
   8 % sind 64 m

c) 2 % sind 28 t
   9 % sind 45 l
   12 % sind 36 €

d) 1 % sind 7,5 m
   2 % sind 9 kg
   4 % sind 8,4 cm

3   Wie viel sind 100 %? Zeichne ins Heft.

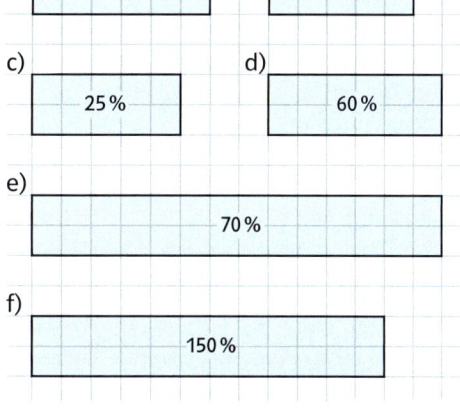

a) 50 %
b) 20 %
c) 25 %
d) 60 %
e) 70 %
f) 150 %

Online-Link
zu Aufgabe 3
742431-1311

4 Rechne geschickt.

Beispiel: $\cdot 5 \left(\begin{array}{l} 20\,\% \text{ sind } 12\,€. \\ 100\,\% \text{ sind } 60\,€. \end{array} \right) \cdot 5$

a) 10 % sind 15 €.   b) 2 % sind 12 m.
   20 % sind 46 t.   5 % sind 10 cm.
   25 % sind 30 l.   4 % sind 3 km.
   50 % sind 7,5 kg.   10 % sind 0,75 km.

5 Frau Hintze sagt: „Yusuf, du hast 84 % der Mathematikaufgaben richtig gerechnet und nur vier Aufgaben falsch gelöst." Wie viele Aufgaben hatte die Mathematikarbeit?

6 Wie viele Menschen leben in Neustadt?

> **Trend zur Zweitwohnung in Neustadt**
>
> 12 % der Neustädter haben eine 2. Wohnung angemeldet. Das sind immerhin 5040 Personen. Bürgermeister Schulze wies anlässlich der gestrigen Ratssitzung darauf hin, dass die Dynamik dieser Entwicklung
>
> Die Mit… in uns… hat sich… Jahre ve… Der Spr… Vorstan… ein Inte… der Bü… interessi…

7 100 m² des Baggersees sind mit Seerosen bedeckt. Das sind 0,5 %. Wie groß ist der See?

8 Berechne jeweils den Grundwert und vergleiche die Ergebnisse.
a) W = 300 €
p % = 15 %; p % = 30 %; p % = 60 %
b) W = 500 €
p % = 10 %; p % = 20 %; p % = 40 %
c) W = 150 €; W = 300 €
p % = 20 %
d) Erkläre, was dir in den Teilaufgaben a) bis c) aufgefallen ist.

9 Nach einem „Lausbubenstreich" zahlt die Haftpflichtversicherung nur 60 % der entstandenen Kosten. Das sind 453 €.
a) Wie hoch war der entstandene Schaden?
b) Wie viel mussten Bernds Eltern zahlen?

10 Bestimme den Grundwert.

a)
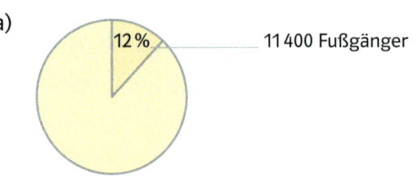
12 %   11 400 Fußgänger

b)
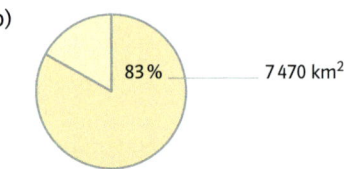
83 %   7 470 km²

c)
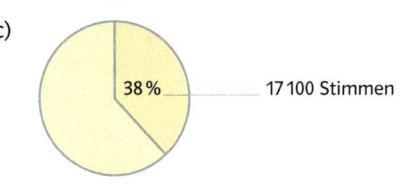
38 %   17 100 Stimmen

d)
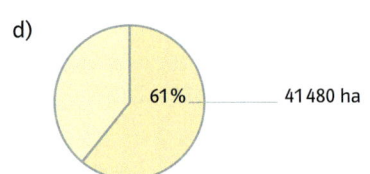
61 %   41 480 ha

11 Bei einer Klassenarbeit erreichten 4 Schülerinnen und Schüler die Note „gut" oder „sehr gut". Das waren 16 % der ganzen Klasse.
a) Wie viele Schülerinnen und Schüler schrieben die Klassenarbeit mit?
b) Welchem Prozentsatz entspricht das in deiner Klasse?

12 Vervollständige die Tabelle in deinem Heft.

	Prozentsatz	Grundwert	Prozentwert
a)	6 %	▪	15 €
b)	15 %	▪	135 km
c)	2,5 %	▪	35 kg
d)	45 %	▪	112,5 a
e)	12 %	500 €	▪
f)	15 %	140 t	▪
g)	▪	250 kg	15 kg
h)	▪	450 m	72 m
i)	12,5 %	420 €	▪
j)	▪	256 m	16 m
k)	18 %	▪	115,2 hl
l)	19 %	▪	38 €

Zusammenfassung

Anteile vergleichen

Will man Anteile vergleichen, bringt man sie auf den **gleichen Nenner**.

$\frac{3}{4} > \frac{2}{3}$, denn $\frac{9}{12} > \frac{8}{12}$

Prozente

Prozente sind Brüche mit dem Nenner 100.
1 Prozent bedeutet 1 Hundertstel.
p Prozent bedeutet p Hundertstel.
$1\% = \frac{1}{100} = 0{,}01;\ p\% = \frac{p}{100}$

Man kann Prozentangaben als Bruch und in Dezimalschreibweise angeben:
$3\% = \frac{3}{100} = 0{,}03;\ 25\% = \frac{25}{100} = 0{,}25$

Prozente darstellen

Prozente können auf unterschiedliche Weise als Anteile dargestellt werden.
Prozentuale Verteilungen kann man durch ein Kreisdiagramm oder ein Streifendiagramm veranschaulichen.

$37{,}5\% = \frac{3}{8}$

Prozentwert

Den **Prozentwert W** kann man mit dem Dreisatz oder mithilfe der Formel
$W = G \cdot p\%$ berechnen.
(Prozentwert = Grundwert · Prozentsatz).

Eine Jeans kostet 50 €. Im Schlussverkauf erhält man 15 % Rabatt. Wie viel spart man?

	%	€
: 100	100	50
	1	0,50
· 15	15	7,50

Man spart 7,50 €.

Prozentsatz

Den **Prozentsatz p %** kann man mit dem Dreisatz oder mithilfe der Formel

$p\% = \frac{W}{G}$ berechnen.

$\left(\text{Prozentsatz} = \frac{\text{Prozentwert}}{\text{Grundwert}}\right)$.

In der Mathearbeit haben von 25 Kindern 5 keinen Fehler gemacht. Wieviel Prozent sind das?

	Kinder	%
: 25	25	100
	1	4
· 5	5	20

20 % der Kinder machten keinen Fehler.

Grundwert

Den **Grundwert G** kann man mit dem Dreisatz oder mithilfe der Formel

$G = \frac{W}{p\%}$ berechnen.

$\left(\text{Grundwert} = \frac{\text{Prozentwert}}{\text{Prozentsatz}}\right)$.

Carina gibt 4,80 € im Monat für Zeitschriften aus. Das sind 16 % ihres Taschengeldes.

	%	€
: 16	16	4,80
	1	0,30
· 100	100	30

Carina erhält monatlich 30 € Taschengeld.

Üben · Anwenden · Nachdenken

1 Vergleiche.

a) $\frac{3}{7}$ und $\frac{4}{7}$ b) $\frac{3}{5}$ und $\frac{4}{10}$ c) $\frac{5}{6}$ und $\frac{7}{9}$

$\frac{2}{5}$ und $\frac{2}{6}$ $\frac{2}{9}$ und $\frac{4}{18}$ $\frac{3}{8}$ und $\frac{7}{12}$

$\frac{4}{9}$ und $\frac{4}{19}$ $\frac{13}{25}$ und $\frac{30}{75}$ $\frac{11}{35}$ und $\frac{8}{21}$

2 In der 7a kommen 15 von 20 Kindern mit dem Bus zur Schule, in der 7b sind es 18 von 25. Vergleiche.

3 Gib den Bruch als Prozentsatz und als Dezimalbruch an.

$\frac{1}{2}$; $\frac{4}{5}$; $\frac{7}{10}$; $\frac{13}{20}$; $\frac{19}{100}$; $\frac{36}{400}$; $\frac{6}{15}$; $\frac{9}{25}$; $\frac{18}{30}$

4 Stelle die Prozentangabe in der Dezimalbruchschreibweise dar.

a) 40%; 55%; 33%; 12%; 8%; 9%; 20%
b) 12,5%; 4,2%; 2,5%; 0,5%; 120%; 200%
c) Stelle die Prozentangaben aus a) und b) als Bruch dar. Kürze, wenn möglich.

5 Ergänze.

49%	▪	▪	10,1%	▪	▪	87%	▪
$\frac{49}{100}$	▪	$\frac{31}{100}$	▪	▪	$\frac{16}{25}$	▪	▪
0,49	0,15	▪	▪	0,02	▪	▪	1,05

6 Setze <, > oder = ein.

a)   0,3 ▪ 3%   b)   9% ▪ $\frac{1}{9}$

$\frac{13}{100}$ ▪ 1,3%   0,6 ▪ 0,069

0,305 ▪ $\frac{30}{100}$ $\frac{1}{5}$ ▪ 20%

45% ▪ 0,445   120% ▪ 1

7 Wie viel ist gefärbt? Schreibe als Bruch, Dezimalbruch und in Prozent.

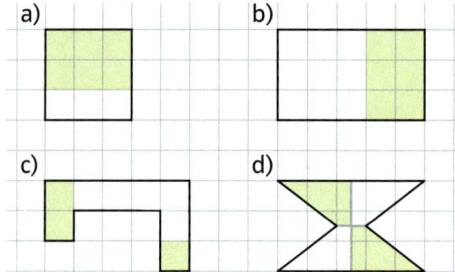

a)   b)

c)   d)

8 Stelle die Anteile in einer geeigneten Figur dar. Wähle unterschiedliche Formen.

a) 50%   b) 0,8   c) 90%

d) 75%   e) 0,35   f) $\frac{6}{15}$

9 Streifendiagramme können auch anders aussehen: Die Grafik zeigt die chemische Zusammensetzung des Menschen.

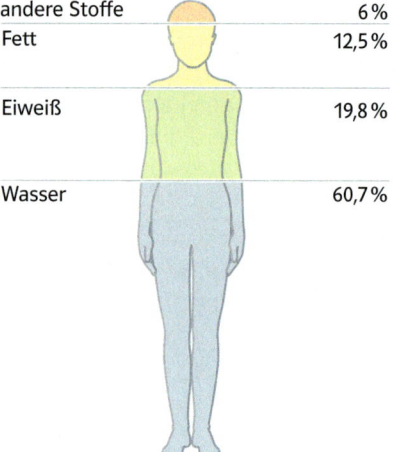

andere Stoffe	6%
Fett	12,5%
Eiweiß	19,8%
Wasser	60,7%

a) Gib die Werte in kg für einen Erwachsenen mit einem Körpergewicht von 80 kg an.
b) Wie viel kg Fett hat ein Jugendlicher, der 55 kg wiegt?
c) Der Fettanteil kann bei Personen stark schwanken. Begründe.
d) Informiere dich über die Aufgaben des Fettes im Körper.

10 Ordne die Grundbegriffe der Prozentrechnung (Grundwert, Prozentsatz, Prozentwert) richtig zu.
a) Von 60 Kiwis wurden 24 Kiwis verkauft. Das entspricht 40%.
b) Sechs von 30 Melonen waren Wassermelonen. Das entspricht 20%.
c) Von 20 kg Kirschen sind 80% reif. Das sind genau 16 kg.
d) Von den fünf Kisten Bananen sind $1\frac{1}{2}$ Kisten unreif. Das sind 30%.
e) Das Obst hat 32 € gekostet. Für 25% davon hat Susann 8 € ausgegeben.

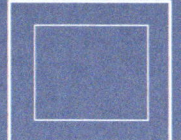

Aufgaben der Prozentrechnung können mithilfe von Programmen zur Tabellenkalkulation übersichtlich gestaltet und gerechnet werden.

Lerntipp!
→ Eine Einführung in das Arbeiten mit einer Tabellenkalkulation findest du auf den Seiten 42 und 43.

Zellen umbenennen

Um beim Rechnen mit Kalkulationsprogrammen den Überblick zu behalten, kann man Zellen umbenennen und ihnen eigene Namen geben.
In die Zelle B2 werden Zahlen eingegeben, die den Stückpreis einer Ware, z. B. eines Computers angeben. Aus diesem Grund kann man diese Zelle dann in den Namen „Stückpreis" umbenennen.
Gib dafür im Namensfeld (rot markiert) „Stückpreis" ein und bestätige die Engabe mit **ENTER**. Die Zelle hat jetzt den Namen Stückpreis und nicht mehr B2.

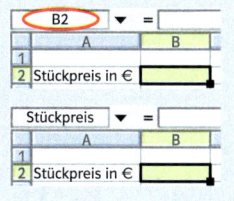

1 Führe die oben beschriebenen Arbeitsschritte durch und erkläre mit eigenen Worten, warum es sinnvoll ist, Zellen umzubenennen.

Ausfüllen angrenzender Zellen mit Formeln

Wiederholt sich in einem Tabellenblatt eine Formel zur Berechnung einer Aufgabe, braucht man diese nicht immer wieder neu einzugeben.
Man klickt in der Zelle (hier B5), in der die Formel eingegeben wurde, in die untere rechte Ecke (siehe roter Pfeil) und markiert bei gedrückter rechter Maustaste alle weiteren Zellen, in denen die Formel stehen soll.

Online-Link
742431-1351

	A	B	C
1			
2	Stückpreis in €	499	
3			
4		Anzahl	Gesamtpreis in €
5	1	=A5*Stückpreis	
6	2		
7	3		

	A	B	C
1			
2	Stückpreis in €	499	
3			
4	Anzahl	Gesamtpreis in €	
5	1	499,00	
6	2		
7	3		

	A	B	C
1			
2	Stückpreis in €	499,00	
3			
4	Anzahl	Gesamtpreis in €	
5	1	499,00	
6	2	998,00	
7	3	1497,00	

2 Übertrage das Rechenblatt auf deinen Computer. Nutze dabei das Umbenennen der Zellen und das Ausfüllen in der Spalte B.

3 Die Gutenbergschule benötigt neue Computer. Die Firma Langhammer macht folgendes Angebot:
Ein PC inklusive Monitor kostet 499,00 €. Es wird eine Ermäßigung von 8 % gewährt.
a) Übertrage das Tabellenblatt auf deinen Computer.
b) Überlege, welche Formel du in die Zelle C6 eingeben musst.
c) Vervollständige das Tabellenblatt mithilfe der Arbeitsschritte, die du gerade erlernt hast.

	A	B	C	D
1	Preisangebot der Firma Langhammer für Schul-PCs			
2	Preis pro Computer in €:	499		
3	Ermäßigung in %:	8		
4				
5	Anzahl	Preis in €	Ermäßigung in €	Rechnungsbetrag in €
6	1	=A6*Stückpreis		=B6−C6
7	2			
8	3			
9	4			
10	5			
11	6			

11 Berechne den Prozentwert. Überschlage zunächst im Kopf.

a) 20 % von 50 km
25 % von 104 kg
70 % von 95 g

b) 45 % von 300 m²
60 % von 140 €
200 % von 606 l

12 Berechne den Prozentsatz. Es geht auch im Kopf.

a) 9 ml von 36 ml
18 € von 60 €
12 km von 240 km

b) 3 € von 10 €
70 m von 280 m
28 g von 50 g

13 Berechne den Grundwert. Überschlage das Ergebnis zur Kontrolle.

a) 60 g sind 25 %
36 kg sind 72 %
15 % sind 105 kg

b) 432 ml sind 45 %
24 l sind 150 %
114 mg sind 114 %

14 Was ist gegeben, was kann man berechnen?
Stellt euch gegenseitig Aufgaben.

2500 Lose!

Große Gewinnlotterie
Los Nr. 388

- 35% Gewinnchance
- 5% Hauptgewinne
- ein Auto als ein Hauptgewinn
- 3 von 10 Losen: ein Kleingewinn!

15 Wie viel Prozent der abgebildeten Sportlerinnen sind Hockeyspielerinnen (Fußballerinnen, Tennisspielerinnen, Turnerinnen)?

16 Von den ca. 81,7 Millionen Menschen, die in Deutschland leben, bekennen sich knapp 51 Mio. Menschen zum christlichen Glauben, 3,3 Mio. sind Muslime, der Rest ist andersgläubig. Rechne in Prozentangaben um und erstelle ein Schaubild.

17 Wie viel Euro müssen jeweils von Einzelpersonen gezahlt werden?

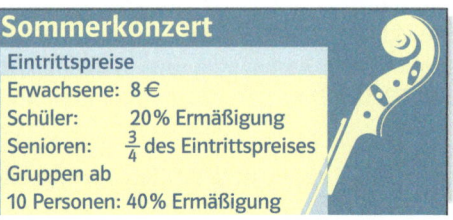

Sommerkonzert

Eintrittspreise	
Erwachsene:	8 €
Schüler:	20% Ermäßigung
Senioren:	$\frac{3}{4}$ des Eintrittspreises
Gruppen ab 10 Personen:	40% Ermäßigung

18 Durch eine gute Wärmedämmung konnten in einem Wohnhaus 30 % der jährlichen Heizkosten eingespart werden. Dies sind 450 €. Wie viel Euro mussten im Vorjahr bezahlt werden?

Blickpunkt: Blume des Lebens

19 Mithilfe des Zirkels kannst du geometrische Kunstwerke gestalten. Das abgebildete Ornament ist als Zeichnung oder Schmuckstück auf der ganzen Welt anzutreffen. Auffallend ist, dass es fast überall den gleichen Namen trägt: „Blume des Lebens".
Du kannst die „Blume des Lebens" auch selbst zeichnen. Es ist günstig, wenn der innere Kreis einen Radius von 6 cm hat.

Auf Waren und Dienstleistungen erhebt der Staat eine gesetzliche Mehrwertsteuer (MwSt). Diese beträgt zurzeit in Deutschland 19 %. Für Lebensmittel, Bücher und Zeitungen gilt ein ermäßigter Steuersatz von 7 %.

20 Tina will einen Blu-Ray-Player kaufen und vergleicht die Preise.

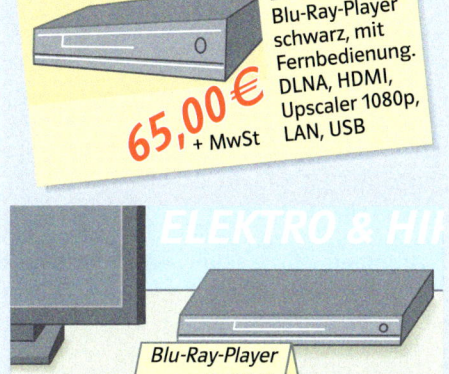

BP X578
Blu-Ray-Player
schwarz, mit
Fernbedienung.
DLNA, HDMI,
Upscaler 1080p,
LAN, USB

65,00 €
+ MwSt

ELEKTRO & HIF

Blu-Ray-Player
75,00 €

Tina will das billigere Gerät kaufen. Für welches sollte sie sich entscheiden?

21 Tim bestellt im Versandhandel und berechnet, was er bezahlen muss. Alle Katalogpreise sind ohne Mehrwertsteuer angegeben.
1 MP3-Player: 34,50 €
25 DVD-Rohlinge: 8 €
1 Abenteuerbuch „Die Indianer": 12 €
1 Zeitschrift „Musik online": 5,61 €

22 a) In 500 g weißen Bohnen sind 10 g Fett, 105 g Eiweiß und 28 g Kohlenhydrate enthalten.
Berechne den jeweiligen Prozentsatz.
b) 100 g Tiramisu enthalten 6 g Eiweiß, 79 g Kohlenhydrate und 10 g Fett.
Gib die Anteile in Prozent an.

23 Mara spart monatlich ein Drittel ihres Taschengeldes. Mareike legt von ihren 80 € Taschengeld immer 25 € zurück. Wer spart anteilig mehr?

24 Unser Körper braucht Ballaststoffe, die ausschließlich in pflanzlichen Nahrungsmitteln enthalten sind.

Nahrungsmittel	Ballaststoffanteil
Obst	$\frac{13}{50}$
Hülsenfrüchte	$\frac{7}{50}$
Gemüse	$\frac{1}{4}$
Brot/Gebäck	$\frac{16}{50}$
Kartoffeln	$\frac{13}{100}$
Weizenkleie	$\frac{11}{25}$

a) Vergleiche die Anteile, indem du in Prozent umwandelst.
b) Schreibe die Tabelle so, dass sofort zu erkennen ist, welche Nahrungsmittel besonders ballaststoffreich sind.

25 Werbung in Zeitungen erfolgt häufig mit Prozentangaben. Ihr Ziel ist es, den Verbraucher zu informieren und den Verkauf zu steigern. Neben informativen Werbeanzeigen gibt es leider auch immer wieder „schwarze Schafe".
a) Berechne, wie viel Gramm Früchte im Glas enthalten sind.

Fruchti
Fruchtaufstrich

Früchte (55 %), Zucker, Glukosesirup, Geliermittel Pektin, Säuerungsmittel Zitronensäure, Schaumverhüter E 471.

Fruchti

Fruchti
Erdbeere

150g

Fruchtiger, supercooler Fruchtaufstrich mit 100 %iger Klasse! Garantiert frechfruchtiger Geschmack mit einem Anteil von mindestens 55 % der allerbesten Früchte.
Ein wichtiger Beitrag zur gesunden Ernährung von heute.

b) Untersucht die Werbeanzeige genauer:
• Wie unterscheidet sich die Angabe „100 %ige Klasse" von der Angabe „55 % Früchte"?
• Welche Information erhaltet ihr?
• Was wird verschwiegen?

In der Mathematik findet man häufig Begriffe aus dem kaufmännischen Bereich.

Skonto: Skonto ist ein Preisnachlass, den man erhalten kann, wenn man eine Rechnung innerhalb einer bestimmten Frist (beispielsweise innerhalb von 2 Wochen) bezahlt.
Das Skonto beträgt meist 2% oder 3% vom Verkaufspreis.
Rabatt: Rabatt ist ein Preisnachlass, den man erhalten kann, wenn man beispielsweise große Mengen eines Artikels kauft.

Beispiel

Auf einen Rechnungsbetrag von
750 € werden 3% Skonto gewährt.

Das Skonto beträgt 22,50 €.

%	€
100	750
1	7,50
3	22,50

$: 100$ $\cdot 3$ $: 100$ $\cdot 3$

26 Vergleiche die Angebote. Wie viel Prozent beträgt der Mengenrabatt beim Kauf von 10 Heften?

Schulheft 0,75 €

10 Hefte 6,– €

27 Wie viel Geld kann Herr Rössger sparen, wenn er fristgerecht bezahlt? Welchen Betrag muss Herr Rössger dann überweisen?

Gartengestaltung europe

Gartengestaltung Europe GmbH – Bergstr. 30 – 72458 Astadt

Helmut Rössger
Lange Str. 12

Rechnung
Nummer/Datum

12345 Musterstadt

2013-0329 / 12.04.2013

Pos.	Bezeichnung	Betrag
1	Rollrasen Premium 240 qm	1020,00 €
2	Verlegung inkl. Altrasenbes.	2640,17 €
	Summe Netto	3660,17 €
	Mehrwertsteuer 19 %	695,43 €
	Zahlbetrag	4355,60 €

Bei Bezahlung innerhalb 14 Tagen 3% Skonto.

28 Jürgen berichtet: „Wenn wir bei der Klassenfahrt die Rechnung für den Bus sofort bezahlen, erhalten wir 2% Skonto. Das sind immerhin 19,10 €." Was kostet die Busfahrt?

29 Ein Elektrohaus räumt sein Lager und verkauft einige Geräte mit einem Rabatt von 10%. Was kosten die einzelnen Geräte noch?

ELEKTRO & HII

Alles muss raus!
–10%

DVD-Spieler
69,– €

Fernseher
2560,– €

Stereoanlage
655,– €

30 Manchmal kann man beim Schlussverkauf gute Schnäppchen machen.

alter Preis 250,–

125,– €

jetzt nur 100,– €
212,50 €

99,– €
79,– €

a) Was meinst du zu diesen Angeboten? Sprich mit einer Partnerin oder einem Partner darüber.
b) Gib die Ermäßigung jeweils in Euro und in Prozent an.

1 Welcher Anteil ist größer?
15 von 25 oder 14 von 20

2 Schreibe in Prozent.
a) $\frac{15}{300}$; $\frac{18}{20}$; $\frac{4}{5}$; $\frac{55}{250}$; $\frac{1}{3}$
b) jeder Vierte; 7 von 10

3 Schreibe als Dezimalbruch.
85 %; 17 %; 9 %; 120 %; 3,5 %

4 Wie viel Prozent sind gefärbt?
a)   b)   c)

5 Berechne das Ergebnis der Klassensprecherwahl in Prozent und stelle es in einem Streifendiagramm dar.

Jan	12 Stimmen
Kira	8 Stimmen
Leon	4 Stimmen
Sina	1 Stimme

6 Berechne die fehlenden Werte.

Grundwert	Prozentwert	Prozentsatz
520 €	52 €	■
150 m	■	76 %
■	17,5 kg	35 %

7 Beim Räumungsverkauf wurde ein Mantel um 35 % ermäßigt.
Ursprünglich kostete der Mantel 298 €.
Wie viel spart man jetzt?

8 Frau Yildrim kauft sich ein neues Trekkingrad. Sie bekommt einen Rabatt von 8 %. Das sind 24 €.
Wie ist der reguläre Preis?

1 Vergleiche die Anteile.
121 von 600 und 100 von 501

2 Schreibe in Prozent.
a) $\frac{2}{3}$; $\frac{12}{25}$; $\frac{42}{70}$; $\frac{9}{250}$; $\frac{11}{20}$
b) drei von 50; die Hälfte von der Hälfte

3 Schreibe als Dezimalbruch.
7 %; 12,5 %; 2,25 %; $3\frac{1}{4}$ %; 250 %

4 Wie viel Prozent sind gefärbt?
a)   b)   c)

5 Berechne die Anteile der Eissorten eines Eiscafés in Prozent und stelle sie in einem Kreisdiagramm dar.

Erdbeere	562,5 l
Banane	337,5 l
Schokolade	675 l
Vanille	225 l
Stracciatella	450 l

6 Berechne die fehlenden Werte.

Grundwert	Prozentwert	Prozentsatz
107,25 €	3,75 €	■
3,8 km	■	125 %
■	11,25 kg	$4\frac{1}{2}$ %

7 Beim Räumungsverkauf wird ein Mantel, der ursprünglich 198 € gekostet hat, für 149 € angeboten.
Um wie viel Prozent wurde der Preis ermäßigt?

8 Beim Kauf eines Sofas erhält Marina 5 % Nachlass. Sie spart dadurch 12,50 €.
Wie viel Euro musste sie bezahlen?

Online-Link
zum Rückspiegel
742431-1391

→ Die Lösungen findest du auf Seite 180.

Standpunkt

Online-Link
zum Standpunkt
742431-1401

Wo stehe ich?

Ich kann …	gut	weniger gut	etwas	nicht mehr	Lerntipp!
1 Brüche erkennen und benennen.	☐	☐	☐	☐	→ Seite 10
2 geeignete Brüche auf Hundertstel erweitern oder kürzen und dann in Prozentsätze umwandeln.	☐	☐	☐	☐	→ Seite 119
3 Brüche als Dezimalbrüche darstellen und dann in Prozentsätze umwandeln.	☐	☐	☐	☐	→ Seite 120
4 Brüche vergleichen.	☐	☐	☐	☐	→ Seite 118
5 wichtige Brüche und die zugehörige Prozentangabe auswendig benennen.	☐	☐	☐	☐	→ Seite 119
6 Anteile berechnen.	☐	☐	☐	☐	→ Seite 118

Überprüfe deine Einschätzung.

1 Wie heißt der Bruch?

a)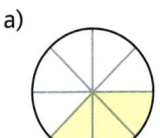

b)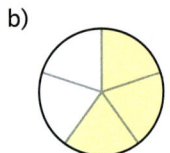

2 Erweitere oder kürze den Bruch auf Hundertstel, wandle anschließend in einen Prozentsatz um.

a) $\frac{1}{2}$ b) $\frac{1}{4}$ c) $\frac{3}{4}$ d) $\frac{4}{5}$

e) $\frac{3}{10}$ f) $\frac{7}{20}$ g) $\frac{8}{400}$ h) $\frac{72}{600}$

3 Stelle den Bruch als Dezimalbruch dar und wandle in die Prozentschreibweise um. Runde den Prozentsatz ggf. auf eine Stelle nach dem Komma.

a) $\frac{1}{3}$ b) $\frac{2}{3}$ c) $\frac{1}{6}$ d) $\frac{3}{6}$

e) $\frac{1}{9}$ f) $\frac{7}{15}$ g) $\frac{2}{7}$ h) $\frac{9}{40}$

4 Übertrage ins Heft und setze die Zeichen < oder > oder = ein.

a) $\frac{1}{2}$ ☐ $\frac{3}{4}$ b) $\frac{2}{3}$ ☐ $\frac{3}{4}$ c) $\frac{5}{6}$ ☐ $\frac{5}{7}$

d) 25 % ☐ $\frac{1}{4}$ e) 20 % ☐ $\frac{1}{4}$ f) 8 % ☐ $\frac{3}{50}$

5 Übertrage die Tabelle ins Heft und ergänze die fehlenden Angaben.

a)

Bruch	$\frac{1}{100}$	$\frac{1}{4}$	$\frac{1}{2}$	$\frac{1}{50}$
Prozentangabe	☐	☐	☐	☐

b)

Bruch	☐	☐	☐	☐
Prozentangabe	10 %	20 %	25 %	75 %

6 Die Strichliste einer Verkehrszählung vor dem Kindergarten zeigt folgendes Ergebnis:

Fahrzeug	Häufigkeit
Auto	卌 卌 卌 卌 卌 卌 卌 卌 卌 卌 卌 卌 丨
Lkw	卌
Bus	丨丨丨
Fahrrad	卌 卌 卌 卌 卌 卌 卌 卌 卌 卌 卌 卌 丨丨丨丨
Fußgänger	卌 卌 卌 卌 卌 卌 卌 卌 卌 卌 卌 卌 卌 卌 卌 卌 卌 卌 丨丨

a) Notiere für jeden Verkehrsteilnehmer die Häufigkeit.
b) Berechne für jeden Verkehrsteilnehmer die relative Häufigkeit.

→ Die Lösungen findest du auf Seite 181.

Glück gehabt?

Hölzchen ziehen

Beim „Hölzchenziehen" unter drei Personen werden drei Streichhölzer benötigt. Eines der drei Hölzchen wird gekürzt. Die Streichhölzer werden verdeckt in der Hand gehalten. Wer das kurze zieht, hat verloren.

→ Ist es günstiger, als Erster oder als Letzter zu ziehen? Stellt Vermutungen auf.

→ Überprüft eure Vermutungen. Bildet Dreiergruppen und führt das „Hölzchenziehen" 30-mal durch. Notiert, wann das kurze Streichholz gezogen wurde.

→ Fasst eure Ergebnisse wie in der Tabelle rechts zusammen.

→ Diskutiert darüber, ob das „Hölzchenziehen" gerecht ist.

→ Vergleicht mit anderen Losverfahren, die ihr kennt.

Anzahl der Versuche	Das kurze Streichholz wurde als … gezogen.		
	1.	2.	3.
30	7	12	11
60	18	19	23
90	31	28	31
120	40	38	42
…	…	…	…

Das lerne ich:

- Was Zufallsversuche und Zufallsgeräte sind,
- wie Zufallsversuche durchgeführt werden,
- wie Gewinnchancen beschrieben werden,
- wie die Chance berechnet werden kann, in einem Spiel zu gewinnen oder zu verlieren,
- wie Wahrscheinlichkeiten geschätzt werden können.

Online-Link
„Hölzchenziehen"
742431-1411

1 Zufallsversuche

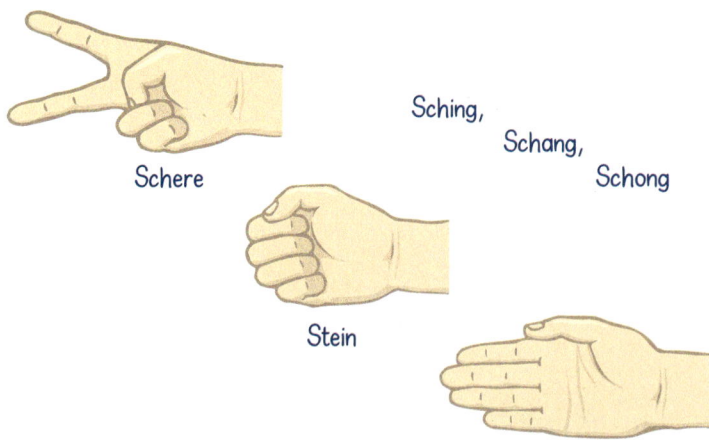

Sching, Schang, Schong

Schere

Stein

Papier

Regeln
- Schere schneidet Papier.
- Papier wickelt Stein ein.
- Stein schleift Schere.
- Bei gleichen Zeichen gewinnt niemand.

→ Spielt das Spiel zu zweit.
→ Jan meint, es sei Zufall, ob man gewinnt oder verliert.
  Was meint er damit? Erkläre.
→ Notiert, wer wie oft gewonnen hat.

Mithilfe von **Zufallsgeräten** wie Münzen, Würfeln, Losen, Karten, Glücksrädern usw. werden **Zufallsversuche** durchgeführt. Wie ein Zufallsversuch ausfällt, hängt allein vom Zufall und nicht von der Geschicklichkeit ab. Man kann vor dem Versuch alle **möglichen Ergebnisse** nennen.

Beispiele
a) Das Ziehen eines Loses ist ein Zufallsversuch.
Zufallsgerät: Los
mögliche Ergebnisse: Gewinn oder Niete

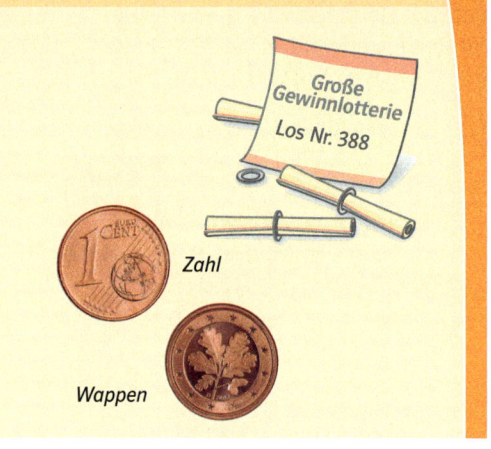

b) Das Werfen einer Münze ist ein Zufallsversuch.
Zufallsgerät: Münze
mögliche Ergebnisse: Wappen oder Zahl

Zahl

Wappen

---

1 Beschreibe die möglichen Ergebnisse. Bei welchem Vorgang ist das Ergebnis zufällig, bei welchem nicht?
a) Ein Würfel wird geworfen.
b) Ein Wasserhahn wird aufgedreht.
c) Aus einem Kartenspiel wird eine Karte gezogen.

2 Bei welchem Versuch handelt es sich um einen Zufallsversuch?
a) Eine Lottozahl wird gezogen.
b) Eine Reißzwecke wird geworfen.
c) Wasser gefriert bei 0 °C.

3 Beschreibe die möglichen Ergebnisse des Zufallsversuchs.
a) Unter vier Streichhölzern befindet sich eines, das kürzer ist als die anderen. Ein Streichholz wird gezogen.
b) Es werden zwei Münzen geworfen.
c) Das abgebildete Glücksrad wird gedreht.
d) Zwei Würfel werden geworfen.

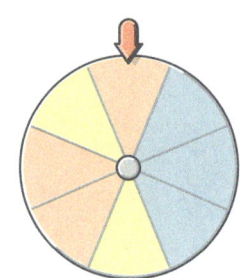

4 👥 Vier Kinder spielen Fußball auf ein Tor. Mit welchem Zufallsgerät würdet ihr entscheiden, wer ins Tor gehen muss? Begründet eure Entscheidung.

5 Suche geeignete Zufallsgeräte, um in folgenden Situationen fair entscheiden zu können.
a) Welche Fußballmannschaft hat Anstoß?
b) Welcher Tennisspieler schlägt zuerst auf?
c) Sieben Mannschaften starten zur Stadtrallye. Welche Mannschaft startet als Erste, welche als Zweite, usw.?
d) Acht Schwimmer sind am Start. Wer startet auf welcher Bahn?

6 👥 Glücksspiel oder nicht? Erklärt. Nennt gegebenenfalls, welches Zufallsgerät entscheidet.
a) Mensch ärgere dich nicht
b) Schach
c) Vier gewinnt
d) Roulette
e) Lotto
f) Domino
g) Schwarzer Peter

7 Vera und Tom losen, wer das Geschirr abwaschen muss. Als Zufallsgerät kramt Tom ein Schweinchen aus dem Spiel „Schweinerei" hervor.

Sau · Suhle · Schnauze · Haxe · Backe

a) Beschreibe die Lage des Schweins bei jedem möglichen Ergebnis.
b) Handelt es sich um einen Zufallsversuch? Begründe deine Meinung.

8 a) Dan wirft eine Münze. Welche Ergebnisse sind möglich?
b) Wirf eine Münze zehnmal. Wie oft liegt „Zahl" oben?

9 Patrick will mit seinen Eltern um ein zusätzliches Taschengeld würfeln. Die Eltern sollen ihm die Augenzahl in Euro geben.
Die Eltern stimmen zu, falls er den Würfel selbst bastelt.
Aus Pappe stellt Patrick einen Quader her und markiert darauf Augenzahlen. Er benutzt diesen zum Würfeln.

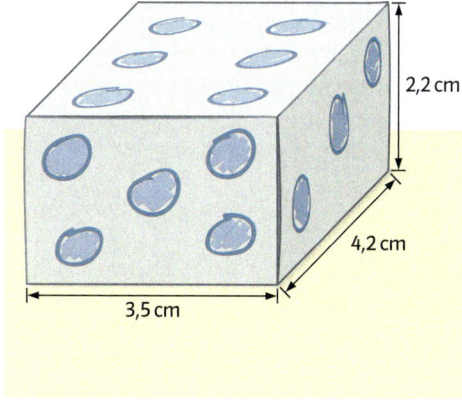

2,2 cm · 4,2 cm · 3,5 cm

a) Hat er die Würfelaugen geschickt gesetzt? Begründe deine Meinung.
b) Bastle den Würfel, denke dabei an Klebelaschen. Wie würdest du die Würfelaugen markieren?

Glücksräder kann man leicht selbst herstellen. Je regelmäßiger sie sind, desto leichter kann man erkennen, ob die Gewinnchancen gleich oder ungleich verteilt sind.

1 👥 a) Stellt aus dünnem Karton mithilfe der Bastelanleitung ein achteckiges Glücksrad her.

- Zeichnet einen Kreis mit einem Radius von 4 cm.
- Unterteilt den Kreis in acht gleich große Abschnitte. Wie viel Grad hat jeder Winkel?
- Zeichnet gestrichelte Linien wie in der Abbildung. Schneidet entlang der gestrichelten Linien ab.
- Nummeriert und färbt die Felder wie in der Abbildung.
- Steckt einen Zahnstocher durch den Mittelpunkt des Achtecks.

b) Ihr könnt nun zu zweit euer Glück versuchen. Findet heraus, ob die Gewinnchancen gleich verteilt sind. Wählt mindestens eine kleine und eine große Karte.

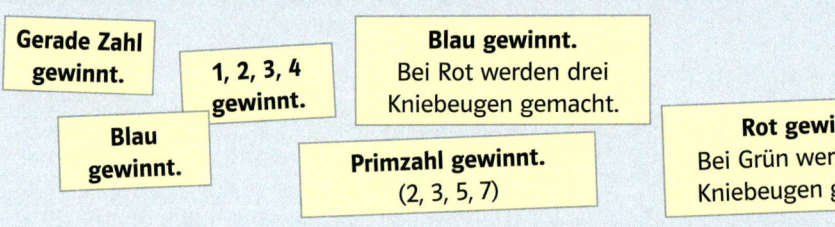

Gerade Zahl gewinnt.

1, 2, 3, 4 gewinnt.

Blau gewinnt. Bei Rot werden drei Kniebeugen gemacht.

Blau gewinnt.

Primzahl gewinnt. (2, 3, 5, 7)

Rot gewinnt. Bei Grün werden fünf Kniebeugen gemacht.

c) Du gewinnst, wenn die gedrehte Zahl durch 3 teilbar ist. Dein Spielpartner gewinnt, wenn die Zahl durch 2 teilbar ist. Bei welcher Zahl würdet ihr beide gewinnen? Wer wird wahrscheinlich häufiger gewinnen?

d) Dreht das Glücksrad 40-mal. Stellt eine Tabelle auf und notiert darin, wie oft jede Zahl fällt. Berechnet die relative Häufigkeit.

2 👥 Entwerft zwei eigene Glücksräder und stellt sie her. Bei einem der Glücksräder sollen die Gewinnchancen gleich verteilt sein. Bei dem anderen Glücksrad sollen die Gewinnchancen ungleich verteilt sein. Probiert Glücksradvarianten mit einem Zeiger, wie in den Abbildungen rechts, aus. Stellt eure Glückräder der Klasse vor.

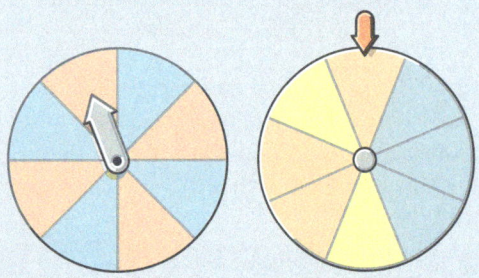

2 Wahrscheinlichkeiten

Larissa und Jan ziehen aus verschiedenen Beuteln jeweils eine Kugel.

→ Jan erklärt, für ihn sei die Chance, eine rote Kugel zu ziehen, genauso groß wie die Chance, eine gelbe Kugel zu ziehen. Was meinst du?

→ Larissa behauptet, dass dies für sie auch gelte. Bist du ihrer Meinung? Begründe.

→ Wer von beiden hat die größere Chance, beim ersten Ziehen eine blaue Kugel zu erwischen? Begründe deine Meinung.

Wenn **alle möglichen Ergebnisse** bei einem Zufallsversuch die gleiche Chance haben, dann sagt man, dass jedes Ergebnis **gleich wahrscheinlich** ist. Es gilt:

Wahrscheinlichkeit eines Ergebnisses = $P(E) = \dfrac{1}{\text{Anzahl aller möglichen Ergebnisse}}$

P(E) bedeutet Wahrscheinlichkeit (**P**robability) des **E**rgebnisses.

Beispiele

a) Wirft man eine Münze, so ist die Wahrscheinlichkeit Wappen zu werfen, eines von zwei gleich wahrscheinlichen Ergebnissen.
Es gilt also:
$P(\text{Wappen}) = \dfrac{1}{2} = \dfrac{50}{100} = 50\,\%$

b) Beim Würfeln die Augenzahl 4 zu würfeln, ist ein Ergebnis von sechs gleich wahrscheinlichen Ergebnissen.
Die Wahrscheinlichkeit ist deshalb:
$P(3) = \dfrac{1}{6} = 0,1\overline{6} \approx 16,7\,\%$

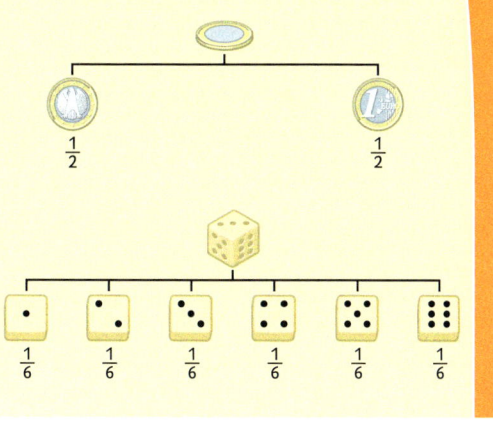

1 Notiere die Wahrscheinlichkeit als Bruch.

a) Es wird eine 6 gewürfelt.

b) Von vier Streichhölzern (drei lange, ein kurzes) wird das kurze gezogen.

c) Aus 50 Losen wird der einzige Hauptgewinn gezogen.

d) Es wird aus einem Skatspiel mit 32 Karten der eine Kreuz Bube gezogen.

e) Beim Lottospiel wird als erste Zahl 49 gezogen.

f) Unter acht Schlüsseln wird sofort der richtige Schlüssel gezogen.

2 Einer der Berliner ist mit Senf gefüllt. Notiere die Wahrscheinlichkeit des Ergebnisses P(Senf) in Prozent.

3 Wie groß ist die Wahrscheinlichkeit, im Dunkeln den gelben Stift zu ziehen? Notiere P(gelber Stift) als Bruch und in Prozent.

4 Hausaufgabenkontrolle! Die Lehrkraft lost aus, wessen Heft sie nimmt. Wie groß ist die Wahrscheinlichkeit, dass es dich trifft?

5 Berechne die Wahrscheinlichkeit des Ergebnisses,
a) die blaue Kugel aus der Urne zu ziehen,

b) bei dem Glücksrad die 6 zu drehen,

c) bei der Lotterie 10 € zu gewinnen, wenn die Gewinnzahl mit der letzten Ziffer der Losnummer übereinstimmt.

6 Welche Wahrscheinlichkeit ist größer? Begründe deine Meinung.
a) Auf einem zweistelligen Zahlenlos die Zahl 13 zu haben oder im Lotto „6 aus 49" als erste Zahl eine 13 zu ziehen?
b) Aus einem Skatspiel mit 32 Karten das Kreuz Ass zu ziehen oder beim Roulette mit den Zahlen 0 bis 36 die Null zu erhalten?

7 Beim Lotto „6 aus 49" wurden bereits die Zahlen 13, 19, 34, 45, 48 gezogen.

a) Wie groß ist die Wahrscheinlichkeit, dass als nächste Zahl die 15 gezogen wird?
b) Mit welcher Wahrscheinlichkeit wird dann als siebte Zahl die Zusatzzahl 38 gezogen?

Laplace-Wahrscheinlichkeit

Pierre Simon Laplace
(1749 – 1827)

Zufallsversuche, bei denen alle Ergebnisse die gleiche Wahrscheinlichkeit haben, nennt man **Laplace-Versuche**.

Beispiel
Das Werfen mit einem Würfel ist ein Laplace-Versuch, weil alle Ergebnisse die gleiche Wahrscheinlichkeit haben.

8 Es wird mit folgenden Gegenständen gewürfelt. Bei welchem Versuch liegt ein Laplace-Versuch vor?

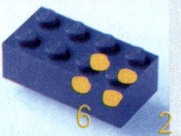

3 Ereignisse

Laura spielt mit den grünen, Ferat mit den roten Figuren.
→ Wer hat die größere Chance, beim nächsten Wurf eine Figur sicher ins Haus zu bringen?
   Begründe deine Entscheidung.

Wenn von allen möglichen, gleich wahrscheinlichen Ergebnissen mehrere zu einem **Ereignis** gehören, nennt man diese **günstige Ergebnisse**.
Es gilt:

Wahrscheinlichkeit eines Ereignisses = P(E) = $\dfrac{\text{Anzahl der günstigen Ergebnisse}}{\text{Anzahl aller möglichen Ergebnisse}}$

Sind alle möglichen Ergebnisse gleichzeitig günstige Ergebnisse, so spricht man von einem **sicheren Ereignis**.
Gibt es kein günstiges Ergebnis, spricht man von einem **unmöglichen Ereignis**.

Beispiele

a) Wie groß ist die Wahrscheinlichkeit, aus den abgebildeten Karten eine schwarze Karte zu ziehen?

1. Alle möglichen Ergebnisse auszählen:
   Karo 7, 8, 9, 10, Herz 7, 8, 9, 10,
   Pik König, Pik Ass
   Anzahl: 10 Karten
2. Alle günstigen Ergebnisse auszählen:
   Pik König, Pik Ass
   Anzahl: 2 Karten
3. Wahrscheinlichkeit berechnen: P(schwarze Karte) = $\frac{2}{10}$ = 0,2 = 20 %
b) Wie groß ist die Wahrscheinlichkeit, eine rote oder eine schwarze Karte zu ziehen?
   P(Rot oder Schwarz) = $\frac{10}{10}$ = 1 = 100 % (sicheres Ereignis)
c) Wie groß ist die Wahrscheinlichkeit, einen Kreuz Buben zu ziehen?
   P(Kreuz Bube) = $\frac{0}{10}$ = 0 = 0 % (unmögliches Ereignis)

1 Carl will eine Zahl würfeln, die durch 3 teilbar ist. Er benutzt einen 12-flächigen Würfel.

a) Notiere alle möglichen Ergebnisse.
b) Notiere alle günstigen Ergebnisse.
c) Berechne die Wahrscheinlichkeit, eine durch 3 teilbare Zahl zu würfeln.

2 Kai würfelt mit einem 20-flächigen Würfel.
Notiere alle möglichen und alle günstigen Ergebnisse und berechne die Wahrscheinlichkeit.

a) Kai würfelt eine durch 3 teilbare Zahl.
b) Er würfelt eine Zahl, die kleiner als 8 ist.

Lerntipp!

Einen 12-flächigen Würfel nennt man auch Dodekaeder. Einen 20-flächigen Würfel nennt man auch Ikosaeder.

Online-Link
zu den Aufgaben 3 und 4
742431-1481

3 Silke dreht das Glücksrad. Bestimme die Wahrscheinlichkeit für das gesuchte Ereignis. Führe dazu die Tabelle fort.

	Ereignis	Anzahl der günstigen Ergebnisse	Anzahl der möglichen Ergebnisse	Wahrscheinlichkeit für das Ereignis
a)	blaues Feld	4	10	$P(\text{blaues Feld}) = \frac{4}{10}$ $= 0,4 = 40\%$
b)	…	…	…	…

a) P(blaues Feld)
b) P(grünes Feld)
c) P(gelbes Feld)
d) P(gerade Zahl)
e) P(Primzahl)
f) P(weißes Feld)
g) P(natürliche Zahl kleiner als 11)

Lerntipp!
Primzahlen sind Zahlen, die nur durch 1 und sich selbst teilbar sind:
2; 3; 5; 7; 11; 13; 17; 19; 23; 29; …

4 Aus dem Behälter wird eine Kugel gezogen. Lege eine Tabelle an und bestimme mit ihrer Hilfe die Wahrscheinlichkeit.

	Ereignis	Anzahl der günstigen Ergebnisse	Anzahl der möglichen Ergebnisse	Wahrscheinlichkeit für das Ereignis
a)	rote Kugel	2	12	$P(\text{rote Kugel}) = \frac{2}{12}$
b)	…	…	…	…

a) P(rote Kugel)
b) P(blaue Kugel)
c) P(gelbe Kugel)
d) P(schwarze Kugel)
e) P(weiße Kugel)

5 Bei einer Verlosung wird eine Kugel aus einem Eimer mit 65 schwarzen, 28 roten und 7 weißen Kugeln gezogen.
a) Wie groß ist die Wahrscheinlichkeit, dass Sina eine schwarze Kugel zieht?
b) Mit welcher Wahrscheinlichkeit zieht Kevin eine rote Kugel?

6 Wie groß ist die Wahrscheinlichkeit, aus einem Skatspiel

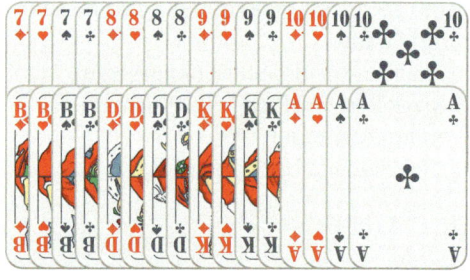

a) ein Ass zu ziehen?
b) eine rote Dame zu ziehen?
c) eine rote Karte zu ziehen?
d) eine Karokarte zu ziehen?
e) eine schwarze Drei zu ziehen?

7 Aus dem Behälter wird eine Kugel gezogen. Notiere die Wahrscheinlichkeit P(E) als Bruch und in Prozent.

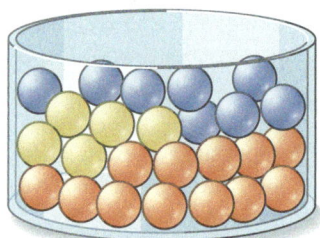

a) Es wird eine rote Kugel gezogen.
b) Es wird eine gelbe Kugel gezogen.
c) Es wird eine blaue Kugel gezogen.
d) Berechne die Summe der drei Wahrscheinlichkeiten aus den Teilaufgaben a) bis c)? Was fällt dir auf?

8 Beim Mensch-ärgere-dich-nicht-Spiel ist Rot an der Reihe.

Mit welcher Wahrscheinlichkeit kann Rot
a) die blaue Figur schlagen?
b) ins eigene Haus gelangen?
c) die eigene Figur nicht setzen?
d) weder schlagen, ins Haus gelangen noch setzen?
e) Addiere die einzelnen Wahrscheinlichkeiten. Was fällt dir auf? Erkläre das Ergebnis.

Bingo

BINGO ist ein Glücksspiel, das vor allem in den USA gerne gespielt wird. Dabei hat jeder Spieler und jede Spielerin eine Bingokarte vor sich liegen, auf der Zahlen in beliebiger Folge aufgedruckt sind. Ein Ausrufer zieht nacheinander aus einer Lostrommel Zahlen und gibt sie bekannt. Wer zuerst alle Zahlen seiner Karte abstreichen konnte, ruft BINGO und gewinnt.

Es gibt auch Spiele, bei denen ein bestimmtes Muster wie etwa ein X, ein T, ein U usw. zum BINGO führen.

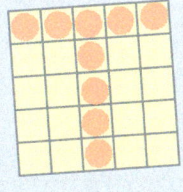
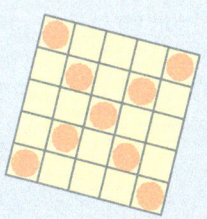

1 a) Stellt ein vereinfachtes Bingospiel her. Zeichnet dazu Bingokarten wie rechts abgebildet. Schreibt in die Kärtchen beliebige Zahlen von 1 bis 20. Für den Ausrufer stellt ihr 20 Karten mit den Zahlen 1 bis 20 her.
b) Spielt in Gruppen von fünf bis acht Schülerinnen und Schülern. Gewonnen hat, wer zuerst eine Zeile, eine Spalte oder eine Diagonale belegt hat.

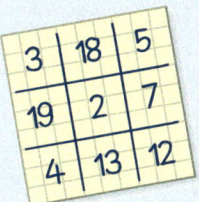

1. Keine Zahl darf doppelt vorkommen.
2. Spielchips zum Abdecken benutzen.

2 Jan, Katharina, Julia, Bernd und Ahmed spielen Bingo mit den Zahlen 1 bis 20. Es muss eine Zeile, Spalte oder Diagonale belegt werden.
Bisher wurden die Zahlen 1, 3, 4, 5, 9, 13, 14 und 18 gezogen.
a) Wer hat keine Chance, bei der nächsten Zahl zu gewinnen?
b) Wer hat die kleinste Chance zu gewinnen?
c) Wer hat die größte Chance?
d) Notiere die Wahrscheinlichkeit, mit der Jan, Katharina, Julia, Bernd und Ahmed beim nächsten Zug BINGO haben werden.
e) Welche Zahlen dürfen als Nächstes aufgerufen werden, damit niemand gewinnt? Wie groß ist die Wahrscheinlichkeit dafür?

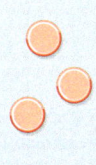

4 Schätzen von Wahrscheinlichkeiten

Riesenparty am Brandenburger Tor am 9. November – wird es regnen?
Mara recherchiert vor der Party im Internet und findet folgende Übersicht.

→ Soll Mara Regenbekleidung einpacken?
→ Was bedeutet Regenwahrscheinlichkeit von 80%?
→ Kannst du dich bei einer Regenwahrscheinlichkeit von 100% darauf verlassen, dass es regnet?

Lerntipp!

Relative Häufigkeit

$= \dfrac{\text{absolute Häufigkeit}}{\text{Gesamtzahl}}$

Es gibt Zufallsversuche, deren **Wahrscheinlichkeit nur geschätzt** werden kann. Als **Schätzwert für die Wahrscheinlichkeit** kann die **relative Häufigkeit** angenommen werden, mit der ein bestimmtes Ergebnis beobachtet wird. Dieser Schätzwert wird umso besser sein, je mehr Versuche man durchgeführt hat.

Beispiel

Beim Werfen mit Reißzwecken sind zwei Ergebnisse möglich: Kopf oder Seite
Eine Versuchsreihe brachte folgendes Ergebnis:

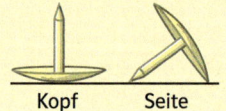

Kopf   Seite

Anzahl der Würfe	Kopf	Seite	relative Häufigkeit Kopf	relative Häufigkeit Seite
10	5	5	$\frac{5}{10} = 50\%$	$\frac{5}{10} = 50\%$
100	63	37	$\frac{63}{100} = 63\%$	$\frac{37}{100} = 37\%$
1000	659	341	$\frac{659}{1000} = 65{,}9\%$	$\frac{341}{1000} = 34{,}1\%$

Die Wahrscheinlichkeit, Kopf zu werfen, wird auf rund 66% geschätzt.

1 Beschreibe die Streichholzschachtel.
a) Welche Zahlen kommen beim Würfeln wohl am häufigsten vor?
b) Kannst du die Wahrscheinlichkeiten schätzen? Begründe.
c) Würfle 20-mal und notiere die Ergebnisse. Versuche, die Wahrscheinlichkeit für die einzelnen Zahlen zu schätzen.
d) 🙎🙎 Sammelt eure Ergebnisse. Schätzt erneut die Wahrscheinlichkeiten.

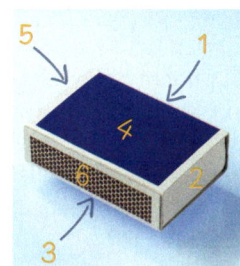

2 Für die drei Zufallsgeräte werden die Wahrscheinlichkeiten geschätzt.

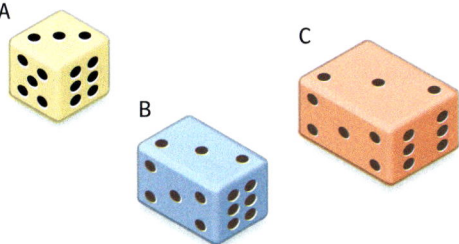

A
B
C

Augenzahl	1	2	3	4	5	6
Schätzung A	$\frac{9}{100}$	$\frac{4}{25}$	$\frac{1}{4}$	$\frac{1}{4}$	$\frac{4}{25}$	$\frac{9}{100}$
Schätzung B	$\frac{1}{6}$	$\frac{1}{6}$	$\frac{1}{6}$	$\frac{1}{6}$	$\frac{1}{6}$	$\frac{1}{6}$
Schätzung C	$\frac{1}{10}$	$\frac{1}{5}$	$\frac{1}{5}$	$\frac{1}{5}$	$\frac{1}{5}$	$\frac{1}{10}$

Welche Schätzung gehört zu welchem Zufallsgerät? Begründe deine Entscheidung.

3 Benutze den abgebildeten Legostein als Würfel.

a) Welche möglichen Ergebnisse hat das Werfen mit dem Legostein?
b) 👥 Schätzt die Wahrscheinlichkeit, mit welcher der Legostein wie abgebildet auf den Tisch fällt. Überprüft eure Schätzung. Werft dazu den Legostein mindestens 100-mal.

4 Erkläre die Redewendungen. Nicht alle sind mathematisch richtig.
a) Er hat null Chance.
b) Die Chancen stehen fifty-fifty.
c) mit hundertprozentiger Sicherheit
d) mit tausendprozentiger Sicherheit
e) Das ist wie ein Sechser im Lotto.

5 a) Wie groß ist die Wahrscheinlichkeit, dass Heiligabend und Silvester auf den gleichen Wochentag fallen?
b) Mit welcher Wahrscheinlichkeit fällt der 31. April auf einen Sonntag?

Beruf und Alltag: Gewinnspiel?

6 Bei manchen Fernsehsendern können die Zuschauer und Zuschauerinnen telefonisch an Gewinnspielen teilnehmen.
a) Löse die folgende Aufgabe.
Hinweis:
1377 ist nicht die gesuchte Summe.

Online-Link
Lösung zu Aufgabe 6 a)
742431-1511

VESUVIUS
RECHENTAFEL
MAXIMUS XXV
RECHNET   CXII
MCCXL

ADDIEREN SIE
ALLE RÖMISCHEN
ZAHLEN!

b) Seit 2009 darf jeder Anruf höchstens 50 ct kosten. Es spielt dabei keine Rolle, ob man eine Bandansage hört oder ins Studio durchgestellt wird. Ein Sender gab an, dass einer von 10 000 Anrufen direkt im Studio landet. Wie viel Geld nimmt der Sender pro durchgestelltem Anrufer ein?
c) Die staatlichen Lotterien müssen 50 % der Spieleinsätze als Gewinne ausschütten. Ein Sender gab an, 20 Millionen Anrufe im Jahr zu haben. Wie viel Euro müsste der Sender bei dieser Bedingung täglich als Gewinn ausschütten?

Zufallsversuche, Zufallsgeräte

Mithilfe von **Zufallsgeräten** wie Münzen, Würfeln, Losen, Karten, Glücksrädern usw. werden **Zufallsversuche** durchgeführt. Wie ein Zufallsversuch ausfällt, hängt allein vom Zufall ab.

Der Münzwurf mit zwei Münzen ist ein Zufallsversuch. Die beiden Münzen sind das Zufallsgerät.

Mögliche Ergebnisse

Jedes denkbare Ergebnis eines Zufallsversuchs heißt **mögliches Ergebnis**.

Ein 10er-Würfel wird geworfen. Es gibt zehn mögliche Ergebnisse:

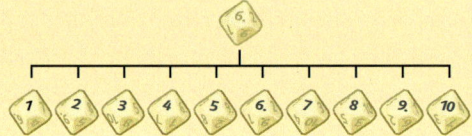

Wahrscheinlichkeit eines Ergebnisses

Wenn **alle möglichen Ergebnisse** bei einem Zufallsversuch die gleiche Chance haben, so sagt man, dass jedes Ergebnis **gleich wahrscheinlich** ist. Es gilt für die Wahrscheinlichkeit P(E) eines Ergebnisses:

$$\mathbf{P(E)} = \frac{1}{\text{Anzahl aller möglichen Ergebnisse}}$$

Jedes der zehn möglichen Ergebnisse ist gleich wahrscheinlich und hat die Wahrscheinlichkeit

$$P(E) = \frac{1}{10} = \frac{10}{100} = 0{,}1 = 10\,\%$$

Günstige Ergebnisse, Ereignis

Führen mehrere gleich wahrscheinliche Ergebnisse eines Zufallsversuchs zum Ziel, so nennt man diese Ergebnisse **günstige Ergebnisse**.
Alle günstigen Ergebnisse bilden ein **Ereignis**.

Das Ereignis „eine Zahl kleiner als 3 würfeln" hat zwei günstige Ergebnisse:

 und

Wahrscheinlichkeit eines Ereignisses

Der Bruch

$$\mathbf{P(E)} = \frac{\text{Anzahl der günstigen Ergebnisse}}{\text{Anzahl aller möglichen Ergebnisse}}$$

gibt die Wahrscheinlichkeit eines Ereignisses an.

Die Wahrscheinlichkeit für das Ereignis „eine Zahl kleiner als 3 würfeln" beträgt

$$P(\text{Zahl} < 3) = \frac{2}{10} = \frac{20}{100} = 0{,}2 = 20\,\%$$

Schätzen von Wahrscheinlichkeiten

Es gibt Zufallsversuche, deren Wahrscheinlichkeit nur geschätzt werden kann.
Dazu führt man den Zufallsversuch möglichst häufig durch und berechnet die relative Häufigkeit.
Sie wird als **Schätzwert für die Wahrscheinlichkeit** angenommen.

Beim Werfen mit einer Reißzwecke sind zwei Ergebnisse möglich: Kopf oder Seite.
Bei 1000 Würfen liegt die Reißzwecke 659-mal auf dem Kopf und man schätzt die Wahrscheinlichkeit auf

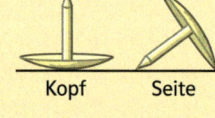

Kopf   Seite

$$P(\text{Kopf}) = \frac{659}{1000} = 0{,}659 = 65{,}9\,\%.$$

Üben · Anwenden · Nachdenken

1 a) Notiere drei Zufallsgeräte.
b) Schreibe alle möglichen Ergebnisse der Geräte auf und entscheide, ob die Ergebnisse gleich wahrscheinlich sind.

2 In einem Glas liegen zwölf Kugeln mit den Nummern von 1 bis 12. Die Kugeln mit den Nummern 1, 2, 10 und 12 sind rot, alle anderen weiß. Beschreibe vier verschiedene Zufallsereignisse und berechne ihre Wahrscheinlichkeit.

3 Wie groß ist die Wahrscheinlichkeit,
a) im Dunkeln aus acht Paar Socken das einzige weiße Paar zu ziehen?
b) auf Anhieb aus 15 Schlüsseln den richtigen Schlüssel zu wählen?

4 Beim Scrabble-Spiel werden aus Buchstaben Wörter gelegt.

Wir vernachlässigen die beiden Blankosteine. Dann sind noch 100 Buchstabensteine in folgender Anzahl vorhanden:

5 A	3 G	4 M	7 S	1 Y
2 B	4 H	9 N	6 T	1 Z
2 C	6 I	3 O	6 U	1 Ä
4 D	1 J	1 P	1 V	1 Ö
15 E	2 K	1 Q	1 W	1 Ü
2 F	3 L	6 R	1 X	

Wie groß ist die Wahrscheinlichkeit P(E), beim ersten Ziehen aus dem Scrabble-Beutel
a) das einzige Q herauszugreifen?
b) ein M zu erwischen?
c) ein E aus dem Beutel zu nehmen?
d) einen der Buchstaben A bis F zu ziehen?
e) einen Vokal zu ergattern?
f) einen Konsonanten herauszuholen?

Gegenereignis

Manchmal ist es einfacher, statt der günstigen zunächst die nicht günstigen Ergebnisse zu betrachten. Man berechnet dann die Wahrscheinlichkeit für das entgegengesetzte Ereignis, das Gegenereignis $\overline{E}$.
Für die Wahrscheinlichkeit des gesuchten Ereignisses E gilt dann:
$P(E) = 100\% - P(\overline{E})$

Beispiel
Beim Spiel „Schiffe versenken" gibt Gerrit den ersten „Schuss" ab. Wie groß ist die Wahrscheinlichkeit, ins Wasser zu treffen? Da es viel weniger Schiffe als Wasser gibt, ist die Wahrscheinlichkeit für „Treffer" einfacher zu berechen als die für „Wasser".

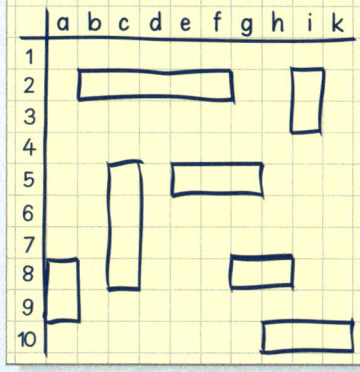

$P(\overline{E}) = P(\text{Treffer}) = \frac{21}{100} = 21\%$
$P(E) = P(\text{Wasser}) = 100\% - P(\text{Treffer})$
$= 100\% - 21\% = 79\%$

5 Gegeben ist die Wahrscheinlichkeit für $P(\overline{E})$. Berechne P(E).

a) $P(\overline{E}) = \frac{37}{100}$ b) $P(\overline{E}) = \frac{3}{8}$
c) $P(\overline{E}) = 17\%$ d) $P(\overline{E}) = 74\%$

6 Bestimme die Wahrscheinlichkeit, beim Spiel „Schiffe versenken" mit dem ersten Schuss
a) nicht das „Fünferschiff" zu treffen.
b) kein „Zweierschiff" zu treffen.
c) kein „Dreierschiff" zu treffen.

7 Die Wahrscheinlichkeit, mit dem Farbwürfel Rot zu werfen, beträgt $\frac{1}{2}$, Blau $\frac{1}{3}$ und Gelb $\frac{1}{6}$. Welche Farben haben die nicht sichtbaren Flächen des Würfels?

8 Der Farbwürfel wird 1000-mal geworfen. Welche Farben haben sehr wahrscheinlich die anderen nicht sichtbaren Flächen? Es erscheint
a) 492-mal Rot und 508-mal Blau.
b) 663-mal Rot und 337-mal Blau.
c) 853-mal Rot und 147-mal Blau.
d) 328-mal Rot, 337-mal Grün und 335-mal Blau.

Online-Link
zu Aufgabe 11
742431-1541

9 Eine Versicherung ermittelt, dass die Wahrscheinlichkeit bei einer 14-tägigen Fernreise zu erkranken, 2 % beträgt.

a) Herr Schnock macht seine erste Fernreise.
b) Frau Theobald hat Angst. Sie macht ihre 50. Fernreise und war bisher noch nie krank im Urlaub.
c) Ein Reisebüro verkauft jährlich 2000 Fernreisen.

10 Auf dem Jahrmarkt stehen drei Losverkäufer. Der erste hat unter 120 Losen drei, der zweite unter 180 Losen vier und der dritte unter 60 Losen zwei Hauptgewinne.

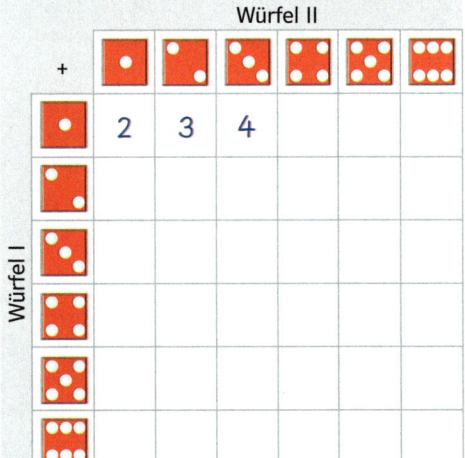

a) Wo würdest du ein Los kaufen? Begründe.
b) Jasmin hat beim dritten Losverkäufer ein Los gekauft und wider Erwarten einen Hauptgewinn gezogen. Wo sollte sie nun ein zweites Los kaufen?

11 Bei dem Glücksspiel Craps wird mit zwei Würfeln gewürfelt und die Summe der Augenzahlen gebildet. Craps-Würfel sind rot und haben scharfe Kanten und Ecken.
a) Übertrage die Tabelle ins Heft und ergänze die Summen der Augenzahlen.

+	Würfel II					
⚀	2	3	4			
⚁						
⚂						
⚃						
⚄						
⚅						

(Würfel I = Zeilenbeschriftung)

b) Welche Augensumme wird wie oft geworfen? Ermittle mithilfe der Tabelle.
c) Berechne für jede Augensumme die Wahrscheinlichkeit.

12 Entscheide, ob es sich um die Wahrscheinlichkeit oder um die absolute bzw. relative Häufigkeit handelt.

a) In einer Schule fehlen 31 Kinder.
b) Die Fehlerquote bei einem Vokabeltest liegt bei 8,3 %.
c) 17 % aller Jugendlichen leiden unter Karies.
d) In einer Lostrommel sind 220 Nieten.
e) Die Gewinnchance bei einer Lotterie beträgt 42 %.
f) Jeder 4. Mensch ist ein Chinese.

13 Wie viele Felder müssen auf dem Glücksrad rot gefärbt werden, wenn das Ereignis „Rot" mit der angegebenen Wahrscheinlichkeit eintreffen soll?

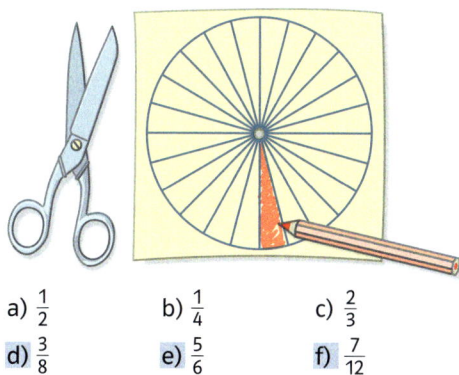

a) $\frac{1}{2}$ b) $\frac{1}{4}$ c) $\frac{2}{3}$
d) $\frac{3}{8}$ e) $\frac{5}{6}$ f) $\frac{7}{12}$

14 Bei welchem der beiden Glücksräder ist die Gewinnchance für „Grün gewinnt" höher? Begründe.

A   B

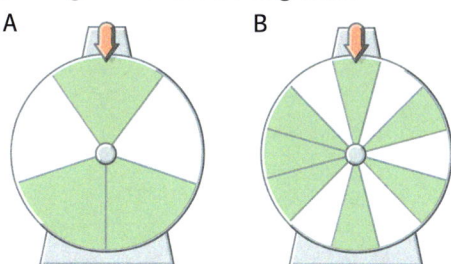

15 Ein Test hat ergeben, dass von 2000 USB-Sticks eines Herstellers 14 defekt sind.

a) Du kaufst einen USB-Stick dieses Herstellers. Mit welcher Wahrscheinlichkeit ist er defekt?
b) Firma Waldi kauft 30 000 USB-Sticks. Mit wie vielen fehlerhaften Sticks muss die Firma rechnen?

16 Die Polizei führt Geschwindigkeitskontrollen durch.

Folgende Daten wurden ermittelt:

Straße	Anzahl aller Fahrzeuge	Anzahl der zu schnell fahrenden Fahrzeuge
Goethe-Straße	200	4
Kant-Allee	750	45
Böll-Straße	400	24
Grass-Allee	500	21

In welchen Straßen sollte verstärkt die Geschwindigkeit kontrolliert werden?

17 Auf seinem Schulweg überquert Edgar eine Ampel. Letzten Monat war sie an 4 von 20 Tagen grün. Muss Edgar morgen an einer roten Ampel warten?

Online-Link
zu Aufgabe 13
742431-1551

Blickpunkt: Nana

18 Im Kunstunterricht wurden Nanas der französischen Künstlerin Niki de Saint Phalle nachgebildet.
Wie groß ist diese Nana ungefähr?

Anstatt selbst zu würfeln, kann man auch den Computer würfeln lassen. Dadurch spart man viel Zeit und erhält in Bruchteilen von Sekunden das Ergebnis hunderter Würfe. Da man in diesem Fall nicht wirklich würfelt, spricht man von einer **Simulation**. Jeder Zufallsversuch, bei dem alle Ergebnisse gleich wahrscheinlich sind, kann durch einen „Fantasie-Würfel" mit entsprechend vielen Seiten simuliert werden. Man kann folglich auch das Drehen von Glücksrädern, das Ziehen von Hölzchen, Losen, Karten usw. mit dem Computer simulieren.

- Wenn du die Formel *=ZUFALLSBEREICH(1;6)* in die Bearbeitungszeile eingibst, wird eine ganze Zahl zwischen 1 und 6 erzeugt. Mit der **Taste F9** wird die Liste neu erstellt. Auf diese Weise erhältst du blitzschnell viele neue Zufallszahlen.
- Damit das Programm die absolute Häufigkeit zählt, brauchst du folgenden Befehl: *=ZÄHLENWENN(A5:J14;1)* zählt das Programm die nichtleeren Zellen im Bereich (A5:J14), deren Inhalte mit dem Suchkriterium „ ist gleich die Zahl 1" übereinstimmen.
- Wenn du die **relative Häufigkeit** berechnen lassen willst, gib als Formel in der Bearbeitungszeile *=E16/ANZAHL (A5:J14)* ein.

Lerntipp!
Wenn diese Funktion nicht verfügbar ist und der Fehlerwert #NAME? zurückgegeben wird, dann klicke im Menü Extras auf Add-Ins. Aktiviere in der Liste Verfügbare Add-Ins das Kontrollkästchen Analyse-Funktionen, und klicke dann auf OK. Falls nötig, folge den Anweisungen im Setup-Programm.

1 „Hölzchen ziehen" bei vier Hölzchen: Die Werte geben an, an welcher Stelle das Hölzchen gezogen wurde.
Anschließend zählt der Computer aus, wie oft jede der Zahlen 1 bis 4 vorkommt.

	A	B	C	D	E	F	G	H	I	J
1	Hölzchen ziehen									
3	Das kurze Hölzchen unter den vier Hölzchen wird als 1. bis 4. gezogen.									
4	Der Versuch wird 100-mal durchgeführt:									
5	2	2	4	4	3	3	3	3	3	4
6	4	2	1	4	1	4	3	3	3	2
7	3	2	3	2	2	1	3	2	4	3
8	4	1	1	2	1	2	3	2	1	3
9	2	1	4	3	1	4	3	2	3	2
10	4	4	3	2	1	1	4	1	1	4
11	3	2	4	1	1	2	1	1	1	3
12	2	3	1	2	3	3	2	4	2	2
13	4	3	3	3	3	4	1	1	3	1
14	4	2	1	3	1	2	3	4	4	3
15										
16	Das Hölzchen wird als 1. gezogen:				24		relative Häufigkeit:		24%	
18	Das Hölzchen wird als 2. gezogen:				24		relative Häufigkeit:		24%	
20	Das Hölzchen wird als 3. gezogen:				31		relative Häufigkeit:		31%	
22	Das Hölzchen wird als 4. gezogen:				21		relative Häufigkeit:		21%	

a) Welche Formel musst du in alle Zellen im Bereich von A5 bis J14 eingeben?
b) Welche Formeln stehen in den Zellen E18; E20 und E22?
c) 👥 Erstellt das Tabellenblatt.

2 👥 a) Führt den Versuch mehrere Male durch, indem ihr zehnmal die Taste F9 drückt. Notiert dabei jedes Mal die relativen Häufigkeiten und tragt die Ergebnisse in ein weiteres Tabellenblatt ein.
b) Was stellt ihr mit zunehmender Datenmenge durch die Versuche fest?

Online-Link
zu Aufgabe 20
742431-1561

3 👥 Erstellt ein Tabellenblatt, in dem ihr das Würfeln mit einem normalen Spielwürfel simuliert.

ləgəiqaxɔüЯ

Rückspiegel

Online-Link
zum Rückspiegel
742431-1571

1 Handelt es sich um einen Zufallsversuch? Begründe.
a) Die Handballspielerin wirft einen Siebenmeter.
b) Ein Kronkorken wird geworfen.

2 Notiere alle möglichen Ergebnisse.
a) Es wird eine Münze geworfen.
b) Es wird mit einem normalen Würfel gewürfelt.

3 Wie groß ist die Wahrscheinlichkeit, aus den abgebildeten Karten
a) den Pik König zu ziehen?
b) eine schwarze Karte zu ziehen?
c) eine Herzkarte zu ziehen?
d) eine rote Karte zu ziehen?
e) eine rote Karte, aber keine 10, zu ziehen?

4 In einer Lostrommel liegen 16 Kugeln. Sie sind mit den Zahlen von 1 bis 16 gekennzeichnet.
Berechne die Wahrscheinlichkeit,
a) eine durch 4 teilbare Zahl zu ziehen.
b) eine Zahl größer als 10 zu ziehen.
c) eine zweistellige Zahl zu ziehen.
d) eine dreistellige Zahl zu ziehen.

5 Anna behauptet: „Im Deutschen wird der Buchstabe 'e' am meisten verwendet."
a) Überprüfe die Behauptung an Annas Satz.
b) Was hältst du von Annas Behauptung?

1 Handelt es sich um einen Zufallsversuch? Begründe.
a) Der Pokerspieler erhält die erste Karte.
b) Der Dartspieler wirft den ersten Pfeil.

2 Nenne alle möglichen Ergebnisse.
a) Auf eine Torwand mit zwei Löchern wird mit dem Fußball geschossen.
b) Auf eine Scheibe mit 12 Ringen wird ein Pfeil geworfen.

3 Wie groß ist die Wahrscheinlichkeit, aus allen Karten eines Skatspiels
a) das Herz Ass zu ziehen?
b) ein Ass zu ziehen?
c) eine Herzkarte zu ziehen?
d) eine rote Karte zu ziehen?
e) eine rote Karte, aber weder Bube noch Dame noch König, zu ziehen?

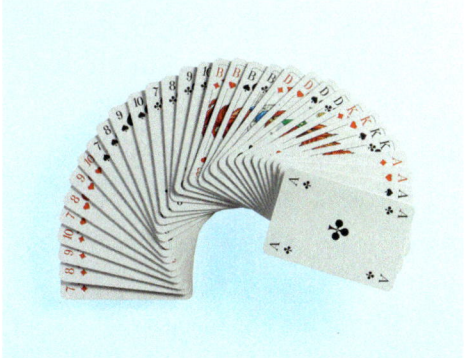

4 In einer Lostrommel befinden sich 60 % Nieten, 26 % Trostpreise, 13 % große Gewinne und 3 Hauptgewinne.
a) Wie viele Lose befinden sich in der Lostrommel?
b) Wie groß ist die Wahrscheinlichkeit, keine Niete zu ziehen?
c) Mit welcher Wahrscheinlichkeit werden alle Lose verkauft werden?

5 Es soll getestet werden, ob ein Würfel fair ist oder manipuliert wurde.
Beschreibe, wie du dabei vorgehen musst.

→ Die Lösungen findest du auf Seite 182.

Jahresrückblick

Der Jahresrückblick bietet dir Aufgaben aus allen Kapiteln dieses Mathematikbuches. Mithilfe dieser Aufgaben kannst du am Ende des Schuljahres dein mathematisches Wissen und Verständnis testen oder dich auf das nächste Schuljahr vorbereiten. Damit du kontrollieren kannst, ob du richtig gerechnet hast, findest du ausführliche Lösungen für diese Aufgaben ab Seite 183.

1 Erweitere auf den angegebenen Nenner.

a) 24: $\frac{1}{2}$; $\frac{1}{4}$; $\frac{1}{8}$; $\frac{2}{3}$; $\frac{5}{6}$; $\frac{7}{12}$; $\frac{3}{4}$

b) 40: $\frac{1}{2}$; $\frac{1}{10}$; $\frac{1}{20}$; $\frac{3}{4}$; $\frac{5}{8}$; $\frac{7}{10}$; $\frac{9}{5}$

2 Kürze so weit wie möglich.

a) $\frac{8}{12}$ b) $\frac{15}{25}$ c) $\frac{20}{30}$ d) $\frac{16}{22}$

e) $\frac{6}{4}$ f) $\frac{18}{12}$ g) $\frac{51}{93}$ h) $\frac{48}{192}$

i) $\frac{39}{143}$ j) $\frac{280}{144}$ k) $\frac{260}{140}$ l) $\frac{325}{2250}$

3 Entscheide durch Erweitern oder Kürzen, ob die beiden Brüche gleich sind.

a) $\frac{21}{28}$ und $\frac{12}{16}$ b) $\frac{18}{12}$ und $\frac{33}{22}$

c) $\frac{24}{32}$ und $\frac{27}{36}$ d) $\frac{18}{45}$ und $\frac{21}{54}$

4 Addiere die Brüche. Kürze das Ergebnis so weit wie möglich.

a) $\frac{1}{3} + \frac{1}{3}$ b) $\frac{3}{4} + \frac{2}{5}$ c) $\frac{3}{5} + 1\frac{7}{10}$

d) $2\frac{1}{8} + \frac{3}{8}$ e) $1\frac{7}{8} + 2\frac{5}{12}$ f) $\frac{25}{3} + 3\frac{1}{3}$

5 Subtrahiere die Brüche.

a) $\frac{3}{5} - \frac{1}{5}$ b) $\frac{2}{3} - \frac{2}{5}$ c) $\frac{4}{5} - \frac{5}{8}$

d) $\frac{5}{6} - \frac{5}{8}$ e) $3 - \frac{4}{9}$ f) $3\frac{9}{10} - 2\frac{11}{12}$

6 Wie viel sind

a) $\frac{4}{5}$ von 10 m? b) $\frac{3}{8}$ von 1 kg?

c) $\frac{5}{8}$ von $1\frac{1}{2}$ km? d) $\frac{1}{10}$ von $1\frac{2}{3}$ h?

e) $\frac{3}{4}$ von 6 min? f) $\frac{2}{3}$ von 12 l?

7 Wandle die Brüche in Dezimalbrüche um. Ordne sie dann der Größe nach.

a) $\frac{7}{10}$; $\frac{77}{100}$; 0,71; $\frac{7}{100}$; 0,007

b) $1\frac{1}{4}$; $\frac{3}{4}$; $\frac{14}{8}$; 1,2; $\frac{15}{24}$

c) 0,04; $\frac{45}{100}$; $\frac{4}{10}$; 0,404; $\frac{12}{25}$

8 Übertrage die Tabelle in dein Heft und fülle sie aus.

$\blacksquare \cdot \blacksquare$	$\frac{1}{2}$	$\frac{4}{9}$	$\frac{3}{10}$	$\frac{5}{8}$
$\frac{1}{2}$	$\blacksquare$	$\blacksquare$	$\blacksquare$	$\blacksquare$
$\frac{2}{5}$	$\blacksquare$	$\blacksquare$	$\blacksquare$	$\blacksquare$
$\frac{3}{8}$	$\blacksquare$	$\blacksquare$	$\blacksquare$	$\blacksquare$
$\frac{4}{9}$	$\blacksquare$	$\blacksquare$	$\blacksquare$	$\blacksquare$

9 Addiere.

a)
```
  5,23
+ 6,05
+ 0,74
+ 1,30
```

b)
```
 12,04
+ 37,1
+  0,8
+ 55,78
```

c)
```
  403,8
+  62,0
+   9,54
+ 376,98
```

10 Alexander kauft für einen Videoabend mit drei Freunden Getränke und Knabbereien ein.

je 0,79 €
0,65 €
je 1,19 €
je 0,89 €
2,99 €

a) Berechne die Gesamtsumme.
b) Die Jungen haben beschlossen, dass sie die Kosten gleichmäßig aufteilen. Berechne den Anteil, den jeder zahlen muss.

→ Die Lösungen findest du auf den Seiten 183 bis 187.

11
Subtrahiere.
a) 47,82
   − 16,41
b) 54,90
   − 42,68
c) 302,013
   − 240,704

12
Multipliziere.
a) $73,95 \cdot 4$ b) $0,082 \cdot 32$ c) $8,509 \cdot 58$
d) $8,3 \cdot 2,7$ e) $0,45 \cdot 0,39$ f) $6,49 \cdot 0,07$

13
Dividiere.
a) $72,9 : 9$ b) $36,4 : 8$ c) $130,05 : 15$
d) $0,077 : 11$ e) $0,408 : 20$ f) $60,036 : 6$

14
Dennis bekommt für 4 Stunden Gartenarbeit 20 €. Er möchte sich eine Spielkonsole für 297,50 € kaufen. Wie viele Stunden müsste er bei diesem Lohn im Garten arbeiten?

15
André hat auf seinem Sparbuch 143,20 €. Zum Geburtstag bekommt er 25 € von seiner Oma. Er möchte sich ein Fahrrad für 239,90 € kaufen. Seine Eltern leihen ihm den Restbetrag. André zahlt seinen Eltern das Geld in fünf gleichen Raten zurück.

16
Das Schaubild zeigt das Höhenprofil einer Fahrradtour von Langerwehe durch die Eifel nach Düren.

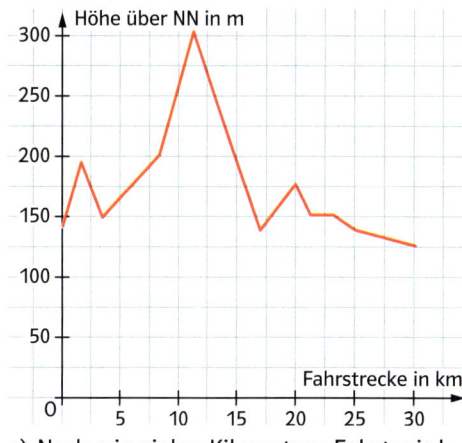

a) Nach wie vielen Kilometern Fahrt wird der höchste Punkt erreicht?
b) Wie weit sind die beiden höchsten Punkte voneinander entfernt?
c) Wie groß ist der größte Höhenunterschied bei einem Anstieg? Wie groß bei einer Abfahrt?

17
Bestimme die fehlenden Werte der proportionalen Zuordnung. Stelle dann die Zuordnung in einem Schaubild dar.

a)

Anzahl der Flugstunden	2	5	7	10
Zurückgelegter Weg in km	■	■	4550	■

b)

Anzahl der Tapetenrollen	1	5	12	16
Preis in Euro	■	■	66	■

18
Der internationale Erdölhandel erfolgt in der amerikanischen Einheit Barrel. Die Umrechnung von Barrel in Liter ist in dem Schaubild dargestellt.

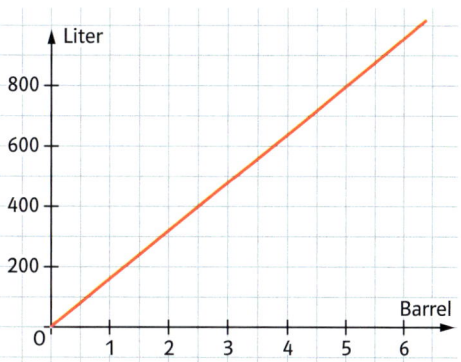

Ergänze die Tabelle, indem du die fehlenden Werte aus dem Schaubild möglichst genau entnimmst.

Barrel	0,5	2	■	■	4,5
Liter	■	■	450	600	■

19
a) Peter streicht eine 120 m² große Wand. 3 Liter Farbe reichen für 15 m².
b) Im Supermarkt wird Quark von drei verschiedenen Firmen angeboten.

Welcher Quark ist am günstigsten?
c) Ein Heizofen verbraucht in $6\frac{1}{2}$ Stunden 8125 kWh Energie. Wie viel Energie verbraucht er in $1\frac{1}{4}$ Stunden?

→ Die Lösungen findest du auf den Seiten 183 bis 187.

20 Bestimme die fehlenden Werte der antiproportionalen Zuordnung.

a)

Fahrzeit in Stunden	2	3	4	5
Durchschnitts-geschwindigkeit in km/h	■	■	60	■

b)

Anzahl der Wassereimer	1	3	4	6
Inhalt in Liter	■	10	■	■

21 a) Ein Baumstamm wird in 24 Bretter zersägt. Jedes Brett ist 5 cm dick. Wie dick ist ein Brett, wenn aus diesem Stamm 30 Bretter gesägt werden?
b) Ein Wasserbecken kann mithilfe von drei gleichwertigen Schläuchen in zwei Stunden gefüllt werden. Wie lange dauert es, wenn man fünf dieser Schläuche einsetzt?
c) Herr Arslan verlegt auf seiner Terrasse neue Platten. Für eine Reihe braucht er 25 quadratische Platten mit einer Seitenlänge von 30 cm. Wie viele quadratische Platten benötigt er für eine Reihe, wenn jede Platte eine Seitenlänge von 50 cm hat?

22 Zeichne einen Zahlenstrahl von −5 bis +5. Trage folgende Zahlen auf diesem Zahlenstrahl ein.

-3; $-2{,}25$; $-\frac{1}{2}$; $+1{,}5$; $+2\frac{1}{4}$; $+3{,}75$; $+4$

23 Nenne fünf Zahlen, die
a) kleiner als 7 sind, aber einen größeren Betrag als 7 haben.
b) größer als −7 sind, aber einen kleineren Betrag als die Zahl −7 haben.

24 Ergänze die fehlenden Vorzeichen und Zahlen im Heft.
a) ■5 · (−12) = −■
b) 72 : (−■) = ■8
c) (−■) · (■15) = 180
d) 121 : (■■) = −11
e) (■9) · (−■) = −108

25 Vervollständige die Rechennetze.
a) Berechne die fehlenden Zahlen.

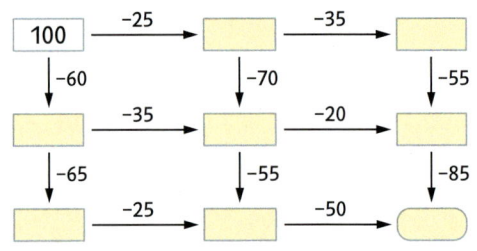

b) Hier musst du addieren oder subtrahieren, damit das Ergebnis stimmt.

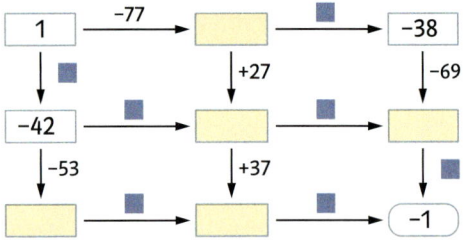

26 Übertrage die Tabelle in dein Heft und fülle sie aus.

a)

■ · ■	(+3)	(−6)	(−12)	(+15)
(+6)	■	■	■	■
(−7)	■	■	■	■
(+10)	■	■	■	■
(−12)	■	■	■	■

b)

■ : ■	(−3)	(+4)	(+28)	(−42)
(+84)	■	■	■	■
(−252)	■	■	■	■
(+504)	■	■	■	■
(−672)	■	■	■	■

27 Zeichne den Winkel.
a) 35°   b) 70°   c) 115°   d) 160°

28 Berechne die fehlende Winkelgröße.
a) In einem Dreieck betragen die Winkel $\alpha = 20°$ und $\beta = 60°$. Berechne γ.
b) Ein symmetrisches Trapez hat einen Winkel von 70°. Bestimme die anderen Winkelgrößen.

29 a) Bestimme den Winkel α und gib die Winkelart an.

b) Wie groß ist der Winkel, den die Zeiger einer Uhr um 14:00 Uhr einschließen?
c) Wie spät kann es sein, wenn die Zeiger einer Uhr einen rechten bzw. einen gestreckten Winkel bilden?

30 a) Zeichne ein stumpfwinkliges Dreieck.
b) Zeichne ein gleichschenkliges, rechtwinkliges Dreieck.

31 Konstruiere das Dreieck ABC. Fertige zuvor eine Planfigur an.

a) c = 5 cm   b) c = 7 cm
   α = 40°   b = 5 cm
   β = 80°   α = 35°

32 Bestimme alle fehlenden Winkel des Trapezes ABCD.

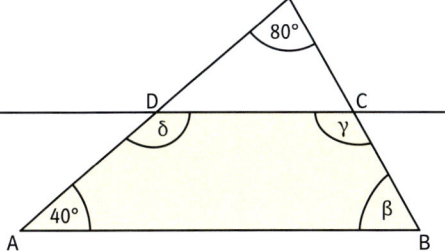

33 Eine 4 m lange Leiter wird an eine Hauswand gelehnt. Damit sie stabil steht, soll der Winkel zwischen Leiter und Boden 70° betragen.
Ermittle durch eine geeignete Zeichnung, in welcher Höhe die Leiter an der Hauswand lehnt.

34 Vereinfache.

a) $3x + 15x + x$
b) $a + 2b + 3x$
c) $3 - 2y + 4y$
d) $25r + b - 10b - 25r - 10$
e) $57x - 19x + 13$
f) $-139a - 255a + 187a - 388a$

35 Löse die Gleichung und führe die Probe durch.

a) $12x - 20 = 4$ b) $-10 + 4x = 6$
c) $7 + 0{,}5x + 1{,}5x = 9$ d) $5x - 8 = x + 12$

36 Für den Eintritt ins Schwimmbad zahlen Erwachsene 3,50 € und Kinder 1,80 €. Familie Koch zahlt zusammen 12,40 €.
Wie viele Kinder sind mit Herrn und Frau Koch ins Schwimmbad gegangen?

37 Frau Schneider kauft einen Blumenstrauß mit fünf Rosen, Schleierkraut und drei großen Dekoblättern. Wie teuer ist der Blumenstrauß?

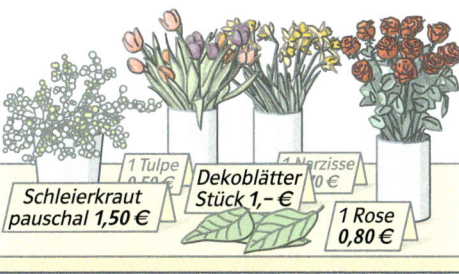

38 Wie viel Prozent des Rechtecks sind blau gefärbt? Wie viel Prozent sind grün? Wie viel Prozent des Rechtecks sind ungefärbt?

39 Welche Anteile haben die farbigen Teilstreifen an der Gesamtlänge des Streifens? Gib als Bruch, Dezimalbruch und in Prozent an.

a)

b)

c)

d)

40 Übertrage die Tabelle in dein Heft und fülle sie aus.

	Bruch	Dezimalbruch	Prozent
a)	■	■	10 %
b)	■	■	75 %
c)	$\frac{14}{25}$	■	■
d)	■	0,45	■
e)	$\frac{13}{20}$	■	■
f)	■	0,96	■

41 Berechne die fehlenden Werte in deinem Heft.

	G	W	p %
a)	3600 m	■	12 %
b)	68 €	10,20 €	■
c)	■	4070 t	37 %
d)	420 ml	140 ml	■
e)	■	0,52 m	28 %
f)	5,7 l	■	0,5 %

42 In der Kasse des Getränkestandes sind 280 €. Marie-Christine hatte für 250 € Getränke eingekauft. Wie viel Prozent beträgt der Gewinn?

43 a) In einer Verbraucherzeitung findet sich folgende Anzeige. Was wird dargestellt?

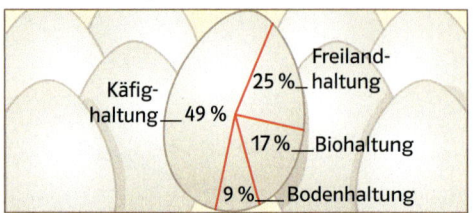

b) Überprüfe ohne zu messen, ob die Darstellung korrekt ist. Begründe.
c) Zeichne ein passendes Kreisdiagramm.

44 330 Mädchen besuchen die Einstein-Schule. Das sind 60% aller Schülerinnen und Schüler.
a) Berechne die Gesamtschülerzahl.
b) Wie viele Jungen besuchen die Schule?

45 Lea hat in der letzten Mathearbeit 72% aller Punkte erreicht. Insgesamt gab es 50 Punkte. Gib die von Lea erreichte Punktzahl an.

46 Die Schülerinnen und Schüler der Adam-Ries-Schule und der Heinrich-Heine-Schule nannten bei einer Umfrage ihr Lieblingsfach.

Fach	Heinrich-Heine-Schule	Adam-Ries-Schule
Deutsch	128	128
Englisch	84	105
Mathe	52	120
Kunst	60	45
Sport	76	100

a) Berechne die relativen Häufigkeiten für jede Schule.
b) Vergleiche die beiden Schulen miteinander.

47 Das Ergebnis der Schülersprecherwahl wird im Streifendiagramm dargestellt.

7%	43%	21%	29%
Tim	Petra	Ali	Silke

a) 400 Schülerinnen und Schüler waren wahlberechtigt. Wie viele Stimmen erhielten die Kandidaten jeweils?
b) Stelle das Ergebnis in einem Bilddiagramm dar.

48 Welche Elektrogeräte wollten sich 1001 Befragte im Jahr 2009 anschaffen?

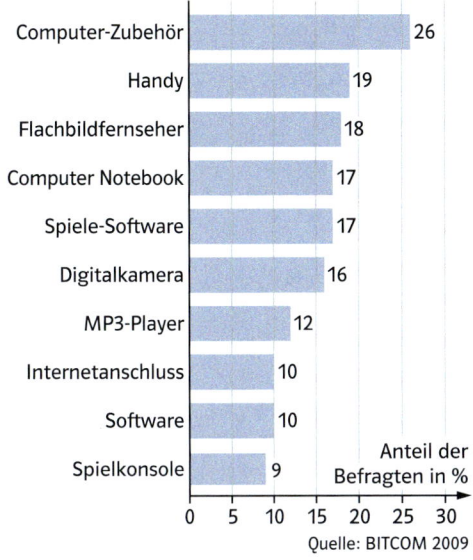

	Anteil der Befragten in %
Computer-Zubehör	26
Handy	19
Flachbildfernseher	18
Computer Notebook	17
Spiele-Software	17
Digitalkamera	16
MP3-Player	12
Internetanschluss	10
Software	10
Spielkonsole	9

Quelle: BITCOM 2009

a) Was veranschaulicht das Diagramm?
b) Wie viele der befragten Personen möchten sich Computerzubehör, Software oder ein Handy kaufen? Überschlage.
c) Ist es wahr, dass mehr als die Hälfte der Befragten etwas für den Computer kaufen möchten? Begründe.

49 Das Kreisdiagramm zeigt die Zusammensetzung eines Getränks.

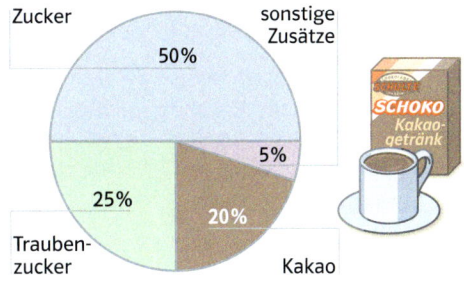

a) Bestimme die Innenwinkel des Kreisdiagramms.
b) Wie viel Gramm der einzelnen Bestandteile sind in einer 800-g-Packung?

50 Annes Eltern besitzen ein Los der Glücksspirale. Wie groß ist die Wahrscheinlichkeit, dass auf dem Los
a) die letzte Ziffer richtig ist?
b) die beiden letzten Ziffern richtig sind?
c) die drei letzten Ziffern richtig sind?

51 Auf dem Jahrmarkt gewinnt an einem Stand jedes vierte Los.

a) Wie groß ist die Wahrscheinlichkeit für einen Gewinn?
b) Kai kauft vier Lose. Hat er genau einen Gewinn? Wie viele Gewinne kann er haben?

52 Die Wahrscheinlichkeit, aus einem Beutel blind eine weiße Kugel zu ziehen, soll $\frac{2}{9}$ betragen. Wie viele Kugeln müssen insgesamt mindestens in dem Beutel sein? Wie viele davon müssen weiß sein?

53 Zeichne ein Glücksrad, bei dem die folgenden Ergebnisse mit der angegebenen Wahrscheinlichkeit auftreten:
• freie Auswahl: 5%
• Hauptgewinn: 10%
• kleiner Gewinn: 15%
• Trostpreis: 25%

54 Ein Glücksrad besteht aus vier unterschiedlich großen Feldern. Die Felder sind rot, grün, gelb und blau gefärbt.
In der Tabelle siehst du das Ergebnis von 100, 1000 und 10 000 Drehungen des Glücksrades.

Feld	Anzahl der Ergebnisse bei		
	100 Drehungen	1000 Drehungen	10 000 Drehungen
rot	48	512	4982
grün	13	117	1260
gelb	27	258	2506
blau	12	113	1252

a) Erkläre die Tabelle.
b) Welche Vermutung kannst du über die Aufteilung der Felder des Glücksrades aufstellen?

→ Die Lösungen findest du auf den Seiten 183 bis 187.

Basiswissen | Addieren und Subtrahieren

Den Rechenausdruck 17 + 6 nennt man **Summe**.
Die Zahl 17 ist der **1. Summand**, die Zahl 6 ist der **2. Summand**.

17 + 6	= 23
Summe	**Wert der Summe**

Den Rechenausdruck 16 – 9 nennt man **Differenz**. Die Zahl 18 ist der **Minuend**, die Zahl 9 der **Subtrahend**.

16 – 9	= 7
Differenz	**Wert der Differenz**

Beim **schriftlichen Addieren** bzw. **Subtrahieren** werden die Zahlen **stellengerecht untereinander** geschrieben. Die Einer stehen untereinander, die Zehner stehen untereinander, …
Man beginnt von rechts. Der Übertrag wird in die nächste Spalte nach links geschrieben.

```
   2876          8492
 +  309        –  725
   1 1           1 1
   3185          7767
```

1 Addiere schriftlich im Heft.
Achte auf den Übertrag.

a)
```
   54
 + 32
```
b)
```
   37
 + 46
```
c)
```
  189
 + 376
```

d)
```
   12
 + 27
 + 253
```
e)
```
   65
 + 410
 + 781
```
f)
```
  123
 + 231
 + 312
```

2 Subtrahiere schriftlich im Heft.
Achte auf den Übertrag.

a)
```
   38
 – 23
```
b)
```
   47
 – 29
```
c)
```
  289
 –  96
```

d)
```
  497
 – 377
```
e)
```
  765
 – 486
```
f)
```
  1549
 –  231
 –  318
```

3 Schreibe untereinander und addiere.
a) 42 + 24 + 32   b) 260 + 280 + 202
c) 123 + 527 + 72   d) 748 + 387 + 59
e) 1111 + 9999 + 1   f) 6989 + 878 + 76

4 Schreibe untereinander und subtrahiere.
a) 67 – 53   b) 81 – 19
c) 361 – 237   d) 852 – 258
e) 897 – 145 – 421   f) 943 – 431 – 314

5 Wie heißt die fehlende Zahl? Schreibe die zugehörige Subtraktionsaufgabe.
a) 24 + ■ = 72   b) 29 + ■ = 167
c) ■ + 81 = 125   d) ■ + 99 = 999

6 Ergänze die fehlende Zahl.
a) 95 – 73 = ■   b) 66 – ■ = 19
c) ■ – 234 = 126   d) ■ – 19 = 1000
e) 144 – ■ = 64   f) ■ – 117 = 37

7 Notiere den Rechenausdruck und löse die Aufgabe.
a) Bilde die Summe aus 134 und 26.
b) Bilde die Differenz aus 68 und 27.
c) Addiere die Zahl 12 zur Summe der Zahlen 23 und 7.
d) Der Minuend ist 140 und der Subtrahend ist 36. Berechne.
e) Subtrahiere von 157 die Zahl 39.
f) Berechne den Summenwert der Summanden 18 und 36.

8 Ersetze die Kästchen so durch eine Ziffer, dass die Rechnung richtig ist.

a)
```
   ■456
 +  63■3
   8■7■
```
b)
```
   5■47
 + ■89■
   95■9
```
c)
```
   82■7
 +  ■65■
 +  3414
   ■3■33
```

9 Vervollständige.

a)

b)

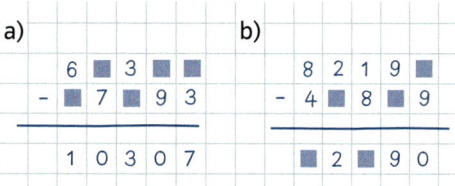

→ Die Lösungen findest du auf Seite 188.

Basiswissen | Multiplizieren und Dividieren

Den Rechenausdruck $3 \cdot 7$ nennt man **Produkt**.
Die Zahl 3 ist der **1. Faktor**, die Zahl 7 ist der **2. Faktor**.
Das **Multiplizieren** ist das Addieren gleicher Summanden.
$7 + 7 + 7 = 3 \cdot 7 = 21$

$$3 \cdot 7 = 21$$
Produkt   **Wert des Produkts**

Den Rechenausdruck $56 : 7$ nennt man **Quotient**.
Die Zahl 56 ist der **Dividend**, die Zahl 7 der **Divisor**.
Das **Dividieren** ist die Umkehrung der Multiplikation.

$$56 : 7 = 8$$
Quotient   **Wert des Quotienten**

Beim **schriftlichen Multiplizieren** werden Teilprodukte berechnet, die stellengerecht aufgeschrieben werden müssen.
1. Man beginnt bei der Berechnung der Teilprodukte mit der **höchsten Stelle** des 2. Faktors.
2. Man berechnet die **weiteren Teilprodukte** und achtet darauf, dass die Einerstelle des Teilprodukts unter der zugehörigen Stelle des 2. Faktors steht.
3. Man addiert die Teilprodukte.

$$
\begin{array}{r}
458 \cdot 32 \\
\hline
1374 \\
916 \\
1 \\
\hline
14656
\end{array}
$$

— Teilprodukte

Summe der Teilprodukte

Beim **schriftlichen Dividieren** zerlegt man den Dividenden ziffernweise und dividiert dann.
Zur Probe multipliziert man das Ergebnis mit dem Divisor.

$$
\begin{array}{l}
3682 : 7 = 526 \\
-35 \\
\hline
18 \\
-14 \\
\hline
42 \\
-42 \\
\hline
0
\end{array}
$$

Probe:
$$
\begin{array}{r}
526 \cdot 7 \\
\hline
3682
\end{array}
$$

1 Multipliziere.
a) $27 \cdot 5$ b) $13 \cdot 9$ c) $19 \cdot 6$ d) $17 \cdot 8$
e) $25 \cdot 7$ f) $31 \cdot 4$ g) $57 \cdot 6$ h) $89 \cdot 3$

2 Multipliziere.
a) $134 \cdot 8$ b) $275 \cdot 4$ c) $432 \cdot 5$ d) $348 \cdot 9$
e) $546 \cdot 3$ f) $287 \cdot 7$ g) $718 \cdot 6$ h) $999 \cdot 7$

3 Multipliziere.
a) $127 \cdot 10$ b) $261 \cdot 20$ c) $183 \cdot 34$
d) $421 \cdot 123$ e) $120 \cdot 567$ f) $509 \cdot 325$
g) $2461 \cdot 23$ h) $5768 \cdot 256$ i) $9587 \cdot 7319$

4 Dividiere.
a) $45 : 3$ b) $96 : 4$ c) $169 : 13$
d) $72 : 6$ e) $91 : 7$ f) $192 : 12$
g) $75 : 5$ h) $81 : 3$ i) $187 : 11$
j) $882 : 6$ k) $868 : 4$ l) $966 : 7$
m) $665 : 5$ n) $963 : 3$ o) $976 : 8$
p) $1512 : 8$ q) $1536 : 6$ r) $3192 : 7$

5 Berechne.
a) $90 \cdot 70$ b) $6000 : 40$
$900 \cdot 700$ $60\,000 : 400$
$9000 \cdot 7000$ $600\,000 : 4000$

6 Ergänze die fehlende Zahl.
a) $48 : 6 = \blacksquare$ b) $350 : \blacksquare = 7$
c) $72 : \blacksquare = 9$ d) $\blacksquare : 80 = 90$
e) $\blacksquare : 5 = 6$ f) $150 : 30 = \blacksquare$
g) $18 \cdot 6 = \blacksquare$ h) $70 \cdot \blacksquare = 560$
i) $\blacksquare \cdot 12 = 144$ j) $280 \cdot 30 = \blacksquare$
k) $25 \cdot \blacksquare = 175$ l) $\blacksquare \cdot 90 = 180$

7 Schreibe einen Faktor als Summe oder als Differenz und berechne.
Beispiele:
$36 \cdot 8 = (30 + 6) \cdot 8 = 30 \cdot 8 + 6 \cdot 8 = 288$
$99 \cdot 7 = (100 - 1) \cdot 7 = 100 \cdot 7 - 1 \cdot 7 = 693$
a) $23 \cdot 6$ b) $34 \cdot 7$ c) $51 \cdot 9$
d) $72 \cdot 11$ e) $29 \cdot 8$ f) $49 \cdot 12$
g) $13 \cdot 59$ h) $199 \cdot 6$ i) $999 \cdot 19$

→ Die Lösungen findest du auf Seite 188.

Es gelten folgende Rechenregeln:

In Summen dürfen Summanden vertauscht werden. (Kommutativgesetz)
$28 + 53 = 53 + 28$

In Produkten dürfen Faktoren vertauscht werden. (Kommutativgesetz)
$5 \cdot 8 = 8 \cdot 5$

In Summen dürfen Klammern beliebig gesetzt werden. (Assoziativgesetz)
$34 + (26 + 8) = (34 + 26) + 8$

In Produkten dürfen Klammern beliebig gesetzt werden. (Assoziativgesetz)
$4 \cdot (3 \cdot 2) = (4 \cdot 3) \cdot 2$

Regeln beim Berechnen von Rechenausdrücken:

Klammern werden zuerst gerechnet.
Innere Klammer vor äußerer Klammer.
Punktrechnung vor Strichrechnung.

$35 + (9 \cdot 5 + (10 \cdot 6))$
$= 35 + (9 \cdot 5 + 60)$
$= 35 + (45 + 60)$
$= 35 + 105$
$= 140$

1 Rechne vorteilhaft.
a) $13 + 16 + 21 + 27 + 24$
b) $29 + 23 + 31 + 77 + 11$
c) $2 \cdot 7 \cdot 5$ d) $4 \cdot 9 \cdot 2 \cdot 10$
e) $4 \cdot 20 \cdot 2 \cdot 5$ f) $3 \cdot 4 \cdot 100 \cdot 2$

2 Achte auf die Klammern.
a) $64 - (23 + 17) + 15$
b) $75 + (23 - 17 + 3) + (15 + 12)$
c) $120 - (80 + 32 - 12) + (14 - 7)$
d) $(420 - 80) - (300 - 60) + (100 - 20)$

3 Punktrechnung geht vor Strichrechnung.
a) $80 - (30 - 48 : 8) : 6$
b) $(25 + 45 : 9 - 8) \cdot 2 + 16$
c) $(3 \cdot 8 + 6 \cdot 11) : 6 + (3 \cdot 5 \cdot 2)$
d) $(77 - 8) : 3 - 5 \cdot (24 - 18) + 7 \cdot 2 - 9$

4 Wie heißt die fehlende Zahl? Rechne im Heft.
a) $12 + 39 = \blacksquare$ b) $8 \cdot 6 = \blacksquare$
    $\blacksquare + 28 = 52$ $63 : 7 = \blacksquare$
    $90 - \blacksquare = 75$ $\blacksquare \cdot 11 = 121$
    $71 - 19 = \blacksquare$ $60 : \blacksquare = 5$

Die **Teiler** einer Zahl werden in der **Teilermenge** zusammengefasst.
Teiler der Zahl 12: 1; 2; 3; 4; 6; 12   Teilmenge $T_{12} = \{1;\ 2;\ 3;\ 4;\ 6;\ 12\}$
Teiler der Zahl 18: 1; 2; 3; 6; 9; 18   Teilmenge $T_{18} = \{1;\ 2;\ 3;\ 6;\ 9;\ 18\}$
Gemeinsame Teiler der Zahlen 12 und 18: 1; 2; 3; 6

Die **Vielfachen** einer Zahl werden in der **Vielfachenmenge** zusammengefasst.
Vielfache der Zahl 6: 6; 12; 18; 24; ...   Vielfachenmenge $V_6 = \{6;\ 12;\ 18;\ 24;\ ...\}$
Vielfache der Zahl 9: 9; 18; 27; 36; ...   Vielfachenmenge $V_9 = \{9;\ 18;\ 27;\ 36;\ ...\}$
Gemeinsame Vielfache der Zahlen 6 und 9: 18; 36; 54; ...

5 Bestimme die Teilermenge.
a) T_4 b) T_6 c) T_9 d) T_5 e) T_{10}

6 Bestimme die Vielfachenmenge.
a) V_3 b) V_{10} c) V_4 d) V_9 e) V_{20}

7 Suche alle gemeinsamen Teiler der beiden Zahlen.
a) 30 und 45   b) 12 und 36   c) 84 und 210

8 Gib mindestens drei gemeinsame Vielfache der beiden Zahlen an.
a) 5 und 9   b) 8 und 12   c) 16 und 24

→ Die Lösungen findest du auf Seite 188.

Basiswissen | Brüche multiplizieren und dividieren

Brüche werden **multipliziert**, indem man Zähler mit Zähler und Nenner mit Nenner multipliziert.
Vor dem Multiplizieren ist es oft möglich zu kürzen. Das geht besonders einfach, wenn du die Aufgabe auf einen langen Bruchstrich schreibst.

$$\frac{2}{3} \cdot \frac{3}{4}$$
$$= \frac{2 \cdot 3}{3 \cdot 4}$$
$$= \frac{1 \cdot 1}{1 \cdot 2} = \frac{1}{2}$$

1. $\frac{\text{Zähler} \cdot \text{Zähler}}{\text{Nenner} \cdot \text{Nenner}}$

2. kürzen

3. berechnen

1 Multipliziere die Brüche.

a) $\frac{1}{2} \cdot \frac{3}{4}$ b) $\frac{3}{5} \cdot \frac{1}{2}$

c) $\frac{1}{3} \cdot \frac{1}{2}$ d) $\frac{1}{3} \cdot \frac{1}{4}$

e) $\frac{5}{4} \cdot \frac{2}{3}$ f) $\frac{7}{8} \cdot \frac{3}{5}$

g) $\frac{5}{7} \cdot \frac{3}{4}$ h) $\frac{3}{8} \cdot \frac{5}{7}$

2 Berechne. Kürze, wenn möglich.

a) $\frac{7}{8} \cdot \frac{3}{7}$ b) $\frac{4}{5} \cdot \frac{5}{7}$

c) $\frac{4}{9} \cdot \frac{3}{4}$ d) $\frac{2}{3} \cdot \frac{9}{10}$

e) $\frac{4}{5} \cdot \frac{10}{11}$ f) $\frac{3}{15} \cdot \frac{5}{9}$

g) $\frac{5}{12} \cdot \frac{6}{7}$ h) $\frac{8}{25} \cdot \frac{5}{12}$

3 Multipliziere. Der Wert des Produkts steht jeweils in dem Kästchen darüber.

a)
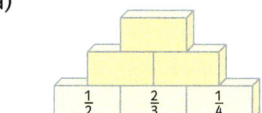

b)
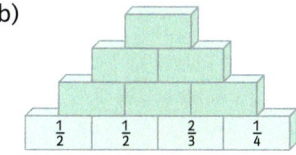

c)
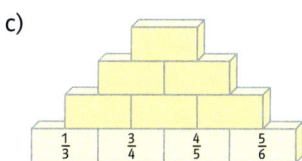

Brüche werden **dividiert**, indem man den ersten Bruch mit dem Kehrbruch des zweiten Bruches multipliziert. $\left(\text{Der Kehrbruch von } \frac{3}{5} \text{ ist } \frac{5}{3}.\right)$
Vor dem Multiplizieren ist es möglich, beide Brüche zu kürzen. Das geht besonders einfach, wenn man die Aufgabe auf einen langen Bruchstrich schreibt.

$$\frac{1}{3} : \frac{4}{9}$$
$$= \frac{1}{3} \cdot \frac{9}{4}$$
$$= \frac{1 \cdot 9}{3 \cdot 4}$$
$$= \frac{1 \cdot 3}{1 \cdot 4} = \frac{3}{4}$$

1. Kehrbruch bilden

2. $\frac{\text{Zähler} \cdot \text{Zähler}}{\text{Nenner} \cdot \text{Nenner}}$

3. kürzen

4. berechnen

4 Dividiere die Brüche.

a) $\frac{2}{5} : \frac{1}{3}$ b) $\frac{1}{4} : \frac{1}{3}$

c) $\frac{3}{7} : \frac{4}{5}$ d) $\frac{4}{9} : \frac{3}{4}$

e) $\frac{1}{2} : \frac{5}{7}$ f) $\frac{1}{3} : \frac{2}{5}$

g) $\frac{8}{9} : \frac{5}{7}$ h) $\frac{5}{6} : \frac{9}{11}$

5 Berechne. Kürze, wenn möglich.

a) $\frac{1}{4} : \frac{7}{8}$ b) $\frac{5}{6} : \frac{11}{12}$

c) $\frac{4}{6} : \frac{2}{3}$ d) $\frac{4}{7} : \frac{8}{9}$

e) $\frac{3}{4} : \frac{9}{10}$ f) $\frac{1}{2} : \frac{1}{4}$

g) $\frac{2}{3} : \frac{1}{9}$ h) $\frac{8}{9} : \frac{13}{15}$

→ Die Lösungen findest du auf Seite 189.

Basiswissen | Rechnen mit Dezimalbrüchen

Um **Dezimalbrüche** zu **vergleichen** und zu **ordnen**, muss man die Stellenwerte von links nach rechts untersuchen. Entscheidend ist die erste Stelle, an der verschiedene Ziffern stehen.

0,324   also: 0,324 < 0,343   1,245   also: 1,245 < 1,246
0,343   1,246

0,01   also 0,009 < 0,01   4,62; 2,46; 2,64   also: 2,46 < 2,64 < 4,62
0,009

1 Ordne die Dezimalbrüche.
a) 7,84; 4,87; 8,74; 4,78; 8,47; 7,48
b) 459,8; 45,98; 49,58; 458,9; 495,8
c) 8,0981; 8,0109; 8,0819; 8,0918

2 Ordne.
a) 81,57 m; 8,175 m; 81,75 m; 8,71 m
b) 2,22 kg; 2,2 kg; 2,202 kg; 2,02 kg
c) 333,3 g; 0,3 kg; 0,00003 t; 0,33 kg

3 Wie heißen die markierten Zahlen?
a)
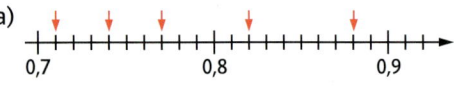
b)
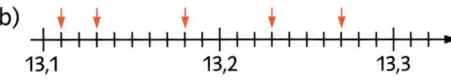
c)
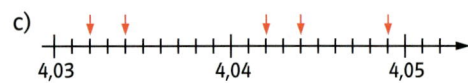

Für das **Runden** von Dezimalbrüchen gelten dieselben Regeln wie für natürliche Zahlen.

Die Ziffer an der Rundungsstelle bleibt unverändert, wenn eine der Ziffern 0; 1; 2; 3 oder 4 folgt.

4,564 ≈ 4,56
0,351 ≈ 0,35
1,232 ≈ 1,23

Auf zwei Nachkommaziffern gerundet:
3,654 ≈ 3,65

Die Ziffer an der Rundungsstelle wird um 1 erhöht, wenn eine der Ziffern 5; 6; 7; 8 oder 9 folgt.

5,345 ≈ 5,35
0,769 ≈ 0,77
1,368 ≈ 1,37

Auf eine Nachkommaziffer gerundet:
3,654 ≈ 3,7

4 Runde wie angegeben.
a) auf eine Nachkommaziffer:
23,46; 212,391; 9,094; 0,893; 0,078.
b) auf zwei Nachkommaziffern:
76,362; 12,075; 4,9857; 1,0450.
c) auf die Einerstelle:
79,4; 0,96; 34,59; 990,84; 789,98.

5 Runde sinnvoll.
a) Jeder Teilnehmer bezahlt einen Anteil von 6,1875 €.
b) Die Wanderung ist 17,4626 km lang.
c) Das Auto verbraucht durchschnittlich 8,162 Liter pro 100 km.
d) Die Essensvorräte der Expedition reichen noch für 7,85 Tage.

Basiswissen | Größen und Sachrechnen

Eine Maßzahl zusammen mit einer Maßeinheit nennt man **Größe**.

Maßzahl ⟋ 7 m ⟍ Maßeinheit

Geldeinheiten	Euro (€)	Cent (ct)
	1 €	1 € = 100 ct

Zeiteinheiten	Tage (d)	Stunden (h)	Minuten (min)	Sekunden (s)
	1 d	1 d = 24 h	1 h = 60 min	1 min = 60 s

Gewichtseinheiten	Tonnen (t)	Kilogramm (kg)	Gramm (g)	Milligramm (mg)
	1 t	1 t = 1000 kg	1 kg = 1000 g	1 g = 1000 mg

Längeneinheiten	Kilometer (km)	Meter (m)	Dezimeter (dm)	Zentimeter (cm)	Millimeter (mm)
	1 km	1 km = 1000 m	1 m = 10 dm	1 dm = 10 cm	1 cm = 10 mm

Beim Addieren und Subtrahieren von Größen müssen diese dieselbe Maßeinheit haben.

$4\,kg + 25\,g = 4000\,g + 25\,g = 4025\,g$
$2\,€ - 18\,ct = 200\,ct - 18\,ct = 182\,ct$

Beim **Lösen von Sachaufgaben** geht man planmäßig vor.
1. Aufgabe sorgfältig lesen
2. Informationen entnehmen
3. Rechenplan aufstellen
4. Ergebnis abschätzen (Überschlag)
5. Rechenschritte durchführen
6. Ergebnis überprüfen

Lerntipp!
Wird die Maßeinheit kleiner, wird die Maßzahl größer. Wird die Maßeinheit größer, wird die Maßzahl kleiner.

1 Wandle in die angegebene Einheit um.
a) 12 € (ct); 8 kg (g); 5 h (min); 15 min (s); 170 cm (dm); 25 mm (cm); 340 cm (m)
b) 4 € 2 ct (ct); 5 kg 40 g (g); 6 min 10 s (s); 9 m 9 dm (cm); 9 km 99 m (m)
c) 6,05 € (ct); 29,85 t (kg); 0,75 m (cm); 8,7 dm (cm); 10,03 km (m)

2 Wandle um und berechne.
a) 4 kg 500 g + 12 kg 780 g + 307 kg 99 g
b) 4 h 31 min + 7 h 54 min + 3 h 15 min
c) 12,26 € − 4,38 € + 1,74 €
d) 5 m 3 dm + 2 m 25 cm + 1 m 3 cm

3 Ein Wollpullover wiegt 800 g. Der Faden eines 50-g-Knäuels ist 85 m lang.
a) Wie viel Meter Wolle wurden verbraucht?
b) Ein Schal aus dieser Wolle wiegt 250 g.

4 a) Kevin ist am 2. Mai 1998 geboren, Aishe am 17. November 1998. Wie viele Tage ist Kevin älter als Aishe?
b) Ein langes Haar wiegt etwa 1 mg. Ein Mädchen hat etwa 120 000 Haare. Gib das Gewicht der Haare in g und in kg an.
c) Marius kauft beim Bäcker drei Brötchen für je 35 Cent und ein Brot für 2,95 €. Er hat 5 € dabei. Reicht sein Geld, um noch eine Zeitschrift für 1,15 € zu kaufen?

5 Nathalie verdient 9,65 € pro Arbeitsstunde.
a) Wie viel verdient sie in einer Woche bei achtstündigen Arbeitstagen?
b) Nach einer Lohnerhöhung bekommt sie 408 € in der Woche.

6 Ein 2-Euro-Stück wiegt knapp 10 g.
a) Wie viele Münzen wiegen 50 kg?
b) Was wiegt eine Million Euro in 2-Euro-Stücken?

→ Die Lösungen findest du auf Seite 189.

Basiswissen | Größen vergleichen

Um sich in der Umwelt auch ohne Waage, Meterstab oder Uhr helfen zu können, ist es nützlich, die Maße einiger Gegenstände zu kennen.

Vergleichsgrößen Längen

1 cm   10 cm   1 m   1,80 m

Vergleichsgrößen Gewichte

1 g   100 g   1 kg   1 t

Vergleichsgrößen Zeit

„Einundzwanzig"

16-19 Atemzüge

1 s   1 min

1 Bei den Gewichtsangaben für die Tiere wurde alles durcheinandergebracht. Ordne die Angaben wieder richtig zu. Meise 200 kg, Pferd 1 g, Katze 3000 g, Gorilla 5 kg, Fliege 750 kg, Hund 10 g.

2 Wie schwer ist
a) eine Banane,
b) ein Lkw,
c) ein Schwergewichtsboxer,
d) ein Holzhammer,
e) ein Blatt Papier,
f) ein Schulranzen,
g) ein Spatz,
h) eine Heckenschere?
Ordne die Angaben zu.

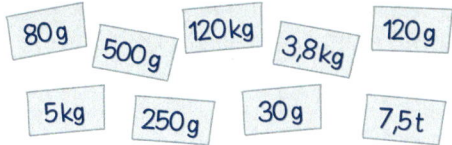

80 g   500 g   120 kg   3,8 kg   120 g   5 kg   250 g   30 g   7,5 t

3 Versucht, genau eine Minute auf einem Bein zu stehen.

4 Schätze die Höhe des Stuhls.

5 Schätze die Länge deines Klassenraums und miss anschließend nach.

6 Welche Maßeinheit ist sinnvoll?
a) Schulstunde
b) Gewicht eines Briefes
c) Länge einer Badewanne

→ Die Lösungen findest du auf Seite 189.

Basiswissen | Geometrie

Eine **Strecke** ist eine geradlinige Verbindung zweier Punkte A und B. Sie wird mit $\overline{AB}$ bezeichnet. Eine Strecke hat einen Anfangs- und einen Endpunkt.

Ein **Strahl** ist eine gerade Linie mit einem Anfangs-, aber keinem Endpunkt.

Eine **Gerade** ist eine in beide Richtungen beliebig weit verlängerte Strecke. Geraden werden mit g, h, i, ... bezeichnet. Eine Gerade hat keinen Anfangs- und keinen Endpunkt.

Zwei Geraden oder Strecken sind zueinander **senkrecht**, wenn sie zueinander liegen wie die lange Seite und die Mittellinie des Geodreiecks.

Zwei Geraden, die zur selben Geraden senkrecht stehen, sind **parallel**. Strecken heißen parallel, wenn sie auf parallelen Geraden liegen.

Im **Quadratgitter** kann man die Lage von Gitterpunkten durch zwei Zahlen angeben. Für den Punkt P mit dem Rechtswert 8 und dem Hochwert 4 schreibt man P(8|4).

Der **Maßstab** gibt an, wievielmal eine Strecke in Wirklichkeit größer ist als in einer Zeichnung oder auf einer Karte.
Ein Maßstab von 1:20 000 bedeutet: 1 cm auf der Karte entspricht 20 000 cm in der Wirklichkeit, also 200 m.

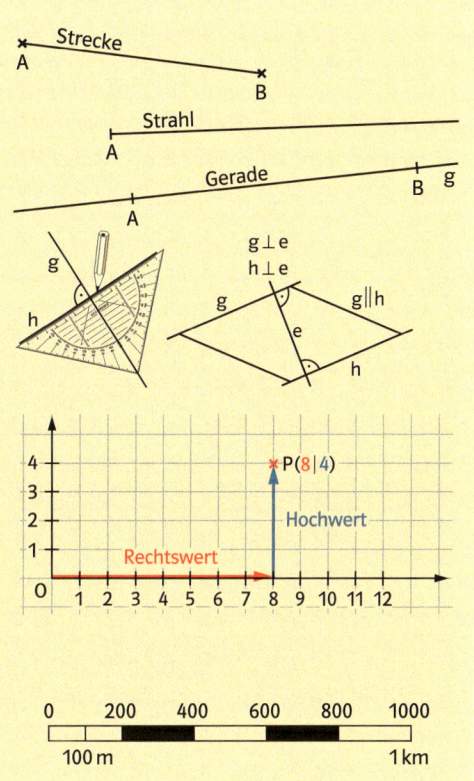

1 Ordne die Begriffe Strecke, Strahl und Gerade zu.

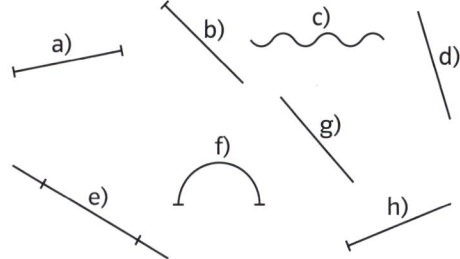

2 Miss die Längen folgender Strecken und schreibe sie in dein Heft.

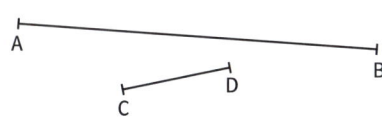

3 Zeichne folgende Strecken ins Heft.
$\overline{AB}$ = 4 cm; $\overline{CD}$ = 5,7 cm; $\overline{EF}$ = 28 mm

4 Welche der Geraden sind zueinander senkrecht?

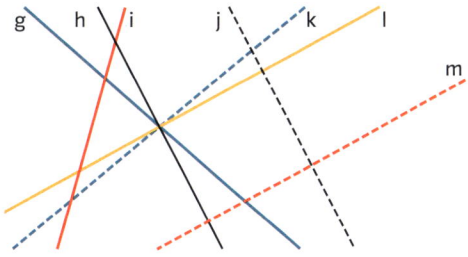

5 Zeichne eine Gerade h durch P, die zu g parallel ist.

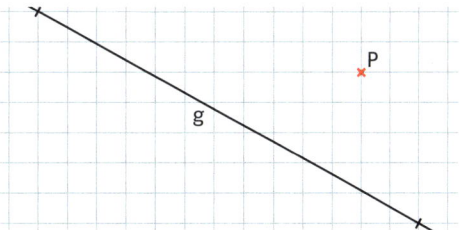

→ Die Lösungen findest du auf Seite 190.

Basiswissen | Geometrie

6 Zeichne die Punkte A (6 | 4), B (10 | 4) und C (10 | 8) in ein Quadratgitter ein. Durch Vertauschen von Rechtswert und Hochwert erhältst du die Punkte D, E und F.
Verbinde die Punkte so, dass eine schöne Figur entsteht. Welche Entfernung haben die Punkte voneinander?
Überlege, wie oft du messen musst.

7 Wie lang ist die Strecke im angegebenen Maßstab in Wirklichkeit?
a) 1 cm (1 : 10 000)
b) 5 cm (1 : 20 000)
c) 10 cm (1 : 100 000)
d) 3,8 cm (1 : 100)

8 Wie lang ist die Strecke im angegebenen Maßstab auf der Karte?
a) 1 km (1 : 100 000)
b) 50 m (1 : 1000)
c) 25 km (1 : 500 000)
d) 4,5 m (1 : 50)

Alle Punkte eines **Kreises** haben von seinem Mittelpunkt dieselbe Entfernung. Jede Strecke vom Mittelpunkt zu einem Punkt auf dem Kreis heißt Radius. Jede Strecke, die zwei Punkte auf dem Kreis verbindet und durch den Mittelpunkt geht, heißt Durchmesser. Es gilt: $d = 2 \cdot r$

Quadrat und **Rechteck** sind Vierecke mit vier rechten Winkeln. Man kann sie mithilfe des Geodreiecks zeichnen.

Im Rechteck sind
• benachbarte Seiten zueinander senkrecht.
• gegenüberliegende Seiten parallel und gleich lang.
• die Diagonalen gleich lang.

Ein Quadrat ist ein besonderes Rechteck. Es hat vier gleich lange Seiten. Die Diagonalen stehen zueinander senkrecht.

Eine Figur mit zwei spiegelbildlichen Hälften heißt **achsensymmetrisch**. Die Gerade, die die beiden Hälften voneinander trennt, heißt **Symmetrieachse**.

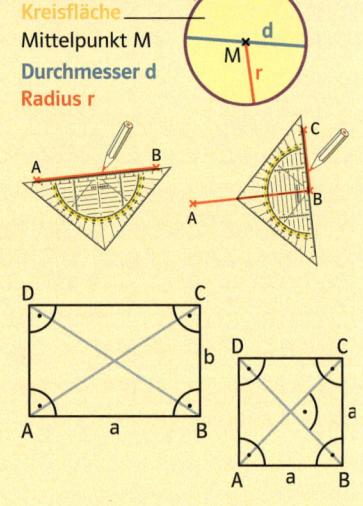

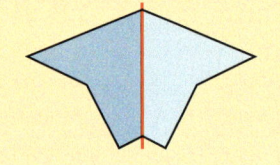

9 Zeichne den Kreis.
a) r = 2,0 cm
b) r = 45 mm
c) d = 6,0 cm
d) d = 100 mm

10 Zeichne die Kreisfiguren vergrößert ins Heft und färbe sie.
a) b)

11 a) Zeichne auf Kästchenpapier und auf weißem Papier:
Rechteck mit a = 5 cm; b = 3,5 cm; Quadrat mit a = 4 cm
b) Zeichne in beide Figuren die Symmetrieachsen ein.

12 Zeichne zwei Quadrate mit der Seitenlänge 8 cm und schneide sie aus. Zerlege das erste Quadrat so, dass sich die Teile zusammen mit dem zweiten Quadrat zu einem größeren Quadrat zusammenlegen lassen.

→ Die Lösungen findest du auf Seite 190.

Schnittpunkt Plus 7, Nordrhein-Westfalen

Begleitmaterial:
Lösungsheft (ISBN 978-3-12-742433-1)
Arbeitsheft mit Lösungsheft (ISBN 978-3-12-742436-2)
Arbeitsheft mit Lösungsheft plus Lernsoftware (ISBN 978-3-12-742435-5)
Formelsammlung (ISBN 978-3-12-740322-0)

1. Auflage   1 $^{7\ 6\ 5\ 4\ 3}$ | 23 22 21 20 19

Alle Drucke dieser Auflage sind unverändert und können im Unterricht nebeneinander verwendet werden.
Die letzte Zahl bezeichnet das Jahr des Druckes.

Autoren: Martina Backhaus, Joachim Böttner, Heidi Cordes, Hauke Fölsch, Berthold Grimm, Karin Hantschel, Hans-Georg Hunger, Nicole Kersten, Rainer Maroska, Andreas Müller, Volker Müller, Achim Olpp, Rainer Pongs, Peter Rausche, Christel Schienagel-Delb, Ingrid Wald-Schillings, Claus Stöckle, Hartmut Wellstein, Heiko Wontroba
Berater: Holger Gaida

Redaktion: Felicitas Stirn, Constance Blocher
Herstellung: Christine Guntrum

Illustrationen: Uwe Alfer, Waldbreitbach; Stefan Dinter, Stuttgart; Rudolf Hungreder, Leinfelden
Satz: Satzkiste, Stuttgart
Reproduktion: Meyle + Müller, Medien-Management, Pforzheim
Druck: DBM Druckhaus Berlin-Mitte GmbH, Berlin

Printed in Germany
ISBN 978-3-12-742431-7